普通高等教育"计算机类专业"规划教材

C++程序设计
实践与案例教程

刘前 张宁 编著

清华大学出版社

北京

内 容 简 介

本书是面向零基础初学者的 C++ 语言的教材,章节内容安排循序渐进,讲解通俗易懂,并辅以大量的案例和习题,使初学者能够很快掌握 C++ 语言的概念,并能应用它编写程序解决实际问题,为以后学习其他高级语言打下基础。

本书的主要内容包括 C++ 语言的基本概念、各种数据类型、过程化程序设计和面向对象程序设计以及文件的基本操作。考虑到实践环节的重要性,本书还具有配套的习题解析与实验指导,供教师和学生参考。

本书内容丰富,教师可以根据需要,灵活分配学时,取舍教学内容。本书既可以作为高等院校计算机专业本科低年级学生学习计算机语言的入门教材,也可以作为高等院校非计算机专业学生的计算机语言教材,还可以作为科技人员自学 C++ 语言的自学参考书。

图书在版编目(CIP)数据

C++ 程序设计实践与案例教程/刘前,张宁编著.—北京:清华大学出版社,2016(2024.2重印)

普通高等教育"计算机类专业"规划教材

ISBN 978-7-302-44128-1

Ⅰ.①C… Ⅱ.①刘… ②张… Ⅲ.①C语言-程序设计-高等学校-教材 Ⅳ.①TP312

中国版本图书馆 CIP 数据核字(2016)第 139147 号

责任编辑:白立军
封面设计:常雪影
责任校对:梁 毅
责任印制:宋 林

出版发行:清华大学出版社
    网 址:https://www.tup.com.cn, https://www.wqxuetang.com
    地 址:北京清华大学学研大厦 A 座   邮 编:100084
    社 总 机:010-83470000   邮 购:010-62786544
    投稿与读者服务:010-62776969,c-service@tup.tsinghua.edu.cn
    质量反馈:010-62772015,zhiliang@tup.tsinghua.edu.cn
    课件下载:https://www.tup.com.cn,010-83470236
印 装 者:天津鑫丰华印务有限公司
经 销:全国新华书店
开 本:185mm×260mm   印 张:20.25   字 数:504 千字
版 次:2016 年 5 月第 1 版   印 次:2024 年 2 月第 6 次印刷
定 价:69.00 元

产品编号:069116-02

  C++ 语言是目前最为流行的面向对象的程序设计语言之一,它是一种高效实用的程序设计语言,既支持过程化程序设计,也支持面向对象程序设计。随着 C++ 语言渐渐成为 ANSI 标准,这种新的面向对象的程序设计语言迅速被程序设计人员广泛使用。C++ 语言也是学习程序设计的基础,学好该语言,对触类旁通其他程序设计语言很有帮助。

  本教材在结构上突出了以程序设计为中心,以语言知识为工具的思想,对 C++ 语言的语法规则进行整理和提炼,深入浅出地介绍基于 C++ 语言的程序设计方法;在内容上注重知识的完整性,以适合初学者的需求;在写法上追求循序渐进,通俗易懂,旨在引导初学者入门。对于初学者来说,学习程序设计的技术和方法,在最初往往是枯燥乏味的。作为一种尝试,我们在教学中曾经将各种程序设计的技术和方法融于趣味问题之中,通过对一些饶有趣味问题的讨论和求解,使读者在轻松、愉快的气氛中理解和探索程序设计的奥妙,从而达到事半功倍的学习效果。

  本书在编写过程中参考了大量同类教材并吸收了这些教材的优点,同时又保持了自己的特色。本书从课程体系上分为三篇:第一篇为基础篇,包括第 1 章~第 4 章;第二篇为提高篇,包括第 5 章~第 7 章;第三篇为实用篇,包括第 8 章~第 10 章。

  本书的编者都是长期在高校从事软件教学的教师,有丰富的教学经验和科研开发能力。另外,在编写本书的过程中,编者还参阅了大量国内外有关 C++ 程序设计的教材和资料。

  全书各章配有习题,并有与之配套的《C++ 程序设计实践与案例教程习题解析与实验指导》。全部的例题和习题均在 Visual C++ 环境下调试、运行,以方便读者上机学习。本书既可以作为高等院校计算机专业本科低年级学生学习计算机语言的入门教材,也可以作为高等院校非计算机专业学生的计算机语言教材,还可以作为科技人员自学 C++ 语言的自学参考书。

  本书由辽宁科技学院的刘前老师和天津大学的张宁老师共同编写。

  本书的顺利出版得到了清华大学出版社的大力支持和帮助,在此表示衷心感谢。由于时间仓促和水平有限,书中难免有错误和疏漏之处,欢迎使用本书的教师和同学提供宝贵的意见和建议。敬请专家、读者不吝赐教。

编　者

2016 年 2 月

第一篇 基 础 篇

第二篇　提　高　篇

第一篇

基 础 篇

第1章 C++语言概述

【学习目标】

- 掌握用流程图描述算法。
- 了解 C++ 语言的特点和基本概念。
- 了解简单的 C++ 程序的构成。
- 熟悉 C++ 语言的开发环境。
- 掌握 C++ 程序的编辑、编译、链接和运行的过程。

本章通过介绍算法的概念、程序的概念、程序设计语言、C++ 语言的发展与特点、简单的 C++ 语言程序,引出了 C++ 语言程序的组成。一个 C++ 程序是由一到若干个函数构成的,C++ 函数是由两部分构成的,即函数说明部分和函数体。最后介绍 C++ 语言的开发环境。通过本章的学习,读者应重点掌握用流程图描述算法,通过上机实验掌握调试 C++ 程序的方法,同时了解 C++ 语言的基本结构。

1.1　算法与程序设计

1.1.1　算法的概念

做任何事情都有一定的步骤。为解决一个问题而采取的方法和步骤,就称为算法。计算机解决问题所依据的步骤称为计算机算法,简称算法。计算机算法是指计算机能够执行的算法。

计算机算法可分为两大类。

(1) 数值运算算法:求解数值。例如,求方程的根、求一个数的绝对值函数等。

(2) 非数值运算算法:事务管理领域。例如,人事管理、图书检索等。

本课程的目的是使读者知道怎样编写一个 C++ 程序,进行编写程序的初步训练,因此,只介绍算法的初步知识。请看下面两个案例。

【案例 1-1】　计算 $1+2+3+\cdots+100$,可采取以下两种算法中的一种。

算法一:可以设两个变量(变量是指其值可以改变的量),一个变量代表和(s),一个变量代表加数(i),用循环算法表示如下:

第一步:$0 \to s, 1 \to i$。

第二步:$s+i \to s$。

第三步:$i+1 \to i$。

第四步:如果 $i \leqslant 100$,则转第二步;否则,转第五步。

第五步:输出结果 s,结束。

算法二:只有两步:

第一步:$100 \times 101/2 \to s$。

第二步：输出 s,结束。

【案例 1-2】 判断一个大于等于 3 的正整数是不是素数。

所谓素数是指除了 1 和该数本身之外,不能被其他任何整数整除的数,例如,13 是素数,因为它不能被 2、3、4、…、11、12 整除。

判断素数的方法很简单,例如,判断 n(n≥3)是不是素数,只需将 n 作为被除数,将 2～n−1 各个整数轮流作为除数,做除法运算,如果都不能被整除(余数不为 0),则 n 是素数。算法表示如下：

第一步：输入 n 的值。

第二步：i 作为除数,2→i。

第三步：n 除以 i,得余数 r。

第四步：如果 r＝0,表示 n 能被 i 整除,则打印 n 不是素数,转第七步;否则执行第五步。

第五步：i＋1→i。

第六步：如果 i≤n−1,返回第三步;否则打印 n 是素数,转第七步。

第七步：结束。

通过上面例题,可以看出算法有如下特性。

1. 有穷性

有穷性是指一个算法的操作步骤必须是有限的和合理的,即在合理的范围之内结束算法。例如,求整数累加和的算法,由于整数本身是个无限集合,如果不限定其范围,会导致求解步骤是无限的。又如,计算机执行某个算法需要几千年,虽然是有限的,但却是不合理的。当然,究竟什么算"合理",并没有严格标准,由人们的常识和需要而定。

2. 确定性

算法中每个操作步骤都应当是明确的,而不应是含糊的、模棱两可的。在计算机算法中最忌讳的是歧义性,"歧义性"是指可以被理解为两种或多种可能的含义。因为计算机至今还没有主动思维的能力,如果给定的条件不确定,计算机就无法执行。例如,"计算 3 月 1 日是一年中的第几天",这个问题是不确定的,因为没有指明哪一年,不知道是不是闰年,闰年和平年 2 月份的天数不一样,所以无法执行。

3. 有零个或多个输入

执行算法时需要从外界获得必要信息的操作称为输入。输入的数据个数根据算法确定。例如,计算 1～100 累加和的算法不需要输入;计算 n! 的算法需要输入 n 的值;计算 m和 n 的最大公约数和最小公倍数则需要输入 m 和 n 两个数的值。

4. 有一个或多个输出

执行算法得到的结果就是算法的输出,没有输出的算法是没有意义的。

最常见的输出形式是屏幕显示或打印机输出,但并非唯一的形式。执行算法的目的就是为了求解,"解"就是输出。

5. 有效性

算法中的每一个步骤都应当有效地执行,并得到确定的结果。例如,当 b＝0 时,a/b 是不能有效执行的。又例如,在 C++ 语言中,a%b 中的 a 和 b 都必须是整型数据,否则也不能有效执行。

算法有优劣之分,一般希望用简单的和运算步骤少的算法。因此,为了有效地进行解题,不仅要保证算法正确,还要考虑算法的质量,选择合适的算法。

1.1.2 算法的表示

知道了算法的概念,那么如何表示一个算法呢?

表示一个算法,可以有不同的方法,常用的方法有自然语言、传统流程图、N-S 流程图、伪代码等,下面分别介绍。

1. 用自然语言表示算法

自然语言就是人们日常使用的语言,可以是汉语、英语或其他语言。用自然语言表示算法通俗易懂,但文字冗长,容易出现歧义性。除了很简单的问题,一般不用自然语言表示算法。

2. 用传统流程图表示算法

用传统流程图表示算法,直观形象,易于理解。美国国家标准化协会 ANSI 规定了一些常用的流程图符号(见图 1-1),已为世界各国程序工作者普遍采用。

菱形框(即判断框)的作用是对一个给定的条件进行判断,根据给定的条件是否成立决定如何执行其后的操作。它有一个入口,两个出口。

连接点是用于将不同地方的流程线连接起来。用连接点可以避免流程线的交叉或过长,使流程图清晰。

【**案例 1-3**】 将案例 1-1 的算法用流程图表示成图 1-2。

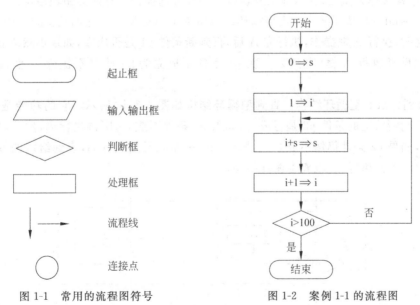

图 1-1 常用的流程图符号　　　　图 1-2 案例 1-1 的流程图

C++ 语言有 3 种基本程序结构:顺序结构、选择结构和循环结构。1966 年,Bdhra 和 Jacopini 提出了这 3 种基本结构,用这 3 种基本结构作为表示一个良好算法的基本单元。下面介绍这 3 种基本结构的流程图。

(1) 顺序结构。

如图 1-3 所示,虚线框内是一个顺序结构。其中 A 和 B 两个框是顺序执行的,即在执行完 A 框所指定的操作后,必然接着执行 B 框所指定的操作。顺序结构是最简单的一种基本结构。

(2) 选择结构。

选择结构又称为选取结构或分支结构,如图 1-4(a)所示。虚线框内是一个选择结构。此结构中必包含一个判断框。根据给定的条件 p 是否成立而选择执行 A 框或 B 框。例如,p 条件可以是 x>＝0 或 x>y,a+b<c+d 等。

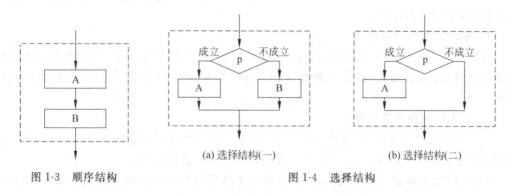

图 1-3 顺序结构　　　　　　　　　　　　(a) 选择结构(一)　　　　(b) 选择结构(二)

图 1-4 选择结构

注意:无论 p 条件是否成立,只能执行 A 框或 B 框之一,不可能既执行 A 框又执行 B 框。A 或 B 两个框中可以有一个是空的,即不执行任何操作,如图 1-4(b)所示。

(3) 循环结构。

循环结构又称为重复结构,即反复执行某一部分的操作。有两类循环结构。

① 当(while)型循环结构。当型循环结构如图 1-5(a)所示。它的功能是:当给定的条件 p1 成立时,执行 A 框操作,执行完 A 后,再判断条件 p1 是否成立,如果仍然成立,再执行 A 框,如此反复执行 A 框,直到某一次 p1 条件不成立为止,此时不执行 A 框,脱离循环结构。

② 直到(until)型循环结构。直到型循环结构如图 1-5(b)所示。它的功能是:先执行 A 框,然后判断给定的条件 p2 是否成立,如果 p2 条件不成立,则再执行 A,然后再对 p2 条件做判断,如果 p2 条件仍然不成立,又执行 A……如此反复执行 A,直到给定的 p2 条件成立为止,此时不再执行 A,脱离本循环结构。

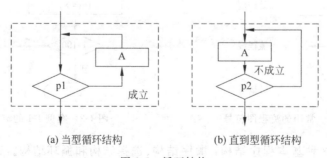

(a) 当型循环结构　　　　　　　(b) 直到型循环结构

图 1-5 循环结构

以上 3 种基本结构的共同特点如下。

① 只有一个入口。

② 只有一个出口。请注意,一个判断框有两个出口,而一个选择结构只有一个出口。

不要将判断框的出口和选择结构的出口混淆。

③ 结构内的每一部分都有机会被执行到。也就是说,对每一个框来说,都应当有一条从入口到出口的路径通过它。

④ 结构内不存在"死循环"(无终止的循环)。

3. 用 N-S 流程图表示算法

1973 年美国学者 I·Nass 和 Shneiderman 提出了一种新的流程图形式。在这种流程图中,完全去掉了带箭头的流程线。全部算法写在一个矩形框内,在该框内还可以包含其他的从属于它的框,或者说,由一些基本的框组成一个大的框。这种流程图又称为 N-S 结构化流程图(N 和 S 是两位美国学者的英文姓氏的首字母)。这种流程图适于结构化程序设计,因而很受欢迎。

N-S 流程图用以下的流程图符号表示。

(1) 顺序结构。顺序结构用图 1-6 形式表示。A 和 B 两个框组成一个顺序结构。

(2) 选择结构。选择结构用图 1-7 形式表示。它与图 1-4 相应。当 p 条件成立时执行 A 操作,p 不成立则执行 B 操作。注意:图 1-7 是一个整体,代表一个基本结构。

图 1-6 顺序结构

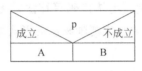

图 1-7 选择结构

(3) 循环结构。

当型循环结构如图 1-8(a)所示,表示当 p1 条件成立时反复执行 A 操作,直到 p1 条件不成立为止。

直到型循环结构用图 1-8(b)形式表示。

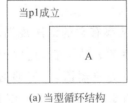

(a) 当型循环结构

(b) 直到型循环结构

图 1-8 用 N-S 图表示循环结构

在初学时,为清楚起见,可如图 1-8(a)和图 1-8(b)那样,写明"当 p1"或"直到 p1",待熟练之后,可以不写"当"和"直到"字样,只写 p1,从图的形状即可知道是当型或直到型。

【案例 1-4】 将案例 1-1 的算法用 N-S 图表示,如图 1-9 所示。

4. 用伪代码表示算法

伪代码是用介于自然语言和计算机语言之间的文字和符号来描述算法。它如同一篇文章一样,自上而下地写下来。每一行(或几行)表示一个基本操作。它不用图形符号,因此书写方便,格式紧凑,也比较好懂,也便于向计算机语言算法(即程序)过渡。

例如,"打印 x 的绝对值"的算法可以用伪代码表示如下:

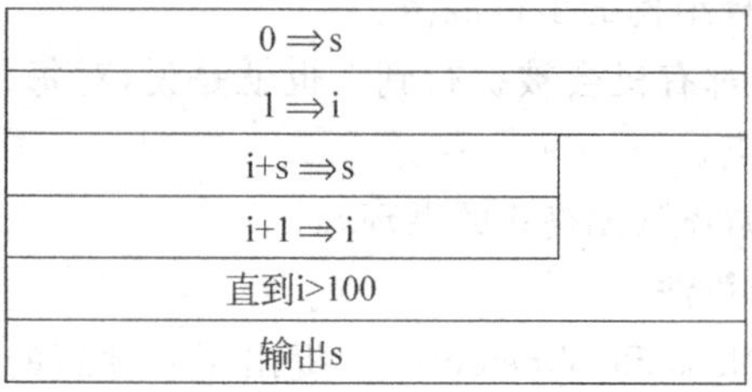

0 ⟹ s
1 ⟹ i
i+s ⟹ s
i+1 ⟹ i
直到i>100
输出s

图 1-9　案例 1-1 的 N-S 图

```
if  x为正 then
    print  x
else
    print -x
```

它好像一个英语句子一样好懂,在西方国家用得比较普遍。可以用英文、汉字伪代码,也可以中英文混用,即将计算机语言中的关键字用英文表示,其他的可用汉字。总之,以便于书写和阅读为原则。用伪代码写算法并无固定的、严格的语法规则,只要把意思表达清楚,并且书写的格式要写成清晰易读的形式即可。

1.1.3　程序

用计算机语言描述的算法称为计算机程序,简称程序。只有用计算机语言描述的算法才能在计算机上执行。换言之,只有计算机程序才能在计算机上执行。人们编写程序之前,为了直观或符合人类思维方式,常常先用其他方式描述算法,然后再翻译成计算机程序。

1.1.4　程序设计语言

人类社会中有多种语言交流工具,每种语言又都有它的语法规则。人和计算机通信需要通过计算机语言。计算机语言是面向计算机的人造语言,是进行程序设计的工具,因此也称为程序设计语言。程序设计语言可以分为机器语言、汇编语言、高级语言。高级语言种类繁多(据统计有上千种),曾经引起广泛关注和使用的高级语言有FORTRAN、Basic、Pascal 和 C 等命令式语言(或称过程式语言);有 LISP、PROLOG 等陈述式语言;还有当前流行的面向对象的程序设计语言,例如 C++、Java、Visual C++、Visual Basic、Delphi、PowerBuilder 等。

计算机硬件能直接执行的是机器语言程序。汇编语言也称为符号语言,用汇编语言编写的程序称为汇编语言程序。计算机硬件是不能识别和直接运行汇编语言程序的,必须由“汇编程序”将其翻译成机器语言程序后才能识别和运行。同样,高级语言程序也不能被计算机硬件直接识别和执行,必须把高级语言程序翻译成机器语言程序才能执行。语言处理程序就是完成这个翻译过程的,按照处理方式的不同,可以分为解释型程序和编译型程序两大类。C++语言采用编译程序,即把用 C++语言写的“源程序”编译成“目标程序”,再通过链接程序的链接,生成“可执行程序”才能运行。

1.2 C++语言的发展与特点

1.2.1 C++语言的发展

在 C 语言诞生以前,系统软件主要是用汇编语言编写的。由于汇编语言程序依赖于计算机硬件,其可读性和可移植性都很差;但一般的高级语言又难以实现对计算机硬件的直接操作(这正是汇编语言的优势),于是人们盼望有一种兼有汇编语言和高级语言特性的新语言。C 语言是贝尔实验室于 20 世纪 70 年代初研制出来的,后来又被多次改进,并出现了多种版本。20 世纪 80 年代初,美国国家标准化协会(ANSI)根据 C 语言问世以来各种版本对 C 语言的发展和扩充,制定了 ANSI C 标准(1989 年再次做了修订)。

语言的发展过程如下:

ALGOL60→CPL→BCPL→B→C→标准 C→ANSI C→ISO C。

ALGOL60:一种面向问题的高级语言。ALGOL60 离硬件较远,不适合编写系统程序。

CPL(Combined Programming Language,组合编程语言):CPL 是一种在 ALGOL60 基础上更接近硬件的语言。CPL 规模大,实现困难。

BCPL(Basic Combined Programming Language,基本的组合编程语言):BCPL 是对 CPL 进行简化后的一种语言。

B 语言:B 语言是对 BCPL 进一步简化所得到的一种很简单的接近硬件的语言。B 语言取 BCPL 语言的第一个字母。B 语言精练、接近硬件,但过于简单,数据无类型。B 语言诞生后,UNIX 开始用 B 语言改写。

C 语言:C 语言是在 B 语言的基础上增加数据类型而设计出的一种语言。C 语言取 BCPL 的第二个字母。C 语言诞生后,UNIX 很快用 C 语言改写,并被移植到其他计算机系统。C 语言是在 20 世纪 70 年代初问世的。1978 年由美国电话电报公司(AT&T)贝尔实验室正式发表了 C 语言。同时由 B. W. Kernighan 和 D. M. Ritchit 合著了著名的 *THE C PROGRAMMING LANGUAGE* 一书。后来由美国国家标准学会在此基础上制定了一个 C 语言标准,于 1983 年发表,通常称为 ANSI C。

早期的 C 语言主要是用于 UNIX 系统。由于 C 语言的强大功能和各方面的优点逐渐为人们认识,到了 20 世纪 80 年代,C 语言开始进入其他操作系统,并很快在各类大、中、小和微型计算机上得到广泛使用,成为当代最优秀的程序设计语言之一。

目前最流行的 C 语言有以下几种。

(1) Microsoft C 或称 MS C。

(2) Borland Turbo C 或称 Turbo C。

(3) AT&T C。

这些 C 语言版本不仅实现了 ANSI C 标准,而且在此基础上各自做了一些扩充,使之更加方便、完美。

C++ 是由美国贝尔实验室的 Bjarne Stroustrup 博士及其同事在 C 语言的基础上,从 Simula 中引进面向对象的特征,于 1980 年开发出来的一种过程性与对象性相结合的程序设计语言。最初称为"带类的 C",1983 年正式取名为 C++,在经历了不断修订后,于 1994 年制定了 ANSI C++ 标准的草案,以后又经过不断完善,成为目前的 C++。

C 是 C++ 的基础,C++ 语言和 C 语言在很多方面是兼容的。因此,掌握了 C 语言,再进一步学习 C++ 就能以一种熟悉的语法来学习面向对象的语言,从而达到事半功倍的目的。

1.2.2 C++ 语言的特点

C++ 语言发展如此迅速,而且成为最受欢迎的语言之一,主要因为它具有强大的功能。

C++ 语言的主要特点表现在两个方面:第一方面是全面兼容 C 语言;第二方面是支持面向对象的程序设计。归纳起来 C++ 语言具有下列特点。

(1) C++ 支持数据封装,支持数据封装就是支持数据抽象。在 C++ 语言中,类是支持数据封装的工具,对象则是数据封装的实现。

(2) C++ 类中包含私有、公有和保护成员。C++ 类中可定义 3 种不同访问控制权限的成员。一种是私有(private)成员,只有在类中说明的函数才能访问该类的私有成员,而在该类外的函数不可以访问私有成员;另一种是公有(public)成员,在类外面也可访问公有成员,成为该类的接口;还有一种是保护(protected)成员,这种成员只有该类的派生类可以访问,在这个类外不能访问。

(3) C++ 通过发送消息来处理对象。C++ 语言是通过向对象发送消息来处理对象的,每个对象根据所接收到的消息的性质来决定需要采取的行动,以响应这个消息。因此,送到一个对象的所有可能的消息在对象的类描述中都需要定义,即对每个可能的消息给出一个相应的方法。方法是在类定义中用函数来定义的,使用一种类似于函数调用的机制把消息发送到一个对象上。

(4) C++ 允许友元破坏封装性。类中的私有成员一般是不允许该类外面的任何函数访问的,但是友元便可打破这条禁令,它可以访问该类的私有成员(包含数据成员和成员函数)。友元可以是在类外定义的函数,也可以是在类外定义的整个类,前者称为友元函数,后者称为友元类。友元打破了类的封装性,它是 C++ 语言另一个面向对象的重要特征。

(5) C++ 允许函数名和运算符重载。函数名重载和运算符重载都属于多态性。多态性是指相同的语言结构可以代表不同类型的实体或者运载不同类型的实体进行操作。C++ 语言支持多态性。C++ 语言允许一个相同的标识符或运算符代表多个不同实现的函数,这就是标识符或运算符的重载,用户可以根据需要定义标识符重载或运算符重载。

(6) C++ 支持继承性。C++ 语言可以允许单继承和多继承。一个类可以根据需要生成派生类。派生类继承了基类的所有方法,另外派生类自身还可以定义所需要的不包含在基类中的新方法。一个子类的每个对象包含有从父类那里继承来的数据成员以及自己所特有的数据成员。由于 C++ 语言支持继承性。因此 C++ 语言具有继承所带来的好处。

(7) C++ 支持动态联编。C++ 语言可以定义虚函数,通过定义虚函数来支持动态联编。动态联编是多态性的一个重要特征。多态性形成于由父类和它们的子类组成的一个树形结构。在这个树中的每一个子类可接收一个或多个具有相同名字的消息。当一个消息被这个树中一个类的一个对象接收时,这个对象动态地决定给予子类对象的消息的某种用法。多态性中这一特性允许使用高级抽象。

C++ 语言的突出优点是支持面向对象的特征。但由于兼容 C 语言,编程人员可以采用面向过程和面向对象两种不同风格来编写程序,所以应注意使用 C++ 编程未必就是使用了面向对象的程序设计方法编程。

1.3　简单的 C++ 语言程序介绍

为了说明 C++ 语言源程序结构的特点,先看以下几个程序。这几个程序由简到难,表现了 C++ 语言源程序在组成结构上的特点。虽然有关内容还未介绍,但可从这些例子中了解到组成一个 C++ 源程序的基本部分和书写格式。

【案例 1-5】 输出一行信息。

```
#include <iostream.h>
void main()
{   cout<<"This is the first C program .\n";}
```

程序运行结果如下:

```
This is the first C program.
```

程序说明:

(1) include 称为文件包含命令,扩展名为 h 的文件称为头文件,使用标准库函数时应在程序开头一行写: #include <iostream.h>。

(2) main 是主函数的函数名,表示这是一个主函数。每一个 C++ 源程序都必须有且只能有一个主函数(main 函数)。函数体用花括号{}括起来。

(3) main 前面的 void 表示此函数是"空类型",void 是"空"的意思,是指执行此函数后不产生一个函数值(有的函数在执行后会产生一个函数值,如正弦函数 sin(x))。

(4) 本例中主函数内只有一个输出语句,cout 的功能是把要输出的内容送到显示器显示。cout 是一个由系统定义的流对象名,可在程序中直接调用。本例 cout 语句中双撇号内的字符串按原样输出。

(5) "\n"是换行符,即在输出"This is the first C program."后换行。

【案例 1-6】　从键盘输入一个数 x,求 x 的正弦值。

```
#include <iostream.h>
#include <math.h>
void main()
{   double x,s;                     / * 声明,定义变量为浮点型 * /
    cout<<"input number: \n ";      / * 原样输出提示信息 * /
    cin>>x;                         / * 由键盘获得变量 x 的值 * /
    s=sin(x);                       / * 计算 x 的正弦值,并赋值给变量 s * /
    cout<<"sine of "<<x<<"is"<<s;   / * 输出结果 * /
}
```

程序运行结果如下:

```
"input number:5↙
sine of 5.000000 is -0.958924
```

程序说明：

(1) / * … * /表示注释。注释只是给人看的,对编译和运行不起作用。所以可以用汉字或英文字符表示,可以出现在一行中的最右侧,也可以单独成为一行。

(2) 在 main()之前的两行称为预处理命令(详见后面)。预处理命令还有其他几种,这里的 include 称为文件包含命令,其意义是把尖括号<>或引号""内指定的文件包含到本程序来,成为本程序的一部分。被包含的文件通常是由系统提供的,其扩展名为 h。因此也称为头文件或首部文件。C++ 语言的头文件中包括了各个标准库函数的函数原型。因此,凡是在程序中调用一个库函数时,都必须包含该函数原型所在的头文件。在本例中,使用了3 个库函数：输入函数 cin、正弦函数 sin 和输出流对象 cout。sin 函数是数学函数,其头文件为 math. h 文件,因此在程序的主函数前用 include 命令包含了 math. h。cin 和 cout 是标准输入输出流对象,其头文件为 iostream. h,在主函数前也用 include 命令包含了 iostream. h 文件。

(3) 案例中的主函数体中又分为两部分：一部分为说明部分;另一部分为执行部分。说明是指变量的类型说明。案例 1-1 中未使用任何变量,因此无说明部分。C++ 语言规定,源程序中所有用到的变量都必须先说明,后使用,否则将会出错。这一点是编译型高级程序设计语言的一个特点,与解释型的 Basic 语言是不同的。说明部分是 C++ 源程序结构中很重要的组成部分。本例中使用了两个变量 x、s,用来表示输入的自变量和 sin 函数值。由于sin 函数要求这两个量必须是双精度浮点型,故用类型说明符 double 来说明这两个变量。说明部分后的四行为执行部分或称为执行语句部分,用以完成程序的功能。执行部分的第一行是输出语句,调用 cout 流对象在显示器上输出提示字符串,请操作人员输入自变量 x 的值。第二行为输入语句,调用 cin 流对象,接收键盘上输入的数并存入变量 x 中。第三行是调用 sin 函数并把函数值送到变量 s 中。第四行是用 cout 流对象输出变量 s 的值,即 x 的正弦值。程序结束。

(4) 运行本程序时,首先在显示器屏幕上给出提示串 input number,这是由执行部分的第一行完成的。用户在提示下从键盘上输入某一数,如 5,按下 Enter 键,接着在屏幕上给出计算结果。

【案例 1-7】 求两个整数中较大者。

```cpp
#include <iostream.h>
#include <math.h>
int   max(int x, int y)
{ int z;
   if(x>y)z=x;
   else z=y;
   return(z);
 }
void main()
{  int a, b, c;                       /*定义整型变量 a、b、c*/
   cout<<"input integer number a , b :";
   cin>>a>>b;                         /*输入变量 a 和 b 的值*/
   c=max(a,b);                        /*调用 max 函数,将得到的值赋给 c*/
```

```
    cout<<"max="<<c;                      /*输出 c 的值*/
}
```

程序运行结果如下：

```
input integer number a , b :5 9↙
max=9
```

注：输入内容时，不能输入逗号，应以空格分开两个数，这里为了描述方便用的是逗号。

程序说明：本程序包括 main 和被调用函数 max 两个函数。max 函数的作用是将 x 和 y 中较大者的值赋给变量 z。return 语句将 z 的值返回给主调函数 main。

通过以上几个例题，可以看到程序的组成。

1. C++ 程序是由函数构成的

这使得程序容易实现模块化。函数通常用于描述相对独立的功能，每个函数都具有严格定义的格式，可以有参数和返回值。一个程序中除了一个必须取名为 main 的主函数，其余函数可以取任何有意义的名字。一个函数在执行过程中可以调用其他函数，也可以调用自己。

2. 一个函数由两部分组成

(1) 函数的首部：即函数的第一行，对函数进行说明，包括函数类型(可默认)、函数名、函数参数表(形参表)。案例 1-7 中的 max 函数首部为

```
int max(int x,int y)
```

(2) 函数体：函数首部之后的第一个大括号和与之配对的大括号之间的部分为函数体(大括号必须配对使用，如果一个函数内有多对大括号，则最外面的一对大括号是函数体的范围)。函数体包括两部分。

① 声明部分：在 C++ 语言中，一个名字(标识符)在使用之前必须先声明，按声明的对象可分为变量定义和函数声明。例如：

```
int a,b,c; int max(int x,int y);
```

② 执行部分：由若干个语句组成。

注意：函数的声明部分和执行部分都可缺省，例如：

```
void dump()
{
}
```

这是一个空函数，什么也不做，但却是合法的函数。

(3) C++ 程序总是从 main 函数开始执行的，与 main 函数的位置无关。

(4) C++ 程序书写格式自由，允许一行内写几条语句，一个语句可以分写在多行上，C++ 程序没有行号。为了便于阅读程序，最好一条语句占一行。如果一条语句很长，可以写成几行。

(5) 每个语句和数据声明的最后必须有一个分号。分号是语句的一部分。

(6) C++ 语言本身没有输入输出语句。输入和输出的操作是由流对象 cin 和 cout 等来

完成的。C++ 对输入输出实行"函数化"。

(7) 为了增加程序的可读性,应该在源程序适当的地方加上必要的注释。使用注释时需要注意以下几点。

① 注释可以单独占一行,也可以跟在语句后面。

②"/ * "和" * /"必须成对使用,并且"/"和" * "以及" * "和"/"之间不能有空格,否则会出错。

③ 如果注释内容在一行写不下,可以另起一行继续写。

④ 注释的另外一种格式"//"一般只能写一行注释。

⑤ 注释中允许使用汉字。在非中文操作系统下,看到的是一串乱码,但不影响程序运行。

1.4 C++ 语言的开发环境

1.4.1 C++ 语言开发环境简介

用 C++ 语言编写的源程序不能由计算机直接识别并执行,计算机只能识别机器语言所编写的二进制指令形式的"目标程序",因此必须把高级语言编写的源程序翻译成目标程序,然后将该目标程序与系统的函数库和其他的目标程序连接并形成"可执行程序",最后运行可执行程序得到结果。结果是否正确需要经过验证,如果结果不正确,则需要进行调试。调试程序往往比编写程序更困难、更费时间。图 1-10 表示了 C++ 程序编辑、编译、链接和运行的全过程。为此,在计算机内须有对应的语言开发环境能对 C 语言编写的源程序进行编辑、编译、链接、运行。而该开发环境又依赖于操作系统和计算机硬件,它们共同构成了 C++ 语言的运行环境。

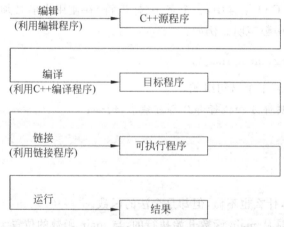

图 1-10 C++ 程序编辑、编译、链接、运行全过程

目前使用的大多数 C 编译系统都是集成环境(IDE)的。可以用不同的编译系统对 C 程序进行操作。针对不同的平台有相应的集成开发环境:Turbo C 作为在 DOS 和 Windows 上学习 C 语言的常用开发工具,适用于初学者;Visual Studio 中 Visual C++ 是以 Windows 平台开发的一个主流的可视化 C++ 语言开发环境,现在已经升级到.NET 版本;GCC 是

UNIX 平台上主要使用的 C++ 语言开发工具,嵌入式系统的开发常用 GCC 的交叉编译器来完成。本书以 Visual C++ 6.0 集成开发环境来作为 C++ 语言开发工具。

1.4.2 Visual C++ 6.0 集成开发环境的使用

Microsoft Visual C++ 6.0(简称 VC++ 6.0)是微软公司出品的高级可视化计算机程序开发工具,界面友好、使用方便,可以识别 C/C++ 程序。VC++ 6.0 可以在"独立文件模式"和"项目管理模式"两种模式下使用。当只有一个文件时,可以使用独立文件模式;当一个程序由多个源文件组成时,使用项目管理模式。下面简单介绍独立文件模式下该开发环境的使用。

1. 启动 Visual C++

成功地安装了 VC++ 6.0 以后,可以在 Windows 下"开始"菜单中的"程序"选项中选择 Microsoft Visual Studio 6.0 菜单下的 Microsoft Visual C++ 6.0 命令,启动 VC++ 6.0 进入 VC++ 6.0 的集成环境,如图 1-11 所示。

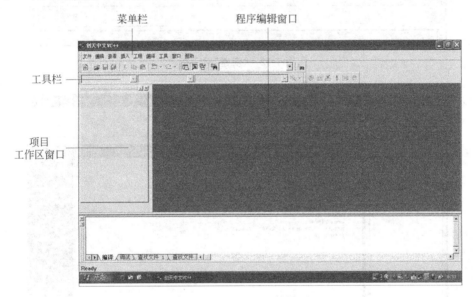

图 1-11　VC++ 6.0 的界面

在 VC++ 6.0 的主窗口的顶部是 VC++ 6.0 的主菜单栏。其中包含 9 个菜单项,分别为文件、编辑、查看、插入、工程、编译、工具、窗口和帮助。

主窗口的左侧是项目工作区窗口,用来显示所设定的工作区的信息;右侧是程序编辑窗口,用来输入和编辑源程序。

2. 输入和编辑源程序

在 VC++ 6.0 的主窗口中选择文件菜单下的"新建"命令,会弹出"新建"对话框,如图 1-12 所示。

在该对话框中选择新建的文件类型——C++ Source File,并且在右侧的"文件名"编辑栏中输入新建的 C++ 源文件名,如 myfile;在"位置"文本框中输入准备编辑的源程序文件的存储路径。然后单击"确定"按钮。

此时会弹出源程序的编辑窗口,在该窗口中输入源程序,如图 1-13 所示。

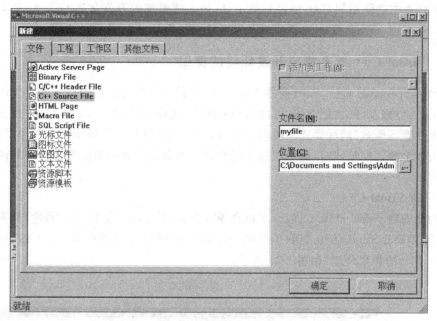

图 1-12 "新建"对话框

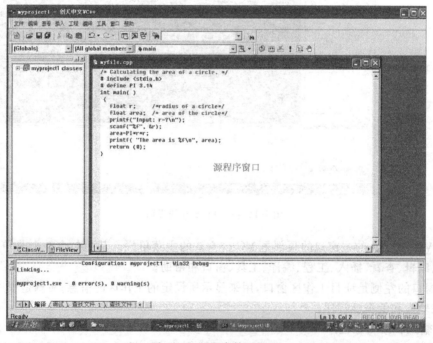

图 1-13 源程序输入窗口

3. 保存源文件

编辑完源文件,可以打开"文件"菜单下的"保存"命令,保存源文件。

4. 编译源文件

选择"编译"菜单中的"编译"命令,或输入快捷键 Ctrl+F7(Ctrl+F7 的输入方法为:按住 Ctrl 键的同时按下 F7 键），编译该源文件生成目标文件.obj 文件。

5. 链接目标文件，生成可执行文件

选择"编译"菜单中的"组建"命令，或输入快捷键 F7，可将目标文件（.obj 文件）链接并生成可执行文件。

在编译或链接时，会出现 Output 窗口，该窗口显示系统在编译或链接程序时的信息，如图 1-14 所示，若编译或链接时出现错误，则在该窗口中标识出错误文件名、发生错误的行号及错误的原因等信息。

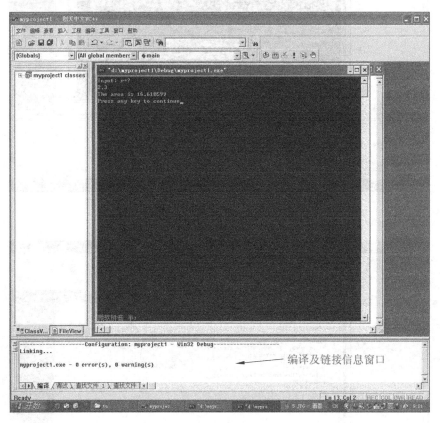

图 1-14　编译程序后的信息窗口

注：编译或链接出现错误时，不能生成可执行文件，必须在源程序中找出错误原因并修改源程序后，再次进行编译、链接，直至生成可执行文件 。特别注意：错误信息中的 Warning 警告信息不妨碍可执行文件的形成。

6. 运行程序

成功地建立了可执行文件后，即可执行"编译"菜单上的"执行"命令或用 Ctrl＋F5 键执行该程序。程序执行后，弹出输出结果的窗口，如图 1-15 所示。

重要补充：

编译、链接和执行在 VC 的窗口中提供了快捷按钮，可以直接用快捷按钮进行，如图 1-16 所示。

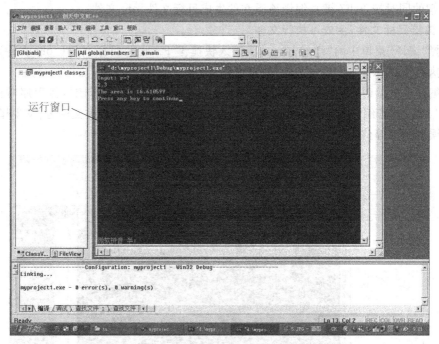

图 1-15 程序运行窗口

图 1-16 编译、链接、运行快捷按钮

习　题

一、选择题

1. 以下(　　)不是 C++ 语言的特点。

    A. 语言的表达能力强　　　　　　　　B. 语法定义严格

    C. 数据结构系统化　　　　　　　　　D. 控制流程结构化

2. C++ 编译系统提供了对 C++ 程序的编辑、编译、链接和运行环境,以下可以不在该环境下进行的是(　　)。

    A. 编辑和编译　　　B. 编译和链接　　　C. 链接和运行　　　D. 编辑和运行

3. 以下(　　)不是二进制代码文件。

    A. 标准库文件　　　B. 目标文件　　　C. 源程序文件　　　D. 可执行文件

4. 以下不属于流程控制语句的是(　　)。

    A. 表达式语句　　　B. 选择语句　　　C. 循环语句　　　D. 转移语句

5. 下面描述中,正确的是(　　)。

    A. 主函数中的花括号必须有,而子函数中的花括号是可有可无的

    B. 一个 C++ 程序行只能写一个语句

    C. 主函数是程序启动时唯一的入口

    D. 函数体包含了函数说明部分

二、填空题

1. 函数体以符号_____开始,以符号_____结束。

2. 一个完整的 C++ 程序至少要有一个_____函数。

3. 标准库函数不是 C++ 语言本身的组成部分,它是由_____提供的功能函数。

4. C++ 程序是以_____为基本单位,整个程序由_____组成。

5. C++ 源程序文件的扩展名是_____,C++ 目标文件的扩展名是_____。

6. C++ 中的单行注释是以符号_____开始到本行结束。多行注释是以符号_____开始到符号_____结束。

三、写出上机运行 C++ 程序的步骤。

四、参照本章例题,编写一个 C++ 程序,输出以下信息:

```
********************************************

            very   good!

********************************************
```

五、参照本章例题,编写一个程序,输入 a、b、c 3 个整数,输出其中的最大值。

第 2 章　基本数据类型与表达式

【学习目标】
- 了解 C++ 基本数据类型。
- 熟悉赋值表达式和逗号表达式的运算方式。
- 掌握各类表达式的书写格式。
- 掌握常量、变量的用法。

一个完整的程序应包括数据和操作两个要素。数据是程序处理的对象,同时数据又是以某种特定的形式存在的,不同的数据之间往往存在某些联系;而程序对数据所做的处理又称为操作,也就是人们通常所说的算法。本章主要介绍有关 C++ 提供的基本数据类型和表达式。

2.1　数据类型概述

能被计算机处理的信息被称为数据(data)。在计算机领域中,数据是广义的,数值、字符、文字、表格、图形、图像以及声音等都是数据。程序所处理的数据都具有某一种数据类型(data type),数据类型规定了数据的取值范围、数据能接受的运算符、数据的存储形式。既然数据总是与某种数据类型相联系的,因此,在 C++ 中,数据结构是以数据类型的形式体现的。我们讨论数据总是把数据的表示、数据值和数据类型作为一个整体来考察。

C++ 中提供的数据类型要比一般的高级语言丰富,把数据类型分为基本数据类型、构造数据类型和抽象数据类型,如图 2-1 所示。

(1) 基本数据类型:基本数据类型是由系统定义和提供的,基本数据类型最主要的特点是,其值不可以再分解为其他类型。也就是说,基本数据类型是自我说明的。

(2) 构造数据类型:构造数据类型是根据已定义的一个或多个数据类型用构造的方法来定义的。也就是说,一个构造类型的值可以分解成若干个"成员"或"元素"。每个"成员"都是一个基本数据类型或是一个构造类型。

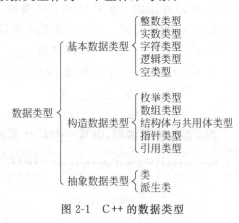

图 2-1　C++ 的数据类型

(3) 抽象数据类型:抽象数据类型是指利用数据抽象机制把数据与相应的操作作为一个整体来描述的数据类型。

(4) 空类型:在调用函数值时,通常应向调用者返回一个函数值。这个返回的函数值是具有一定的数据类型的,应在函数定义及函数说明中加以说明,例如,在案例中给出的

max 函数定义中,函数头为"int max(int a,int b);"其中 int 类型说明符即表示该函数的返回值为整型量。又如在案例中,使用了函数 sin,由于系统规定其函数返回值为双精度浮点型,因此在赋值语句"s=sin(x);"中,s 也必须是双精度浮点型,以便与 sin 函数的返回值一致。所以在说明部分,把 s 说明为双精度浮点型。但是,也有一类函数,调用后并不需要向调用者返回函数值,这种函数可以定义为"空类型"。其类型说明符为 void。在后面函数中还要详细介绍。

在本章中,我们先介绍基本数据类型中的整型、浮点型和字符型。其余类型在以后各章中陆续介绍。

2.2 常量与变量

对于基本数据类型量,按其取值是否可改变又分为常量和变量两种。在程序执行过程中,其值不发生改变的量称为常量,其值可变的量称为变量。它们可与数据类型结合起来分类。例如,可分为整型常量、整型变量、浮点常量、浮点变量、字符常量、字符变量、枚举常量、枚举变量。在程序中,常量是可以不经说明而直接引用的,而变量则必须先定义后使用。整型量包括整型常量和整型变量。

2.2.1 常量

在程序执行过程中,其值不发生改变的量称为常量。常量可以分为不同的类型,如 7、16、25、0、-34 为整型常量;2.3、-1.2 为实型常量;'a'、'd'为字符常量。这些常量一般从其字面形式即可判别它们是属于哪一种类型的常量,因此又被称为字面常量或直接常量。除此之外,也可以在一个程序中指定一个符号(标识符)代表一个常量,称为符号常量。

符号常量在使用之前必须先定义,其一般形式为

#define 标识符 常量

例如:

#define PI 3.1415926

或

const 类型 常量名=值;

例如:

const double PI=3.1415926;

其中,#define 也是一条预处理命令(预处理命令都以#开头),称为宏定义命令(在后面预处理程序中将进一步介绍),其功能是把该标识符定义为其后的常量值。一经定义,以后在程序中所有出现该标识符的地方均代之以该常量值。

【案例 2-1】 符号常量的使用。

```
#include <iostream.h>
#define PI 3                        //或用语句 const int PI=3;
```

```
void main()
{
    int r,s;
    r=10;
    s=PI*r*r;
    cout<<"s="<<s;
}
```

运行结果如下：

s=300

程序中用 ♯define 命令行定义 PI 代表常量 3，此后在预编译时将程序中凡是出现 PI 的地方全部用 3 代替，使程序更容易理解，可读性强。

习惯上符号常量的标识符用大写字母，变量标识符用小写字母，以示区别。

(1) 用标识符代表一个常量，称为符号常量。

(2) 符号常量与变量不同，它的值在其作用域内不能改变，也不能再被赋值。

(3) 使用符号常量的好处：①含义清楚；②能做到"一改全改"。

2.2.2 变量

在程序执行过程中，其值可以改变的量称为变量。一个变量应该有一个名字，在内存中占据一定的存储单元。变量定义必须放在变量使用之前。一般放在函数体的开头部分。要区分变量名和变量值是两个不同的概念，如图 2-2 所示。

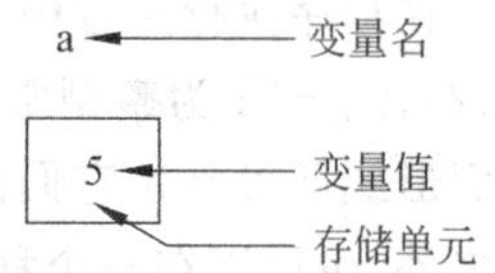

变量名与一个内存空间对应。在程序中引用一个变量，实际上是对指定的存储空间的引用。因此必须先开辟存储空间才能引用它，即在引用变量之前必须先定义变量，指定其类型。在编译时就会根据指定的类型分配其一定的存储空间，并决定数据的存储方式和允许操作的方式。

图 2-2 变量名与变量值

在对程序编译链接时由编译系统给每一个变量名分配对应的内存空间。从变量中取值，实际上是通过变量名找到相应的内存空间，从该存储单元中读取数据。

和其他高级语言一样，在 C++ 中用来对变量、符号常量、函数、数组等对象命名的有效字符序列统称为标识符。简单理解，标识符就是一个名字。

C++ 规定标识符只能由字母、数字和下划线 3 种符号组成，且必须以字母和下划线开头。

注意：编译系统将大写字母和小写字母认为是两种不同的字符。因此，MAX 和 max 是两个不同的变量名。一般地，变量名用小写字母表示，并应做到"见名知意"，以增强可读性。

在 C++ 中，要求对所有用到的变量做强制定义，即"先定义，后使用"。定义变量的一般形式为

数据类型 变量名；

在案例 2-1 中"int r,s;"完成了对变量的定义过程,r 和 s 被定义为整型变量。

【**案例 2-2**】 定义一个整型变量并显示其内容。

```
#include <iostream.h>
    void main()
{
    int a;                       /*定义一个整型变量 a*/
    a=1234;                      /*给 a 赋值*/
    cout<<"a="<<a;               /*显示 a 的内容*/
}
```

运行结果如下:

```
a=1234
```

2.3 基本数据类型

2.3.1 整型数据

1. 整型常量

整型常量就是整常数。它可以使用十进制、八进制和十六进制形式表示。

(1) 十进制整常数:表示十进制整常数时没有前缀,由 0~9 十个码组成。

以下各数是合法的十进制整常数:237、-568、65535、1627。

以下各数不是合法的十进制整常数:023(不能有前导 0)、23D(含有非十进制数码 D)。

在程序中是根据前缀来区分各种进制数的。因此在书写常数时不要把前缀弄错造成结果不正确。

(2) 八进制整常数:八进制整常数必须以 0 开头,即以 0 作为八进制数的前缀。数码取值为 0~7 数字。八进制数通常是无符号数。

以下各数是合法的八进制数:015(十进制为 13)、0101(十进制 65)、0177777(十进制为 65535)。

以下各数不是合法的八进制数:256(无前缀 0)、03A2(包含了非八进制数码)。

(3) 十六进制整常数:十六进制整常数的前缀为 0X 或 0x。其数码取值为 0~9 数字及 A~F 或 a~f。

以下各数是合法的十六进制整常数:0X2A(十进制 42)、0XA0(十进制为 160)、0XFFFF(十进制为 65535)。

以下各数不是合法的十六进制整常数:5A(无前缀 0X)、0X3H(含有非十六进制数码)。

(4) 整型常数的后缀:在 16 位字长的机器上,基本整型的长度也为 16 位,因此表示的数的范围也是有限的。十进制无符号整常数的范围为 0~65 535,有符号数为 -32 768~+32 767。八进制无符号数的表示范围为 0~0 177 777。十六进制无符号数的表示范围为 0X0~0XFFFF 或 0x0~0xFFFF。如果使用的数超过了上述范围,就必须用长整型数来表示。长整型数是用后缀 L 或 l 来表示的。例如:

十进制长整常数：158L（十进制为158）、358000L（十进制为358 000）。

八进制长整常数：012L（十进制为10）、077L（十进制为63）、0200000L（十进制为65 536）。

十六进制长整常数：0X15L（十进制为21）、0XA5L（十进制为165）、0X10000L（十进制为65 536）。

注意：长整数158L和基本整常数158在数值上并无区别。但对158L，因为是长整型量，C++编译系统将为它分配4B（字节）存储空间。而对158，因为是基本整型，在某些16位的编译系统中只分配2B的存储空间。因此在运算和输出格式上要予以注意，避免出错。

无符号数也可用后缀表示，整型常数的无符号数的后缀为U或u。例如：

358u,0x38Au,235Lu均为无符号数。

前缀、后缀可同时使用以表示各种类型的数。如0XA5Lu表示十六进制无符号长整数A5，其十进制为165。

2. 整型变量

（1）整型变量的分类。

① 有符号数

基本型：类型说明符为int，在VC++ 6.0中占4B。

短整型：类型说明符为short int或short，在内存中占2B。

长整型：类型说明符为long int或long，在内存中占4B。

② 无符号数

类型说明符为unsigned。

无符号型又可与上述3种类型匹配而构成。

无符号基本型：类型说明符为unsigned int或unsigned。

无符号短整型：类型说明符为unsigned short。

无符号长整型：类型说明符为unsigned long。

各种无符号类型量所占的内存空间字节数与相应的有符号类型量相同。但由于省去了符号位，故不能表示负数。

（2）整型变量的定义。

变量定义的一般形式为

类型说明符　变量名标识符,变量名标识符,…

例如：

```
int a,b,c;(a、b、c为整型变量)
long x,y;(x、y为长整型变量)
unsigned p,q;(p、q为无符号整型变量)
```

在书写变量定义时，应注意以下几点。

① 允许在一个类型说明符后，定义多个相同类型的变量。各变量名之间用逗号间隔。类型说明符与变量名之间至少用一个空格间隔。

② 最后一个变量名之后必须以“;”号结尾。

③ 变量定义必须放在变量使用之前。一般放在函数体的开头部分。

【案例 2-3】 整型变量的定义与使用。

```cpp
#include <iostream.h>
void main()
{
    int a,b,c,d;
    unsigned u;
    a=12;b=-24;u=10;
    c=a+u;d=b+u;
    cout<<"a+u="<<c <<"\n" <<"b+u="<<d;
}
```

运行结果如下：

```
a+u=22
b+u=-14
```

3. 整型数据在内存中的存储方式

C++ 标准并未具体规定各种数据类型占多少字节,只要求 int 型的长度应大于或等于 short 型且小于或等于 long 型。由各种 C++ 版本自己确定各自的长度。

整型数据在内存中以二进制形式存放,事实上以补码形式存放。其最高位(即最左边一位)表示数的符号,以 0 表示正,以 1 表示负。

如果定义了一个整型变量 i:

```
int i;
i=10;
```

在内存中的存储方式如下：

0	0	0	0	0	0	0	0	0	0	0	0	1	0	1	0

数值是以补码表示的。

(1) 正数的补码和原码相同。

(2) 负数的补码:将该数的绝对值的二进制形式按位取反再加 1。

例如,求 −10 的补码。

10 的原码:

0	0	0	0	0	0	0	0	0	0	0	0	1	0	1	0

取反:

1	1	1	1	1	1	1	1	1	1	1	1	0	1	0	1

再加 1,得 −10 的补码:

1	1	1	1	1	1	1	1	1	1	1	1	0	1	1	0

由此可知,左面的第一位是表示符号的。从每个数的最高位的状态(0 或 1)可以判定该数的正或负。

2.3.2　浮点型数据

实型也称为浮点型。实型常量也称为实数或者浮点数。在 C++ 中,实数只采用十进制表示。它有两种形式:十进制小数形式和指数形式。

1. 浮点型常量

在 C++ 中,浮点型常采用十进制表示,并有两种表示形式:一种是十进制小数形式;另一种是指数形式。

(1) 十进制小数形式:由数码 0~9 和小数点组成。

例如:

$$0.0、25.0、5.789、0.13、5.0、300.、-267.8230$$

等均为合法的实数。注意,必须有小数点。

(2) 指数形式:由十进制数加阶码标志 e 或 E 以及阶码(只能为整数,可以带符号)组成。

其一般形式为

$$a \, E \, n(a \text{ 为十进制数}, n \text{ 为十进制整数})$$

其值为 $a \times 10^n$。例如:

$$2.1E5(\text{等于 } 2.1 \times 10^5)$$
$$3.7E-2(\text{等于 } 3.7 \times 10^{-2})$$
$$0.5E7(\text{等于 } 0.5 \times 10^7)$$
$$-2.8E-2(\text{等于 } -2.8 \times 10^{-2})$$

一个浮点数可以有多种指数形式。例如,π 值的几种表示形式:

$$3.1415926 \times 10^0、0.31415926 \times 10^1、0.031415926 \times 10^2、31.415926 \times 10^{-1} \cdots$$

分别对应:3.1415926e0、0.31415926e+1、0.031415926e+2、31.415926e−1、314。

其中"规范化的指数形式"是在字母 e(或 E)之前的小数部分中,小数点左边应有一位(且只能有一位)非零的数字。

以下不是合法的实数:

$$345(\text{无小数点})$$
$$E7(\text{阶码标志 E 之前无数字})$$
$$-5(\text{无阶码标志})$$
$$53.-E3(\text{负号位置不对})$$
$$2.7E(\text{无阶码})$$

2. 浮点型变量

(1) 浮点型数据在内存中的存放形式。

实型数据一般占 4B(32 位)内存空间。与整数存储方式不同,实型数据是按照指数形式存储的。系统将实型数据分为小数部分和指数部分,分别存放。实型数据存放的示意图如下。例如,实数 3.14159 在内存中的存放形式为

其中,小数部分占的位(bit)数愈多,数的有效数字愈多,精度愈高。

指数部分占的位数愈多,则能表示的数值范围愈大。

(2) 浮点型变量的分类。

浮点型变量即实型变量,分为以下 3 种:

① 单精度(float 型):在内存中占 4B,提供 6～7 位有效数字。

② 双精度(double 型):在内存中占 8B,提供 15～16 位有效数字。

③ 长双精度(long double 型):某些编译系统中长度为 16B,提供 18～19 位有效数字。

对每个浮点型变量都应在使用之前加以定义。例如:

```
float a;                          /* 指定 a 为单精度实型变量 */
double b,c;                       /* 指定 b,c 为双精度实型变量 */
```

2.3.3　字符型数据

字符型数据包括字符常量和字符变量。

1. 字符常量

字符常量是用单引号括起来的一个字符。例如:

'a'、'b'、'='、'+'、'? '

都是合法字符常量。但要特别注意,在 C++ 中'q'和'Q'被认为是不同的两个字符常量。

在 C++ 中,字符常量有以下特点。

(1) 字符常量只能用单引号括起来,不能用双引号或其他括号。

(2) 字符常量只能是单个字符,不能是字符串。

(3) 字符可以是字符集中任意字符。但数字被定义为字符型之后就不能参与数值运算。如'5'和 5 是不同的。'5'是字符常量,不能参与数值运算。

除了以上形式的字符常量外,C++ 还允许用一种特殊形式的字符常量,即转义字符,它是以"\"开头的字符序列。因为"\"后面的字符已不再是原来的本字符的作用而被转为新的含义,所以称这样的字符为转义字符。例如,在前面案例 2-3 中输出语句 cout 的格式串中用到的"\n"就是一个转义字符,其意义是"换行"。转义字符主要用来表示那些用一般字符不便于表示的控制字符。常用的转义字符及其含义如表 2-1 所示。

表 2-1　常用的转义字符及其含义

转义字符	转义字符的意义	ASCII 代码
\n	换行符	10
\t	跳格符:横向跳到下一制表位置	9
\b	退格符	8
\r	回车符	13

续表

转义字符	转义字符的意义	ASCII 代码
\f	走纸换页符	12
\\	反斜线符	92
\'	单引号符	39
\"	双引号符	34
\a	鸣铃符	7
\ddd	1～3 位八进制数所代表的字符	八进制数 ddd 的十进制
\xhh	1～2 位十六进制数所代表的字符	十六进制数 hh 的十进制

广义地讲,C 语言字符集中的任何一个字符均可用转义字符来表示。表中的\ddd 和 \xhh 正是为此而提出的。ddd 和 hh 分别为八进制和十六进制的 ASCII 代码。如'\101'表示字母字符'A' ,'\102'表示字母字符'B','\134'表示反斜线,'\XOA'表示换行符等。

【案例 2-4】 转义字符的赋值和输出。

```
#include <iostream.h>
void main()
{
    char ch1='\102',ch2='\007';
    cout<<ch1<<ch2;
}
```

运行后在屏幕上显示 B 后响一声喇叭。

2. 字符变量

字符变量主要是用来存放字符型数据的。所有的编译系统中都规定以一个字节来存放一个字符,即一个字符变量在内存中占 1B 的存储空间。使用关键字 char 定义字符型变量,其定义形式如下:

```
char ch1,ch2;
```

可按如下形式赋值:

```
ch1='a';ch2=97;
```

执行上述两个赋值语句后,ch1 和 ch2 字符变量中存放的都是字符'a'。

3. 字符数据在内存中的存储形式及使用方法

每个字符变量被分配 1B 的内存空间,因此只能存放一个字符。字符值是以 ASCII 码的形式存放在变量的内存单元之中的。

如字符'x'的十进制 ASCII 码是 120,'y'的十进制 ASCII 码是 121。对字符变量 a,b 赋予 'x'和'y'值:

```
a='x';
b='y';
```

实际上是在 a、b 两个单元内存放 120 和 121 的二进制代码：

a：

0	1	1	1	1	0	0	0

b：

0	1	1	1	1	0	0	1

因此也可以把字符型量看成是整型量。C++ 允许对整型变量赋以字符值，也允许对字符变量赋以整型值。在输出时，允许把字符变量按整型量输出，也允许把整型量按字符量输出。也就是说，在 C++ 中，在 ASCII 码范围内的整数与字符是通用的。

【案例 2-5】 小写字母转换为相应的大写字母。

```
#include <iostream.h>
void main()
{
    char ch1,ch2;
    ch1='a';
    ch2='b';
    cout<<ch1<<","<<ch2<<"\n";
    ch1=ch1-32;
    ch2=ch2-32;
    cout<<ch1<<","<<ch2<<"\n";
}
```

运行结果如下：

a,b
A,B

本例中，ch1 和 ch2 分别被说明为字符变量并赋予字符值，C++ 允许字符变量参与数值运算，即用字符的 ASCII 码参与运算。由于大小写字母的 ASCII 码相差 32，因此运算后把小写字母换成大写字母。然后分别以整型和字符型输出。

4. 字符串常量

字符串常量是由一对双引号括起的字符序列。例如，"CHINA"、"C program"、"$12.5"等都是合法的字符串常量。

字符串常量和字符常量是不同的量。它们之间主要有以下区别。

(1) 字符常量由单引号括起来，字符串常量由双引号括起来。

(2) 字符常量只能是单个字符，字符串常量则可以含一个或多个字符。

(3) 可以把一个字符常量赋予一个字符变量，但不能把一个字符串常量赋予一个字符变量。在 C++ 中没有相应的字符串变量。这是与 Basic 语言不同的。但是可以用一个字符数组来存放一个字符串常量。在数组一章内介绍。

(4) 字符常量占 1B 的内存空间。字符串常量占的内存字节数等于字符串中字节数加 1。增加的一个字节中存放字符'\0'(ASCII 码为 0)。这是字符串结束的标志。

例如,字符串 "C program" 在内存中所占的字节为

C		p	r	o	g	r	a	m	\0

字符常量'a'和字符串常量"a"虽然只有一个字符,但在内存中的情况是不同的。
'a'在内存中占 1B,可表示为

a

"a"在内存中占 2B,可表示为

a	\0

2.3.4 sizeof 运算符

C++ 提供了一个能够测定某一种类型数据所占存储空间长度的运算符 sizeof,其格式为

sizeof(类型标识符或表达式)

【案例 2-6】 用 sizeof 运算符测定所用的 C++ 系统中各种变量类型的数据长度。

```cpp
#include <iostream.h>
void main()
{   short a;long b;float c;char d;
    cout<<"C++各种变量类型的数据长度为:"<<"\n";
    cout<<sizeof(a)<<"\n";              /*测试短整型变量 a 的长度:a 为 2*/
    cout<<sizeof(b)<<"\n";              /*测试长整型变量 b 的长度:b 为 4*/
    cout<<sizeof(c)<<"\n";              /*测试浮点型变量 c 的长度:c 为 4*/
    cout<<sizeof(d)<<"\n";              /*测试字符型变量 d 的长度:d 为 1*/
}
```

【案例 2-7】 用 sizeof 运算符测定所用的 C++ 系统中各种类型数据的长度。

```cpp
#include <iostream.h>
void main()
{
    cout<<"C++各数据类型的长度为"<<"\n";
    cout<<sizeof(short)<<"\n";          /*测试短整型数据的长度:2*/
    cout<<sizeof(int)<<"\n";            /*测试基本整型数据的长度:4*/
    cout<<sizeof(long)<<"\n";           /*测试长整型数据的长度:4*/
    cout<<sizeof(char)<<"\n";           /*测试字符型数据的长度:1*/
}
```

2.4 变量赋初值

在程序中常常需要对变量赋初值,以便使用变量。C++ 程序中有多种方法为变量提供初值。本节先介绍在给变量定义的同时给变量赋初值的方法。这种方法称为初始化。在变量定义中赋初值的一般形式为

类型说明符 变量1=值1,变量2=值2,…

例如:

```
int a=3;                           /*指定 a 为整型变量,初值为 3*/
float f=3.56;                       /*指定 f 为实型变量,初值为 3.56*/
char c='a';                         /*指定 c 为字符型变量,初值为'a'*/
```

可以只对定义的一部分变量赋初值,例如:

```
int a,b=2,c=5;       /*指定 a、b、c 为整型变量,只对 b、c 初始化,b 的初值为 2,c 的初值为 5*/
```

应注意,在定义时不允许连续赋值,如"int a=b=c=5;"是不合法的。

初始化不是在编译阶段完成的,而是在程序运行时执行本函数时赋予初值的,相当于有一个赋值语句。

```
int a=3;
```

相当于:

```
int a;
a=3;
```

【**案例 2-8**】 变量赋初值的例子。

```
#include <iostream.h>
void main()
{
    int a=3,b,c=5;
    b=a+c;
    cout<<"a="<<a<<","<<"b="<<b<<","<<"c="<<c;
}
```

运行结果如下:

```
a=3,b=8,c=5
```

2.5 各类数值型数据之间的混合运算

变量的数据类型是可以相互转换的。在进行运算时,不同类型的数据先转换成同一类型,然后进行计算。转换的方法有两种:一种是自动转换(隐式转换),另一种是强制转换。例如,表达式 10+'a'+1.5-8765.1234*'b'是合法的。

1. 自动转换

自动转换发生在不同数据类型的量混合运算时,由编译系统自动完成。自动转换遵循以下规则。

(1) 若参与运算量的类型不同,则先转换成同一类型,然后进行运算。

(2) 转换按数据长度增加的方向进行,以保证精度不降低。例如,int 型和 long 型运算时,先把 int 量转成 long 型后再进行运算。

（3）所有的浮点运算都是以双精度进行的，即使仅含 float 单精度量运算的表达式，也要先将各运算量都转换成 double 型，再做运算。

（4）char 型和 short 型参与运算时，必须先转换成 int 型。

（5）在赋值运算中，赋值号两边量的数据类型不同时，赋值号右边量的类型将转换为左边量的类型。如果右边量的数据类型长度比左边长时，将丢失一部分数据，这样会降低精度，丢失的部分直接舍去小数部分。

类型自动转换的规则如图 2-3 所示。

【案例 2-9】 不同类型数据的使用。

```
#include <iostream.h>
void main()
{
    float PI=3.14159;
    int s,r=5;
    s=r * r * PI;
    cout<<"s="<<s;
}
```

图 2-3 类型自动转换的规则

运行结果如下：

s=78

本例程序中，PI 为实型；s、r 为整型。在执行"s＝r * r * PI;"语句时，r 和 PI 都转换成 double 型计算，结果也为 double 型。但由于 s 为整型，故赋值结果仍为整型，舍去了小数部分。

2. 强制类型转换

强制类型转换是通过类型转换运算来实现的。

其一般形式为

(类型说明符) （表达式）

其功能是把表达式的运算结果强制转换成类型说明符所表示的类型。

例如：

(float)a	/* 把 a 转换为实型 */
(int)(x+y)	/* 把 x+y 的结果转换为整型 */
(float)a+b	/* 将 a 的内容强制转换为浮点数，再与 b 相加 */

在使用强制转换时应注意以下问题。

（1）表达式必须加括号（单个变量可以不加括号），如把 (int)(x+y) 写成 (int)x+y 则成了把 x 转换成 int 型之后再与 y 相加了。

（2）无论是强制转换或是自动转换，都只是为了本次运算的需要而对变量的数据类型进行的临时性转换，而不改变数据说明时对该变量定义的类型。

【案例 2-10】 强制类型转换的使用。

```
#include <iostream.h>
void main()
{
    float f=5.75;
    cout<<"(int)f="<<(int)f<<"\n";    /*将 f 的结果强制转换为整型,输出 */
    cout<<"f="<<f;                     /*输出 f 的值 */
}
```

运行结果如下:

```
(int)f=5
f=5.75
```

本例表明,f 虽被强制转为 int 型,但只在运算中起作用,是临时的,而 f 本身的类型并不改变。因此,(int)f 的值为 5(删去了小数)而 f 的值仍为 5.75。

2.6 运算符与表达式

C++ 中运算符和表达式数量之多,在高级语言中是少见的。正是丰富的运算符和表达式使 C++ 的功能十分完善,这也是 C++ 的主要特点之一。

C++ 的运算符不仅具有不同的优先级,而且还有一个特点,就是它的结合性。在表达式中,各运算量参与运算的先后顺序不仅要遵守运算符优先级别的规定,还要受运算符结合性的制约,以便确定是自左向右进行运算还是自右向左进行运算。这种结合性是其他高级语言的运算符所没有的,因此也增加了 C++ 的复杂性。

2.6.1 运算符的分类

C++ 的运算符可分为以下几类。

(1) 算术运算符:用于各类数值运算。包括加(+)、减(-)、乘(*)、除(/)、求余(或称为模运算,%)、自增(++)、自减(--)共 7 种。

(2) 关系运算符:用于比较运算。包括大于(>)、小于(<)、等于(==)、大于等于(>=)、小于等于(<=)和不等于(!=)6 种。

(3) 逻辑运算符:用于逻辑运算。包括与(&&)、或(||)、非(!)3 种。

(4) 位操作运算符:参与运算的量,按二进制位进行运算。包括位与(&)、位或(|)、位非(~)、位异或(^)、左移(<<)、右移(>>)6 种。

(5) 赋值运算符:用于赋值运算,分为简单赋值(=)、复合算术赋值(+=、-=、*=、/=、%=)和复合位运算赋值(&=、|=、^=、>>=、<<=)三类共 11 种。

(6) 条件运算符:这是一个三目运算符,用于条件求值(? :)。

(7) 逗号运算符:用于把若干表达式组合成一个表达式(,)。

(8) 指针运算符:有取内容(*)和取地址(&)两种运算。

(9) 求字节数运算符:用于计算所占的字节数(sizeof)。

（10）特殊运算符：有括号()、下标[]、成员(.、－>)等几种。

在使用运算符时应注意以下几点。

（1）运算符的功能。例如，"＝"是赋值运算符，"＝ ＝"是关系运算符等。

（2）运算量的数目。例如，有的运算符要求有两个运算量参加运算(如＋、－等)，称为双目运算符；而有的运算符(如自增运算符＋＋)只允许有一个运算量，称为单目运算符。

（3）运算量的类型。如＋的运算对象可以是整型或实型数据，而求余运算符要求参加运算的两个量都必须为整型数据。

（4）运算的优先级别。如果一个运算量的两侧有不同的运算符，先执行"优先级别"高的运算。例如，＊的优先级高于＋，则对于 1＋2＊3，在 2 的两侧分别为＋和＊，则先乘后加。

（5）结合方向。如果在一个运算量的两侧有两个相同优先级别的运算符，则按结合方向顺序处理。例如，4＊5/2，在 5 的两侧分别为＊和"/"，根据"自左至右"的原则应先乘后除，即 5 先和左面的运算符结合，得到 20 后再除以 2。这种结合方向称为左结合。而赋值运算符的结合方向则是"自右至左"，即右结合。例如，a＝b＝c＝5，b 的两侧有相同的赋值运算符，根据自左至右的原则，它应先与其后的赋值运算符结合，故相当于 a＝(b＝(c＝5))，运算结果 a、b、c 3 个变量的值都为 5。

（6）结果的类型。即表达式的类型，尤其是当两个不同类型数据进行运算时，要特别注意结果的类型。

2.6.2 算术运算符和算术表达式

1. 基本的算术运算符

（1）加法运算符(＋)：加法运算符为双目运算符，即应有两个量参与加法运算，如 a＋b、4＋8 等。具有右结合性。

（2）减法运算符(－)：减法运算符为双目运算符。但"－"也可作为负值运算符，此时为单目运算，如－x、－5 等具有左结合性。

（3）乘法运算符(＊)：双目运算，具有左结合性。

（4）除法运算符(/)：双目运算，具有左结合性。参与运算量均为整型时，结果也为整型，舍去小数。如果运算量中有一个是实型，则结果为双精度实型。

（5）求余运算符(模运算符)(％)：双目运算，具有左结合性。要求参与运算的量均为整型。求余运算的结果等于两数相除后的余数。

【**案例 2-11**】 双目算术运算符的使用。

```
#include <iostream.h>
void main()
{
    cout<<20/7<<","<<-20/7<<"\n";
    cout<<20.0/7<<","<<-20.0/7<<"\n";
}
```

运行结果如下：

2,-2

2.85714,-2.85714

本例中,20/7、-20/7 的结果均为整型,小数全部舍去。而 20.0/7 和-20.0/7 由于有实数参与运算,因此结果也为实型。

【案例 2-12】 双目算术运算符的使用。

```
#include <iostream.h>
void main()
{
    cout<<100%3<<"\n";
}
```

本例输出 100 除以 3 所得的余数 1。

【案例 2-13】 双目算术运算符的使用。

```
#include <iostream.h>
void main()
{
    int x,y;
    cin>>x>>y;
    cout<<"x+y="<<x+y<<","<<"x-y="<<x-y<<"\n";
    cout<<"(x/y) * y+x mod y="<<x/y * y+x%y;
}
```

运行结果如下:

```
7□2↙
x +y=9,x-y=5
(x/y) * y+x mod y=7
```

2. 算术表达式和运算符的优先级及结合性

表达式是由常量、变量、函数和运算符组合起来的有意义的式子。一个表达式有一个值及其类型,它们等于计算表达式所得结果的值和类型。表达式求值按运算符的优先级和结合性规定的顺序进行。单个的常量、变量、函数可以看作是表达式的特例。

算术表达式是由算术运算符和括号连接起来的式子。

(1) 算术表达式:用算术运算符和括号将运算对象(也称为操作数)连接起来的、符合 C++ 语法规则的式子。

以下是算术表达式的例子:

```
a+b
(a * 2)/c
(x+r) * 8- (a+b)/7
++i
sin(x)+sin(y)
(++i) - (j++) + (k--)
```

注意：

C++ 语言算术表达式的书写形式与数学表达式的书写形式有一定的区别。

① C++ 语言算术表达式的乘号(＊)不能省略。例如，数学式 b^2-4ac，相应的 C++ 表达式应该写成 b＊b-4＊a＊c。

② C++ 表达式中只能出现字符集允许的字符。例如，数学 πr^2 相应的 C++ 表达式应该写成：PI＊r＊r(其中 PI 是已经定义的符号常量)。

③ C++ 算术表达式不允许有分子分母的形式。例如，(a＋b)/(c＋d)。

④ C++ 算术表达式只使用圆括号改变运算的优先顺序(不要指望用{}、[])。可以使用多层圆括号，此时左右括号必须配对，运算时从内层括号开始，由内向外依次计算表达式的值。

【案例 2-14】 将下列数学式转换为 C++ 表达式。

① $s(s-a)(s-b)(s-c)$。

② $(x+2)e2^x$。

③ $\dfrac{-b+\sqrt{b^2-4ac}}{2a}(b^2-4ac\geqslant 0)$。

转换后：

① s＊(s－a)＊(s－b)＊(s－c)，必须用运算符连接操作数。

② (x＋2)＊exp(2＊x)，调用数学库函数 exp(x)计算指数函数 e^x。

③ (－b＋sqrt(b＊b－4＊a＊c))/(2＊a)，调用数学库函数 sqrt(x)计算 $\sqrt{x}(x\geqslant 0)$。

(2) 运算符的优先级：C++ 中，规定了进行表达式求值过程中，各运算符的"优先级"和"结合性"。运算符的运算优先级共分为 15 级。1 级最高，15 级最低。在表达式中，优先级较高的先于优先级较低的进行运算。而在一个运算量两侧的运算符优先级相同时，则按运算符的结合性所规定的结合方向处理。

(3) 运算符的结合性：C++ 中各运算符的结合性分为两种，即左结合性(自左至右)和右结合性(自右至左)。例如，算术运算符的结合性是自左至右，即先左后右。如有表达式 x－y＋z 则 y 应先与"－"号结合，执行 x－y 运算，然后再执行＋z 的运算。这种自左至右的结合方向就称为"左结合性"。而自右至左的结合方向称为"右结合性"。最典型的右结合性运算符是赋值运算符。如 x＝y＝z，由于"＝"的右结合性，应先执行 y＝z 再执行 x＝(y＝z)运算。

C++ 运算符中有不少为右结合性，应注意区别，以避免理解错误。

3. 自增、自减运算符

自增 1、自减 1 运算符：自增 1 运算符记为"＋＋"，其功能是使变量的值自增 1。自减 1 运算符记为"－－"，其功能是使变量值自减 1。

自增 1、自减 1 运算符均为单目运算，都具有右结合性。可有以下几种形式。

① ＋＋i：i 自增 1 后再参与其他运算。

② －－i：i 自减 1 后再参与其他运算。

③ i＋＋：i 参与运算后，i 的值再自增 1。

④ i－－：i 参与运算后，i 的值再自减 1。

在理解和使用上容易出错的是 i＋＋和 i－－。特别是当它们出现在较复杂的表达式或语句中时,常常难于弄清楚,因此应仔细分析。

【案例 2-15】　自增、自减运算。

```cpp
#include <iostream.h>
void main()
{
    int i=8;
    cout<<++i<<",";
    cout<<--i<<",";
    cout<<i++<<",";
    cout<<i--<<",";
    cout<<-i++<<",";
    cout<<-i--<<"\n";
}
```

运行结果如下:

```
9,8,8,9,-8,-9
```

【案例 2-16】　自增、自减运算符和加、减运算符的混合运用。

```cpp
#include <iostream.h>
void main()
{
    int i=5,j=5,p,q;
    p=(i++)+(i++)+(i++);
    q=(++j)+(++j)+(++j);
    cout<<p<<","<<q<<","<<i<<","<<j;
}
```

运行结果如下:

```
15,24,8,8
```

说明:求值顺序在不同的编译系统下不同,在程序中应避免类似的说法。

这个程序中,对 p=(i++)+(i++)+(i++)应理解为 3 个 i 相加,故 p 值为 15。然后 i 再自增 1 三次,相当于加 3,故 i 的最后值为 8。而对于 q 的值则不然,q=(++j)+(++j)+(++j)应理解为 q 先自增 1,再参与运算,由于 q 自增 1 三次后值为 8,3 个 8 相加的和为 24,j 的最后值仍为 8。

【案例 2-17】　自增、自减运算符和加、减运算符的混合运用。

```cpp
#include <iostream.h>
void main()
{
    int a,b,c;
    b=5;c=5;
    a=++b+c--;
    cout<<a<<","<<b<<","<<c<<"\n";
```

```
        a=b---c;
        cout<<a<<","<<b<<","<<c<<"\n";
        a=-b+++c;
        cout<<a<<","<<b<<","<<c<<"\n";
}
```

运行结果如下：

```
11,6,4
2,5,4
-1,6,4
```

分析：a＝＋＋b＋c－－相当于顺序执行 b＝b＋1,a＝b＋c,c＝c－1。

a＝b－－－c 相当于 a＝(b－－)－c,相当于顺序执行"a＝b－c;b＝b－1;",因为 C 编译系统在处理时从左向右尽可能多地将若干个字符组成一个运算符,故－－－理解为－－和－。a＝-b＋＋＋c 相当于 a＝-(b＋＋)＋c,相当于顺序执行 a＝-b＋c,b＝b＋1。

4. 副作用的说明

C++ 中,自增和自减是两个很特殊的运算符,相应的运算会得到两个结果。例如,设 n＝3,表达式 n＋＋经过运算之后,其值为 3,同时变量 n 的值增 1 变为 4。可见,在求解表达式时,变量的值改变了,这就是一种副作用。在编程时,副作用的影响往往会使得运算的结果与预期的值不相符合,故建议慎用自增、自减运算。尤其不要用它们构造复杂的表达式。

另外,C++ 中,根据运算符的优先级和结合性决定表达式的计算顺序,但对运算符两侧操作数的求值顺序并未做出明确的规定,允许编译系统采取不同的处理方式。例如,计算表达式 f()＋g() 时,可以先求 f(),再求 g(),也可以相反。如果求值顺序的不同影响了表达式的结果,即相同的源程序在不同的编译系统下运行,结果可能不同,就给程序的移植造成了困难。所以,在实际应用中应该避免这种情况。

2.7 赋值运算符和赋值表达式

1. 赋值运算符

简单赋值运算符和表达式：简单赋值运算符记为"＝"。由"＝"连接的式子称为赋值表达式。其一般形式为

变量=表达式

例如：

```
x=a+b
w=sin(a)+sin(b)
y=i+++--j
```

赋值表达式的功能是计算表达式的值再赋予左边的变量。赋值运算符具有右结合性。因此

```
a=b=c=5
```

可理解为

```
a=(b=(c=5))
```

在其他高级语言中,赋值表达式和分号一起构成一个语句,称为赋值语句。而在 C++ 中,把"="定义为运算符,从而组成赋值表达式。凡是表达式可以出现的地方均可出现赋值表达式。

例如:

```
x=(a=5)+(b=8)
```

是合法的。它的意义是把 5 赋予 a,8 赋予 b,再把 a、b 相加,和赋予 x,故 x 应等于 13。

在 C++ 中也可以组成赋值语句,按照 C++ 规定,任何表达式在其末尾加上分号就构成为语句。因此如

```
x=8;a=b=c=5;
```

都是赋值语句,在前面各例中我们已大量使用过了。

赋值表达式运算过程如下。

① 计算赋值运算符右侧表达式的值。

② 将赋值运算符右侧表达式的值赋给赋值运算符左侧的变量。

③ 将赋值运算符左侧的变量的值作为赋值表达式的值。

例如,设 n 是整型变量,已赋值为 2,求解赋值表达式 n＝n+1,首先计算 n+1 得到 3,再将 3 赋给 n,并取 n 的值作为该赋值表达式的值。

在赋值运算时,如果赋值运算符两侧的数据类型不同,在上述运算过程的第②步,系统首先将赋值运算符右侧表达式的类型自动转换成赋值运算符左侧变量的类型,再给变量赋值,并将变量的类型作为赋值表达式的类型。

例如,设 n 是整型变量,计算表达式 n＝3.14 * 2 的值,首先计算 3.14 * 2 的值得到 6.28,将 6.28 转换成整型值 6 后赋给 n。该赋值表达式的值是 6,类型为整型。

又如,设 x 是双精度浮点型变量,计算表达式 x＝10/4 的值,首先计算 10/4 得到 2,将 2 转换成双精度浮点型值 2.0 后赋给 x。该赋值表达式的值是 2.0,类型为双精度浮点型。

2. 类型转换

如果赋值运算符两边的数据类型不相同,系统将自动进行类型转换,即把赋值号右边的类型换成左边的类型。具体规定如下。

(1) 实型赋予整型,舍去小数部分。前面的例子已经说明了这种情况。

(2) 整型赋予实型,数值不变,但将以浮点形式存放,即增加小数部分(小数部分的值为 0)。

(3) 字符型赋予整型,由于字符型为一个字节,而整型为 4 个字节,故将字符的 ASCII 码值放到整型量的低八位中,高 24 位为 0。整型赋予字符型,只把低八位赋予字符量。

【案例 2-18】 类型转换。

```
#include <iostream.h>
```

```
void main()
{
    int a,b=322;
    float x,y=8.88;
    char c1='k',c2;
    a=y;
    cout<<a<<",";
    x=b;
    cout<<x<<",";
    a=c1;
    cout<<a<<",";
    c2=b;
    cout<<c2<<"\n";
}
```

本例表明了上述赋值运算中类型转换的规则。a 为整型，赋予实型量 y 值 8.88 后只取整数 8。x 为实型，赋予整型量 b 值 322，后增加了小数部分。字符型量 c1 赋予 a 变为整型，整型量 b 赋予 c2 后取其低八位成为字符型（b 的低八位为 01000010，即十进制 66，按 ASCII 码对应于字符'B'）。

3. 复合的赋值运算符

在赋值符"＝"之前加上其他二目运算符可构成复合赋值符，如＋＝、－＝、＊＝、/＝、%＝、<<＝、>>＝、&＝、^＝、|＝。

构成复合赋值表达式的一般形式为

变量　双目运算符=表达式

它等效于：

变量=变量 运算符 表达式

例如：

a＋＝5 等价于 a＝a＋5；x＊＝y＋7 等价于 x＝x＊(y＋7)；r%＝p 等价于 r＝r%p。

复合赋值符这种写法，对初学者可能不习惯，但十分有利于编译处理，能提高编译效率并产生质量较高的目标代码。

【案例 2-19】 复合赋值符的运用。

```
#include<iostream.h>
void main()
{
    int x,y,z;
    z=(x=7)+(y=3);
    cout<<x<<","<<y<<","<<z<<"\n";
    x=y=z=x+2;
    cout<<x<<","<<y<<","<<z<<"\n";
    x*=y-3;
    cout<<x<<","<<y<<","<<z<<"\n";
```

```
}
```

运行结果如下:

```
7,3,10
9,9,9
54,9,9
```

说明: z=(x=7)+(y=3)相当于顺序执行 x=7,y=3,z=x+y;

　　　　x=y=z=x+2 相当于顺序执行 z=x+2, y=z, x=y;

　　　　x*=y-3 等价于 x=x*(y-3),而不是 x=x*y-3。

2.8　逗号运算符和逗号表达式

在 C++ 中逗号","既可以作为分隔符,也可以作为运算符。作为分隔符使用时,用于间隔说明语句中的变量或函数中的参数等。作为运算符使用时,称为逗号运算符,将若干个独立的表达式连接在一起,组成逗号表达式。

其一般形式为

表达式 1,表达式 2,……,表达式 n

其求值过程是先计算表达式 1 的值,然后计算表达式 2 的值,……,最后计算表达式 n 的值,并将表达式 n 的值作为整个逗号表达式的值,将表达式 n 的类型作为整个逗号表达式的类型。

【**案例 2-20**】　逗号表达式的使用。

```
#include <iostream.h>
void main()
{
    int a=2,b=4,c=6,x,y;
    y=(x=a+b),(b+c);
    cout<<"y="<<y<<","<<"x="<<x<<"\n";
}
```

运行结果如下:

```
y=6,x=6
```

【**案例 2-21**】　逗号表达式的使用。

```
#include <iostream.h>
void main()
{
    int x,a;
    x=(a=3,6*3);                        /* a=3 x=18 */
    cout<<a<<","<<x<<"\n";
    x=a=3,6*a;                          /* a=3 x=3 */
    cout<<a<<","<<x<<"\n";
```

```
}
```

运行结果如下：

3,18
3,3

对于逗号表达式还要说明两点。

(1) 逗号表达式一般形式中的表达式 1、表达式 2、……、表达式 n，也可以又是逗号表达式。例如：

表达式 1,(表达式 2,表达式 3)

形成了嵌套情形。因此可以把逗号表达式扩展为以下形式：

表达式 1,表达式 2,……,表达式 n

整个逗号表达式的值等于表达式 n 的值。

(2) 程序中使用逗号表达式,通常是要分别求逗号表达式内各表达式的值,并不一定要求整个逗号表达式的值。并不是在所有出现逗号的地方都组成逗号表达式,如在变量说明中,函数参数表中逗号只是用作各变量之间的间隔符。

逗号运算符的优先级是所有运算符中最低的,它的结合性是从左到右。例如,表达式"(a=2),(b=3),(c=a+b)"等价于"a=2,b=3,c=a+b"。

逗号表达式常用于 for 循环语句中(见第 3 章)。

综上所述,C++ 的表达能力很强,其中一个重要原因就在于它的运算符种类之多,功能之强,表达式类型丰富,因此 C++ 使用灵活,适应性较强。这些特点在后面章节的学习中将会进一步体现。

习　题

一、选择题

1. 下列( )是 C++ 语言的有效标识符。
   A. _No1　　　　　B. No.1　　　　　C. 12345　　　　　D. int

2. 设有定义"int x;float v;",则 10+x+v 值的数据类型是( )。
   A. int　　　　　B. double　　　　　C. float　　　　　D. 不确定

3. 设 ch 是 char 型变量,其值为 A,且有下面的表达式：ch =(ch>='A'&&ch<='Z')?(ch+32):ch; ch 的值是( )。
   A. A　　　　　B. a　　　　　C. Z　　　　　D. z

4. 若定义"int k=7,x=12;",则值为 3 的表达式是( )。
   A. x%=(k%=5)　　　　　B. x%=(k-k%5)
   C. x%=k-k%5　　　　　D. (x%=k)-(k%=5)

5. 错误的转义字符是( )。
   A. '091'　　　　　B. '\\'　　　　　C. '\0'　　　　　D. \"

6. 在 C++ 语言中,错误的常数是( )。

  A. 1E+0.0   B. 5   C. 0xaf   D. 0L

7. 下面运算符优先级最高的是(   )。

  A. <=   B. =   C. %   D. &&

8. 不是 C++ 语言提供的合法数据类型关键字是(   )。

  A. double   B. short   C. integer   D. char

9. C++ 语言中,运算对象必须是整型数的运算符是(   )。

  A. %   B. /   C. %和/   D. **

10. 表达式 10!=9 的值是(   )。

  A. true   B. 非零值   C. 0   D. 1

11. 表示关系 x<=y<= z 的 C++ 语言表达式为(   )。

  A. (x<=y)&&(y<=z)   B. (x<=y)AND(y<=z)

  C. (x<=Y<=z)   D. (x<=y)&&(y<=z)

12. 若变量 a 是 int 类型,并执行了语句"a='A'+1.6;",则正确的叙述是(   )。

  A. a 的值是字符'C'   B. a 的值是浮点型

  C. 不允许字符型和浮点型相加   D. a 的值是字符'A'的 ASCII 值加上 1

13. 若已定义 x 和 y 为 double 类型,则表达式:x=1,y=x+3/2 的值是(   )。

  A. 1   B. 2   C. 2.0   D. 2.5

14. 若有以下定义"char a;int b;float c;double d;",则表达式 a * b+d−c 值的类型为

(   )。

  A. float   B. int   C. char   D. double

15. 设 x 和 y 均为 int 型变量,则以下语句"x+=y;y=x−y;x−=y;"的功能是

(   )。

  A. 把 x 和 y 按从大到小排列   B. 把 x 和 y 按从小到大排列

  C. 无确定结果   D. 交换 x 和 y 中的值

二、已知"int a=3,b=4,c=9;",求下列表达式的值。

(1) a/b。

(2) c/b/a。

(3) c%a。

三、已知"int a,b,c,d;a=b=c=d=5;",求下列表达式的值。

(1) b−−−c。

(2) d+=a+b。

(3) ++a/b++ * −−c。

四、写出下列程序的运行结果。

```cpp
#include <iostream.h>
void main()
{
    int y;
    double d=3.2,x;
    x=(y=4.0/d)/4;
```

```
    cout<<x<<","<<y;
}
```

五、编写 4 种不同的"＋"语句,均实现对整数变量 x 加 1。

六、各编写一条 C++ 语句。

1. 用 cin 和＞＞输入整型变量 x。

2. 用 cin 和＞＞输入整型变量 y。

3. 将整型变量 i 初始化为 1。

4. 将整型变量 power 初始化为 1。

5. 将变量 power 乘以 x 并将结果赋给 power。

6. 将变量 i 加 1。

7. 测试 i 是否小于或等于 y。

8. 用 cout 和＜＜输出整型变量 power。

七、编写程序,输入华氏温度,输出相应的摄氏温度(保留 2 位小数)。公式:$C=(F-32)/1.8$,其中,C 表示摄氏温度,F 表示华氏温度。

八、编写程序,输入一个大写字母,输出相应的小写字母。例如,输入 G,则输出 g。

第3章 C++的程序控制结构

【学习目标】

- 了解C++语句的种类。
- 熟悉赋值语句的功能与使用。
- 掌握选择结构语句的使用。
- 掌握循环结构语句的使用。

在第1章中已经介绍了几个简单的C++程序。最简单的程序由若干顺序执行的语句构成,这些语句可以是赋值语句、输入输出语句。但在现实世界中,很多问题的解决不一定顺序执行。程序设计也如此。因此,程序中除了顺序结构外还有选择结构、循环结构。C++为支持这些控制结构,提供了丰富的控制语句。

3.1 语　　句

和其他高级语言一样,C++的语句也是用来向计算机系统发出操作指令的。一个语句经过编译后产生若干条机器指令。一个实际的程序应当包含若干条语句。第2章介绍过C++程序是由函数组成;函数由函数首部和函数体两部分组成。函数体包括声明部分和执行部分。C++程序的执行部分是由若干条语句组成的。程序的功能也是由执行语句实现的。

按照语句功能(或构成)的不同,将C++语言的语句分为五类。

1. 控制语句

控制语句用于控制程序的流程,以实现程序的各种结构方式。它们由特定的语句定义符组成。C++语言有9种控制语句,可分成以下三类。

(1) 选择结构控制语句:if、switch。

(2) 循环结构控制语句:do-while、for、while、break、continue。

(3) 其他控制语句:goto、return。

2. 函数调用语句

函数调用语句由函数名、实际参数加上分号";"组成。其一般形式为

函数名(实际参数表);

执行函数语句就是调用函数体并把实际参数赋予函数定义中的形式参数,然后执行被调函数体中的语句,求取函数值(在后面函数中再详细介绍)。

3. 表达式语句

表达式语句由表达式加上分号";"组成。一个语句必须在最后出现分号,分号是语句中不可缺少的一部分。其一般形式为

表达式;

执行表达式语句就是计算表达式的值。例如：

```
x=y+z;                  /*赋值语句*/
y+z;                    /*加法运算语句,但计算结果不能保留,无实际意义*/
i++;                    /*自增1语句,i值增1*/
```

表达式能构成语句是 C++ 的一个重要特色。其实"函数调用语句"也是属于表达式语句,因为函数调用(如 sin(x))也属于表达式的一种。只是为了便于理解和使用,才把"函数调用语句"和"表达式语句"分开来说明。由于 C++ 程序中大多数语句是表达式语句(包括函数调用语句,所以有人把 C++ 语言称为"表达式语言")。

4. 空语句

只由分号";"组成的语句称为空语句。空语句是什么也不执行的语句。在程序中空语句可用来作为空循环体。例如：

```
while(getchar()!='\n')
        ;
```

本语句的功能是,从键盘一个字符一个字符地读入一行字符,一直读到换行符结束。这里的循环体为空语句。

5. 复合语句

把多个语句用括号{}括起来组成的一个语句称为复合语句,又称为分程序。例如：

```
{
    x=y+z;
    a=b+c;
    cout<<x<<","<<a;
}
```

是一条复合语句。

复合语句内的各条语句都必须以分号";"结尾,在括号"}"外不能再加分号。

复合语句的性质如下。

(1) 在语法上和单一语句相同,即单一语句可以出现的地方,也可以使用复合语句。

(2) 允许嵌套,即复合语句中也可出现复合语句。

C++ 允许一行写几条语句,也允许把一条语句拆开写在几行上,书写格式无固定要求(FORTRAN 语言和 COBOL 语言对书写格式有严格要求)。

3.2 赋 值 语 句

赋值语句是由赋值表达式再加上分号构成的表达式语句。由于赋值语句应用十分普遍,所以结合案例,专门讨论一下。其一般形式为

变量=表达式;

赋值语句的功能和特点都与赋值表达式相同。赋值语句是程序中使用最多的语句之一。

【案例 3-1】 输入三角形的三边长,求三角形的面积。

为简单起见,设输入的三边长 a、b、c 能构成三角形。按照数学知识,已知三角形三边长求三角形面积的公式为 area $= \sqrt{s(s-a)(s-b)(s-c)}$,其中 $s=(a+b+c)/2$,此程序如下:

```
#include  <iostream.h>
#include  <math.h>
void main()
{
    float  a,b,c,s,area;
    cin>>a>>b>>c;
    s=1.0/2 * (a+b+c);
    area=sqrt(s * (s-a) * (s-b) * (s-c));
    cout<<"a="<<a<<","<<"b="<<b<<","<<"c="<<c<<",s="<<s<<"\n";
    cout<<"area="<<area;
}
```

运行情况如下:

```
3□4□6↙
a=3,b=4,c=6,s=6.5
area=5.33268
```

程序说明:程序中第 8 行的 sqrt()是求平方根的函数。由于要调用数学函数库中的函数,必须在程序的开头加一条♯include 命令,把文件 math.h 包含到程序中。请注意,以后凡在程序中要用到数学函数库中的函数,都应当包含 math.h 头文件。

在赋值语句的使用中需要注意以下几点。

(1) 由于在赋值符"="右边的表达式也可以又是一个赋值表达式,因此,下述形式

变量=(变量=表达式);

是成立的,从而形成嵌套的情形。其展开之后的一般形式为

变量=变量=…=表达式;

例如:

a=b=c=d=e=5;

按照赋值运算符的右接合性,因此实际上等效于:

```
e=5;
d=e;
c=d;
b=c;
a=b;
```

(2) 注意在变量说明中给变量赋初值和赋值语句的区别。

给变量赋初值是变量说明的一部分,赋初值后的变量与其后的其他同类变量之间仍必须用逗号间隔,而赋值语句则必须用分号结尾。例如:

```
int a=5,b,c;
```

（3）在变量定义中，不允许连续给多个变量赋初值。

如下述说明是错误的：

```
int a=b=c=5
```

必须写为

```
int a=5,b=5,c=5;
```

而赋值语句允许连续赋值。

（4）注意赋值表达式和赋值语句的区别。

对于赋值表达式与赋值语句的概念，其他多数高级语言没有赋值表达式的概念。作为赋值表达式可以包括在其他表达式之中，例如：

```
if((a=b)>0)t=a;
```

按语法规定，if 后面的括号内是一个条件，例如，可以是 if(x>0)。如果在 x 的位置上换上一个赋值表达式"a=b"，其作用是：先进行赋值运算（将 b 的值赋给 a），然后判断 a 是否大于 0，如果大于 0，执行 t=a。在 if 语句中"a=b"不是赋值语句而是赋值表达式，这样写是合法的。赋值表达式是一种表达式，它可以出现在任何允许表达式出现的地方，而赋值语句则不能。如果写成"if((a=b;)>0) t=a;"就错了。在 if 条件中不能包含赋值语句。由此可以看到，C++ 把赋值语句和赋值表达式区别开来，增加了表达式的种类，使表达式的应用几乎"无孔不入"，能实现其他语言中难以实现的功能。

3.3　顺　序　结　构

顺序结构程序就是执行时依语句排列顺序一条接着一条地执行，不发生控制流的转移。特点：每个程序都是按照语句的书写顺序依次执行的，它是最简单的结构。不可分开的若干语句，用{ }把它们括起来，这样的语句体就是复合语句。复合语句在逻辑上等价于一条语句，复合语句内部还可嵌套复合语句。

顺序结构程序一般包括两部分。

1. 程序开头的编译预处理

如果要在程序中使用标准库函数，则必须使用编译预处理命令 #include，将相应的头文件包含进来。

2. 函数体

函数体主要包括以下 4 部分。

（1）变量定义语句。

（2）输入语句。

（3）运算语句。

（4）输出语句。

执行流程：各语句是按照物理位置次序顺序执行，且每个语句都会被执行到。

【案例 3-2】　输入一个三位整数,分解它的符号、百位数字、十位数字和个位数字,然后依次输出。

```
#include <iostream.h>
#include <math.h>              /*程序中使用了数学函数 abs*/
void main()
{
    char c1,c2,c3,c4;          /*定义变量*/
    int x;
    cout<<"please input a numer:";              /*输出提示信息*/
    cin>>x;                     /*从键盘输入 x 的值*/
    c4=x>=0? '+': '-';          /*将 x 的符号赋给 c4*/
    x=abs(x);                   /*取 x 的绝对值*/
    c3=x%10+48;                 /*求得 x 的个位数字,加 48 转换为对应数字字符的 ASCII 码值*/
    x=x/10;                     /*去掉个位,取 x 的高位部分组成的新数*/
    c2=x%10+48;                 /*求得原 x 的十位数字,加 48 转换为对应的 ASCII 码值*/
    c1=x/10+48;                 /*求得原 x 的百位数字,加 48 转换为对应的 ASCII 码值*/
    cout<<c4<<","<<c1<<","<<c2<<","<<c3 ;
                                /*输出符号位、百位、十位、个位*/
}
```

程序的执行结果:

```
please input a numer: -321
-,3,2,1
```

【案例 3-3】　读入一个小写字母,将其转换成大写字母后输出,同时输出其对应的 ASCII 编码。

```
#include <iostream.h>
void main()
{
    int x; char   ch1, ch2 ;
    cout<<" Input a lower letter : " ;
    cin>>ch1;                   /*实现从键盘输入一个字符,赋给字符变量 ch1*/
    x=(int)ch1;
    cout<<"letter:"<<ch1<<","<<"ASCII:"<<x<<"\n";
    /*屏幕显示从键盘输入的字符,并显示该字符的 ASCII 代码值*/
    ch2=ch1-32;                 /*将小写字母转换成对应的大写字母*/
    x=(int)ch2;
    cout<<"letter:"<<ch2<<","<<"ASCII:"<<x;
    /*屏幕显示转换后的字符,以及该字符的 ASCII 代码值*/
}
```

程序运行情况:

```
Input a lower letter: a↙
letter: a, ASCII: 97
letter: A, ASCII: 65
```

【案例 3-4】 求 $ax^2+bx+c=0$ 方程的根。a、b、c 由键盘输入,设 $b^2-4ac>0$。

```
#include <iostream.h>
#include <math.h>
void main()
{
    float a, b, c,disc, x1, x2, p, q;
    cin>>a>>b>>c;
    disc=b*b-4*a*c;
    p=-b/(2*a);
    q=sqrt(disc)/(2*a);
    x1=p+q;
    x2=p-q;
    cout<<"x1 ="<<x1<<" x2="<<x2;
}
```

运行情况如下:

```
1□3□2↙
x1=-1.00
x2=-2.00
```

注意:程序中用了预处理命令♯include ＜math.h＞。

3.4 选 择 结 构

C++ 提供了可以进行逻辑判断的选择语句,由选择语句构成的选择结构将根据逻辑判断的结果决定程序的不同流程。选择结构是结构化程序设计的 3 种基本结构之一。本节将详细介绍如何在 C++ 程序中实现选择结构。

3.4.1 if 语句

用 if 语句可以构成分支结构。分支结构根据给定的条件进行判断,以决定执行某个分支程序段。C++ 语言的 if 语句有 3 种基本形式:单分支结构、双分支结构和多分支结构。

1. 单分支结构

格式:

```
if(表达式)   语句1
```

语句 1 若多于一条,则需用复合语句。if 语句的功能如图 3-1 所示。语句中的"表达式"项可以是任意类型的表达式,如算术表达式、关系表达式、逻辑表达式等均可。例如:

```
if(x==y)cout<<x;
```

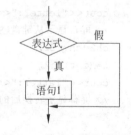

图 3-1　单分支结构流程图

if 语句的执行过程:遇到 if 关键字,首先计算圆括号中的表达式的值,如果表达式的值不为 0(真)时,就执行其后的语句 1;表达式的值为 0(假)时,就跳过其后的语句。

【案例 3-5】　输入 2 个数,如果它们的值相等,输出 equal。

```
#include <iostream.h>
void main()
{
    int a,b ;
    cout<<"input a, b:";
    cin>>a>>b;
    if(a==b)cout<<"equal\n";
}
```

程序的执行结果:

```
input a, b:10□10 ✓
equal
```

2. 双分支结构程序

格式:

```
if(表达式)语句1;
else 语句 2;
```

语句 1、语句 2 若多于一条语句,则应使用复合语句。其执行过程如图 3-2 所示。

if-else 语句的执行过程:遇到关键字 if,首先计算小括号中的表达式,如果表达式的值为非 0,则执行紧跟其后的语句 1,执行完语句 1 后,执行 if-else 结构后面的语句;如果表达式的值为 0,则执行关键字 else 后面的语句 2,接着执行 if-else 结构后面的语句。

【案例 3-6】　输入 2 个数,如果它们的值不相等,则交换并输出它们的值;否则,输出 equal。

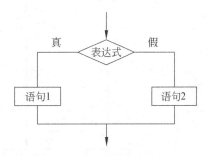

图 3-2　双分支结构流程图

```
#include <iostream.h>
void main()
{
    int a, b, t ;
    cout<<"input a, b:";
    cin>>a>>b;
    if(a!=b)
    {                                    /*语句 1 是一条复合语句*/
        t=a;
        a=b;
        b=t;
        cout<<"a="<<a<<","<<"b="<<b;
    }
    else
        cout<<"equal\n";                 /*语句 2*/
}
```

程序的执行结果 1：

```
input a, b:10□12↙
a=12,b=10
```

程序的执行结果 2：

```
input a, b:10□10↙
equal
```

3. 多分支结构

```
if(表达式 1)    语句 1
else   if(表达式 2)语句   2
else   if(表达式 3)语句   3
              ⋮
else   if(表达式 m)语句   m
else   语句 n
```

流程图见图 3-3。

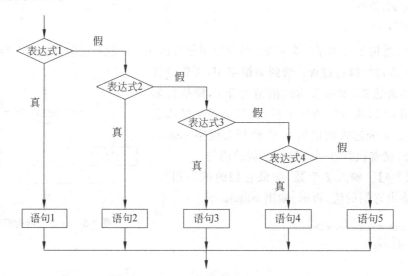

图 3-3 多分支结构流程图

例如：

```
if(number>500)    cost=0.15;
else   if(number>300)    cost=0.10;
else   if(number>100)    cost=0.075;
else   if(number>50)    cost=0.05;
else   cost=0;
```

说明：

（1）3 种形式的 if 语句中在 if 后面都有表达式，一般为逻辑表达式或关系表达式。

例如：

```
if(a==b && x==y)cout<<"a=b,x=y";
```

在执行 if 语句时先对表达式求解,若表达式的值为 0,按"假"处理;若表达式的值为非 0,按"真"处理,执行指定的语句。假如有以下 if 语句:

```
if(3)cout<<"ok.";
```

则其是合法的,执行结果输出"ok.",因为表达式的值为 3,按"真"处理。由此可见,表达式的类型不限于逻辑表达式,可以是任意表达式,一个数值可被认为是表达式的特例(包括整型、实型、字符型、指针型数据)。例如,下面的 if 语句也是合法的:

```
if('a')cout<<(int)'a';
```

执行结果:输出'a'的 ASCII 码 97。

(2) 第二种和第三种形式的 if 语句中,在每个 else 前面有一分号,整个语句结束处有一分号。例如:

```
if(x>0)
    cout<<x;
else
    cout<<-x;
```

2 个 cout 语句各有一个分号";"。这是因为分号是 C++ 语句中不可缺少的部分,这个分号是 if 语句中的内嵌语句所要求的。如果无此分号,则出现语法错误。

注意:不要误认为上面是两个语句(if 语句和 else 语句)。它们都属于同一个 if 语句。else 子句不能作为语句单独使用,它必须是 if 语句的一部分,与 if 配对使用。

(3) 在 if 和 else 后面可以只含一个内嵌的操作语句(如上例),也可以有多个操作语句,此时用花括号将几个语句括起来成为一个复合语句。例如:

```
if(a+b>c && b+c>a && c+a>b)
{
    s=0.5*8(a+b+c);
    area=sqrt(s*(s-a)*(s-b)*(s-c));
    cout<<area;
}
else
    cout<<" it is not a trilateral";
```

注意:在 else 上面的花括号"}"外面不需要再加分号。因为{}内是一个完整的复合语句,不需另附加分号。

4. if 语句的嵌套

在 if 语句中又包含一个或多个 if 语句称为 if 语句的嵌套。嵌套结构有 3 种形式。

1) 嵌套形式 1

格式:

```
if(表达式 1)
    if(表达式 2)    语句 1;
```

```
    else          语句 2;
else  语句 3;
```

执行流程如图 3-4 所示,在 if-else 语句中包含另一个 if-else 语句,即第一个 else 与第二个 if 结合,而最后一个 else 与第一个 if 结合。

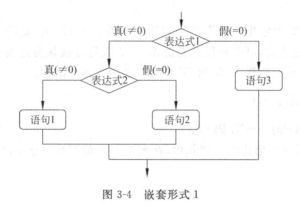

图 3-4 嵌套形式 1

2) 嵌套形式 2

格式:

```
if(表达式 1)
    {if(表达式 2)  语句 1;}
else 语句 2;
```

执行流程如图 3-5 所示,在 if-else 语句中包含一个单分支结构复合语句,即 else 与第一个 if 结合。因为第二个 if 在复合语句中,复合语句是一条语句,不能与复合语句外的 else 结合。如果把{}去掉,则 else 与第二个 if 结合。

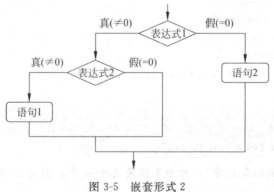

图 3-5 嵌套形式 2

3) 嵌套形式 3

格式:

```
if(表达式 1)  语句 1;
else  if(表达式 2)  语句 2;
      else 语句 3;
```

执行流程如图 3-6 所示,在 if-else 语句的 else 后紧跟另一个 if-else 语句。C++ 规定:

else 总是与它前面最近的同一复合语句内的不带 else 的 if 语句结合。在 if 语句嵌套形式 2 中可以看到,else 与 if 在同一复合语句内才能结合。

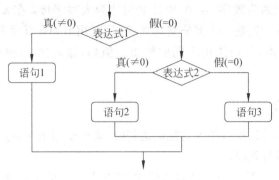

图 3-6　嵌套形式 3

嵌套形式语句结构执行过程：从上到下逐一对 if 后面的表达式进行运算。当某一个表达式的值为真(非 0)时,就执行紧跟其后的相关子句中的语句,而后面的其余部分均被跳过。当有 n 个 if 语句,就有 $n+1$ 个分支。

【**案例 3-7**】　判别从键盘输入字符的类别。

```
#include <iostream.h>
void main()
{
    char c;
    cout<<"input a character: ";
    cin>>c;
    if(c>='0'&&c<='9')
        cout<<"This is a digit\n";
    else if(c>='A'&&c<='Z')
        cout<<"This is a capital letter\n";
    else if(c>='a'&&c<='z')
        cout<<"This is a small letter\n";
    else
        cout<<"This is an other character\n";
}
```

程序的执行结果 1:

input a character: 9
This is a digit

程序的执行结果 2:

input a character: a
This is a small letter

程序的执行结果 3:

input a character:　A

This is a capital letter

本案例要求可以根据输入字符的 ASCII 码来判别字符类型。由 ASCII 码表可知 ASCII 码在 0～9 之间的为数字，在 A 和 Z 之间的为大写字母，在 a 和 z 之间的为小写字母，其余则为其他字符。这是一个多分支选择的问题，用 if-else-if 语句编程，判断输入字符的 ASCII 码所在的范围，分别给出不同的输出。例如，输入为 a，输出显示它为 This is a small letter(小写字符)。

3.4.2　条件运算符

如果在条件语句中，只执行单个的赋值语句时，常可使用条件表达式来实现。这不但使程序简洁，也提高了运行效率。

条件运算符(? 和：)是一个三目运算符，即有 3 个参与运算的量。它是 C++ 中唯一的一个三目运算符。

由条件运算符组成条件表达式的一般形式为

表达式 1？　表达式 2:表达式 3;

其求值规则：如果表达式 1 的值为真，则以表达式 2 的值作为条件表达式的值，否则以表达式 3 的值作为整个条件表达式的值。例如：

```
if(x>0)   y=x;
    else  y=-x;
```

可用条件运算符表达如下：

```
(x>0)?   (y=x):(y=-x);
```

也可表示为

```
y=(x>0)?   x :-x;
```

例如，条件语句：

```
if(a>b)   max=a;
else max=b;
```

可用条件表达式写为

```
max=(a>b)?a:b;
```

执行该语句的过程：如果 a>b 为真，则把 a 赋予 max，否则把 b 赋予 max。

使用条件表达式时，还应注意以下几点。

(1) 条件运算符的运算优先级低于关系运算符和算术运算符，但高于赋值运算符。因此

```
max=(a>b)?a:b
```

可以去掉括号而写为

```
max=a>b?a:b
```

（2）条件运算符"?"和":"是一对运算符,不能分开单独使用。

（3）条件运算符的结合方向是自右至左。例如:

a>b?a:c>d?c:d

应理解为

a>b?a:(c>d?c:d)

如果 a＝1,b＝2,c＝3,d＝4,那么条件表达式的值为 4。

这也就是条件表达式嵌套的情形,即其中的表达式 3 又是一个条件表达式。

（4）条件表达式也可以写成以下形式:

a>b? (a=10):(b=10)

或

a>b? cout<<a:cout<<b

也就是表达式 2 和表达式 3 不仅可以是数值表达式,还可以是赋值表达式或函数表达式。

（5）条件表达式中,表达式 1 的类型可以与表达式 2 和表达式 3 的类型不同。例如:

x? 'a':'b'

整型变量 x 的值如果等于 0,则条件表达式的值为'b'。

表达式 2 和表达式 3 的类型也可以不同。例如:

x>y?1:1.5

如果 x≤y,则条件表达式的值为 1.5;如果 x>y,则条件表达式的值为 1。由于 1.5 是实型,比整型高,所以 1 转换成实型值 1.0。

【案例 3-8】 找出 2 个整数中的大数。

```cpp
#include <stdio.h>
void main()
{
    int a,b,max;
    cout<<"input two numbers: ";
    cin>>a>>b;
    max=a>b?a:b;
    cout<<"max="<<max;
}
```

程序的执行结果:

```
input two numbers: 10   12↙
max=12
```

3.4.3 switch 语句

选用 if 语句的基本形式,可以实现只有两个分支的选择;选用 if 语句的嵌套形式,可以实现多分支的选择。但分支越多,则嵌套的层数就越多,导致程序代码较长,可读性降低。因此,C++ 提供了 switch 语句,直接处理分支选择。switch 语句是多分支选择结构。

一般形式:

```
switch(表达式)
{
    case 常量表达式 1: 语句 1;
    case 常量表达式 2: 语句 2;
    case 常量表达式 3: 语句 3;
            ⋮
    case 常量表达式 n: 语句 n;
    default: 语句 n+1;
}
```

switch 语句的执行过程:当表达式的值等于"常量表达式 1"时,执行语句 1、语句 2、语句 3、……、语句 n、语句 $n+1$;当表达式的值等于"常量表达式 2"时,执行语句 2、语句 3、……、语句 n、语句 $n+1$;当表达式的值等于"常量表达式 3"时,执行语句 3、……、语句 n、语句 $n+1$;当表达式的值等于"常量表达式 n"时,执行语句 n、语句 $n+1$;当表达式的值不等于 switch 中的所有常量表达式时,执行语句 $n+1$。

例如,要求按照考试成绩的等级输出百分制分数段,可以用 switch 语句实现:

```
switch(grade)
{   case 'A': cout<<"85~100\n";
    case 'B': cout<<"70~84\n";
    case 'C': cout<<"60~69\n"
    case 'D': cout<<"<60\n";
    default: cout<<"error\n";
}
```

若 grade 的值等于'A',将连续输出:

```
85~100
70~84
60~69
<60
error
```

为了执行完语句 1 或语句 n,不再向下执行,要在语句 1 或语句 n 后加 break 语句。

break 语句:终止执行 switch 循环语句。也就是遇到 break 语句,则跳出 switch 循环语句,继续执行其后续语句。最后一个分支(default)可以不加 break 语句。上面的例题若改为:

```
switch(grade)
{   case 'A': cout"85~100\n"; break;
    case 'B': cout"70~84\n"; break;
    case 'C': cout"60~69\n"; break;
    case 'D': cout"<60\n";break;
```

```
    default: cout"error\n";
}
```

若 grade 的值等于'A',将输出:

85~100

若 grade 的值等于'C',将输出:

60~69

说明:

(1) 表达式的类型:int、char 和枚举型。

(2) 每个 case 后面常量表达式的值,必须各不相同,否则会出现相互矛盾的现象。

(3) 各 case 及 default 子句次序,不影响执行结果。

(4) 多个 case 子句,可共用同一语句(组)。

(5) case 后面的常量表达式仅起语句标号作用,并不进行条件判断。

(6) 当表达式的值与某个 case 后面的常量表达式的值相同时,就执行该 case 后面的语句(组);当执行到 break 语句时,转向执行 switch 语句的下一条语句。

(7) 如果没有任何一个 case 后面的常量表达式的值,与表达式的值匹配,则执行 default 后面的语句(组)。然后,再执行 switch 语句的下一条语句。

注意:

(1) switch 关键字后面的表达式,可以是任意合法的表达式。

(2) 一定要用圆括号把 switch 后面的表达式括起来,否则会给出出错信息。

(3) 所有 case 子句后所列的常量表达式的值都不能相同,且每个 case 关键字后面的常量表达式的类型,必须与 switch 关键字后面的表达式类型一致。

(4) break 语句的作用是退出 switch 语句。如果"语句组 i"的后面没有安排 break 语句,那么执行完"语句组 i"后,会继续往下执行"语句组 $i+1$"。

(5) default 可以省略。如果有它,其位置不一定放在整个语句的最后。

(6) 一定要用花括号将 switch 里的 case、default 等括起来。在 case 后面虽然包含一个以上的执行语句,但不必用花括号括起来,会自动顺序执行本 case 后面所有的执行语句。当然加上花括号也可以。

(7) 执行 switch 语句时,首先计算其后的表达式的值,然后自上而下顺序寻找一个 case 后面的常量与该值相匹配,找到后按顺序执行此 case 后面的所有语句,包括后续的 case 子句,而不再进行判断。如果所有 case 中的常量值都不能与 switch 后面的表达式的值相等,就执行 default 关键字后面的语句;若既没有相匹配的 case,也没有 default 关键字,则直接跳过 switch 语句。

if 语句的嵌套形式和 switch 语句都能实现多分支选择,在某些场合也可以互换替代,但 if 语句适应于各种条件的选择,能够计算关系或逻辑表达式;switch 语句只适用于检查表达式与哪个值相等的情形。

【案例 3-9】 从键盘输入一个月份(1~12),并显示该月份的英文名称。

```
#include <iostream.h>
```

```
void main()
{
    int    month;
    cout<<"input a month:";
    cin>>month;
    switch(month)                        /＊根据 month 的当前取值,做出多分支选择 ＊/
    {
        case 1:cout<<"January\n";break;
        case 2:cout<<"February\n";break;
        case 3:cout<<"March\n";break;
        case 4:cout<<"April\n";break;
        case 5:cout<<"May\n";break;
        case 6:cout<<"June\n";break;
        case 7:cout<<"July\n";break;
        case 8:cout<<"August\n";break;
        case 9:cout<<"September\n";break;
        case 10:cout<<"October\n";break;
        case 11:cout<<"November\n";break;
        case 12:cout<<"December\n";break;
        default:cout<<"data error!\n";
    }
}
```

程序的执行结果:

```
input a month: 12↙
December
```

3.4.4 选择结构程序设计举例

【**案例 3-10**】 输入两个整数,按数值由小到大的顺序输出这两个数。

这个问题的算法很简单,只需要做一次比较即可。对类似这样简单的问题不必先写出算法或画流程图,而直接编写程序。或者说,算法在编程者的脑子里,相当于在算术运算中对简单的问题可以"心算"而不必在纸上写出来一样。

程序如下:

```
#include <iostream.h>
void main()
{ int a, b, t ;
    cout<<"input a,b:";
    cin>>a>>b;
    cout<<"a="<<a<<","<<"b="<<b<<"\n";
    if(a>b)
    {
        t=a;
        a=b;
```

```
        b=t;
    }
    cout<<"a="<<a<<","<<"b="<<b;
}
```

程序的执行结果：

```
input a,b:5□-5
a=5,b=-5
a=-5,b=5
```

【案例 3-11】　输入 3 个整数 a、b、c，要求按由小到大的顺序输出。

解此题的算法比案例 3-10 稍复杂一些。可以用伪代码写出算法。

if a>b 将 a 和 b 对换；(a 是 a、b 中的小者)

if a>c 将 a 和 c 对换；(a 是 a、c 中的小者，因此 a 是三者中最小者)

if b>c 将 b 和 c 对换；(b 是 b、c 中的小者，也是三者中次小者)

程序如下：

```
#include <iostream.h>
void main()
{   int a, b,c, t ;
    cout<<"input a, b,c:";
    cin>>a>>b>>c;
    if(a>b)
    {
        t=a; a=b; b=t;
    }
    if(a>c)
    {
        t=a;a=c; c=t;
    }
    if(b>c)
    {
        t=b; b=c; c=t;
    }
    cout<<a<<","<<b<<","<<c;
}
```

程序的执行结果：

```
input a, b,c:20□10□-30↙
-30,10,20
```

【案例 3-12】　输入 3 个整数，输出其中的最大值。

算法设计要点：

(1) 任取一个数预置为 max(最大值)。

(2) 用其余的数 num 依次与 max 比较：如果 num>max，则 max←num。

比较完所有的数后,max 中的数就是最大值。

据此写出程序如下:

```
#include <iostream.h>
void main()
{   int a,b,c,max;                      /*max 中存放最大值*/
    cout<<"input a,b,c:";
    cin>>a>>b>>c;
    max=a;                              /*先假设 a 是最大的数*/
    if(max<b)max=b;                     /*如果 b 比假设的最大值大,再假设 b 是最大的数*/
    if(max<c)max=c;                     /*如果 c 比假设的最大值大,则 c 是最大的数*/
    cout<<"max is"<<max;
}
```

程序的执行结果:

```
input a,b,c:32 45 20
max is 45
```

【案例 3-13】 编写一程序,判断一个年份 year(4 位十进制数)是否为闰年。

闰年的条件:能被 4 整除,但不能被 100 整除,或者能被 400 整除。

算法设计要点如下。

(1) 如果 X 能被 Y 整除,则余数为 0,即如果 X % Y=0,则表示 X 能被 Y 整除。

(2) 根据闰年的条件可知:

① "能被 4 整除,但不能被 100 整除"表示为(year%4==0)&&(year%100!=0)。

② "能被 400 整除"表示为 year%400==0。

③ 两个条件之间是逻辑或的关系:((year%4==0)&&(year%100!=0))||(year%400==0)。

程序如下:

```
#include <iostream.h>
void main()
{
    int year;
    cout<<"Please input a year:";
    cin>>year;
    if((year %4 ==0)&&(year %100 !=0)||(year %400 ==0))     /*闰年*/
        cout<<year<<"is a leap year.\n";
    else
        cout<<year<<"is not a leap year.\n";                 /*非闰年*/
}
```

程序的执行结果 1:

```
Please input a year:1999
1999 is not a leap year.
```

程序的执行结果 2：

```
Please input a year:2008
2008 is a leap year.
```

【案例 3-14】　运输公司对用户计算运费。路程(skm)越远，每吨·千米运费越低。标准如下：

$s<250$　　　　　　　　没有折扣

$250{\leqslant}s<500$　　　　　　2％ 折扣

$500{\leqslant}s<1000$　　　　　5％ 折扣

$1000{\leqslant}s<2000$　　　　8％ 折扣

$2000{\leqslant}s<3000$　　　　10％ 折扣

$3000{\leqslant}s$　　　　　　　　15％折扣

设每吨每千米货物的基本运费为 p(price 的缩写)，货物质量为 w(weight 的缩写)，距离为 s，折扣为 d(discount 的缩写)，则总运费 f(freight 的缩写)的计算公式为

$$f = p \times w \times s \times (1-d)$$

分析此问题，折扣的变化是有规律的：可以看到，折扣的"变化点"都是 250 的倍数 (250、500、1000、2000、3000)。利用这一特点，可以用一个变量 c，c 的值为 $s/250$。代表 250 的倍数。当 $c<1$ 时，表示 $s<250$，无折扣；当 $1{\leqslant}c<2$ 时，表示 $250{\leqslant}s<500$，折扣 $d=2％$；当 $2{\leqslant}c<4$ 时，表示 $500{\leqslant}s<1000$，折扣 $d=5％$；当 $4{\leqslant}c<8$ 时，表示 $1000{\leqslant}s<2000$，折扣 $d=8％$；当 $8{\leqslant}c<12$ 时，表示 $2000{\leqslant}s<3000$，折扣 $d=10％$；当 $c{\geqslant}12$ 时，表示 $3000{\leqslant}s$，折扣 $d=15％$。

据此写出程序如下：

```cpp
#include <iostream.h>
void main()
{   int   c,s;
    double p,w,d,f;
    cout<<"input p,w,s:";
    cin>>p>>w>>s;
    if(s>=3000)
        c=12;
    else
        c=s/250;
    switch(c)
    {
        case 0:d=0;;break;
        case 1:d=2;break;
        case 2:
        case 3:d=5;break;
        case 4:
        case 5:
        case 6:
        case 7:d=8;break;
```

```
        case 8:
        case 9:
        case 10:
        case 11:d=10;break;
        case 12:d=15;break;
    }
    f=p * w * s * (1-d/100.0);
    cout<<"freight="<<f;
}
```

运行结果：

```
input p,w,s:100□20□300↙
freight=588000
```

3.5　循　环　结　构

作为结构化程序设计的 3 种基本结构之一,循环结构是一种很重要的结构。其特点是,在给定条件成立时,反复执行某程序段,直到条件不成立为止。给定的条件称为循环条件,反复执行的程序段称为循环体。C++ 提供了多种循环语句,可以组成各种不同形式的循环结构。

3.5.1　while 循环语句

while 语句用来实现先判断后执行的循环结构。其一般形式为

while(表达式)语句

其中,表达式是循环条件,语句为循环体。while 语句的语义：计算表达式的值,当值为真(非 0)时,执行循环体语句。

其执行过程如图 3-7 所示。

【**案例 3-15**】　用 while 语句求 $\displaystyle\sum_{n=1}^{100} n$。

程序流程如图 3-8 所示。

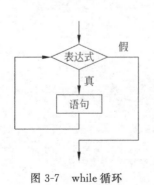

图 3-7　while 循环　　　　　图 3-8　while 循环流程图

根据流程图写出程序如下：

```cpp
#include <iostream.h>
void main()
{
    int i,sum=0;
    i=1;
    while(i<=100)
    {
        sum=sum+i;
        i++;
    }
    cout<<sum;
}
```

运行结果：

```
5050
```

注意：

(1) 循环体如果包含一个以上的语句，应该用花括号括起来，以复合语句的形式出现。如果不加花括号，则 while 语句的范围只到 while 后面第一个分号处。如本例中 while 语句中如无花括号，则 while 语句的范围只到"sum＝sum+i;"。

(2) 在循环体中应该有使循环趋于结束的语句。如在本例中循环结束的条件是 $i>100$，因此在循环体中应该有使 i 增值以最终导致 $i>100$ 的语句，现用"i＋＋;"语句来达到此目的。如果无此语句，则 i 的值始终不改变，循环永不结束。

【案例 3-16】 计算 $1+1/2+1/4+\cdots+1/50$。

分析：观察数列 $1,1/2,\cdots,1/50$，即 $1/1,1/2,\cdots,1/50$。分子全部为 1，分母除第一项外，全部是偶数。我们考虑用循环实现。其中累加器和用 sum 表示（初值设置为第一项 1，以后不累加第一项），循环控制用变量 i(i 为 2～50)控制，数列通项为 $1/i$。

程序如下：

```cpp
#include <iostream.h>
void main()
{   float sum=1;
    int i=2;
    while(i<=50)
    {
        sum=sum+1.0/i;
        i+=2;
    }
    cout<<sum;
}
```

运行结果：

```
2.90798
```

3.5.2 do-while 循环语句

do-while 语句用来实现先执行后判断循环的结构。其一般形式为

```
do
    语句
while(表达式);
```

这个循环与 while 循环的不同在于：它先执行循环中的语句,然后再判断表达式的值是否为真,如果为真,则继续循环;如果表达式的值为假,则终止循环。因此,do-while 循环至少要执行一次循环语句。其执行过程可如图 3-9 所示。

【**案例 3-17**】 用 do-while 语句求 $\sum\limits_{n=1}^{100} n$。

程序流程如图 3-10 所示。

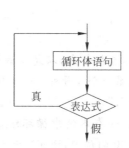

图 3-9 do-while 循环

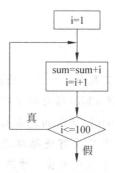

图 3-10 do-while 循环流程图

根据流程图写出的程序如下：

```cpp
#include <iostream.h>
void main()
{
    int i,sum=0;
    i=1;
    do
    {
        sum=sum+i;
        i++;
    }
    while(i<=100);
    cout<<sum;
}
```

同样当有多条语句参加循环时,要用"{"和"}"把它们括起来。

【**案例 3-18**】 while 和 do-while 循环比较。

(1) #include <iostream.h>

void main()

```
{   int sum=0,i;
    cin>>i;
    while(i<=10)
    {   sum=sum+i;
        i++;}
    cout<<"sum=" <<sum;
}
```

(2) ♯include <iostream. h>

```
void main()
{   int sum=0,i;
    cin>>i;
    do
    {   sum=sum+i;
        i++;}
    while(i<=10);
    cout<<"sum=" <<sum;
}
```

对于 do-while 语句还应注意以下几点。

(1) 在 if 语句和 while 语句中,表达式后面都不能加分号,而在 do-while 语句的表达式后面则必须加分号。

(2) do-while 语句也可以组成多重循环,而且也可以和 while 语句相互嵌套。

(3) 在 do 和 while 之间的循环体由多个语句组成时,也必须用{}括起来组成一个复合语句。

(4) do-while 和 while 语句相互替换时,要注意修改循环控制条件。

3.5.3 for 循环语句

for 语句是将初始化、条件判断、循环变量值变化三者组织在一起的循环控制结构语句。在 C++ 中,for 语句使用最为灵活,它完全可以取代 while 语句。它的一般形式为

for(表达式 1;表达式 2;表达式 3)语句

它的执行过程如下。

(1) 先求解表达式 1 的值。

(2) 求解表达式 2 的值,若其值为真(非 0),则执行 for 语句中指定的内嵌语句,然后执行第(3)步;若其值为假(0),则结束循环,转到第(5)步。

(3) 求解表达式 3 的值。

(4) 转回第(2)步继续执行。

(5) 循环结束,执行 for 语句下面的一个语句。

其执行过程可用图 3-11 表示。

for 语句最简单的应用形式也是最容易理解的形式如下:

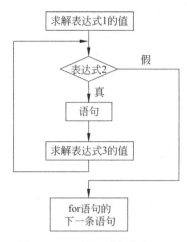

图 3-11　for 循环语句执行过程

for(循环变量赋初值;循环条件;循环变量增量)语句

循环变量赋初值总是一个赋值语句,它用来给循环控制变量赋初值;循环条件是一个关系表达式,它决定什么时候退出循环;循环变量增量用于定义循环控制变量每循环一次后按什么方式变化。这 3 个部分之间用";"分开。例如:

```
for(k=10; k<20; k++)
    cout<<k;
```

表达式 1 为 k=10,表达式 2 为 k<20,表达式 3 为 k++。

(1) 计算表达式 1 , k 得到初值 10。

(2) 计算表达式 2, k<20 为真,执行第 1 次循环,输出 k=10。

(3) 计算表达式 3, k 的值变为 11。

(4) 计算表达式 2, k<20 为真,执行第 2 次循环,输出 k=11。

(5) 计算表达式 3, k 的值变为 12。

(6) 计算表达式 2, k<20 为真,执行第 3 次循环,输出 k=12。

⋮

最后:

(1) k 的值变为 19,执行第 20 次循环,输出 k=19。

(2) 计算表达式 3, k 的值变为 20。

(3) 计算表达式 2, k<20 为假,终止整个循环的执行,退出循环。

再如:

```
for(i=1; i<=100; i++)sum=sum+i;
```

先给 i 赋初值 1,判断 i 是否小于等于 100,若是则执行语句,之后值增加 1。再重新判断,直到条件为假,即 i>100 时,结束循环。

相当于:

```
i=1;
```

```
while(i<=100)
{   sum=sum+i;
    i++;
}
```

对于 for 循环中语句的一般形式,就是如下的 while 循环形式:

```
表达式 1;
while(表达式 2)
{   语句
    表达式 3;
}
```

注意:

(1) for 循环中的"表达式 1(循环变量赋初值)"、"表达式 2(循环条件)"和"表达式 3(循环变量增量)"都是选择项,即可以缺省,但";"不能缺省。

(2) 省略了"表达式 1(循环变量赋初值)",表示不对循环控制变量赋初值。

(3) 省略了"表达式 2(循环条件)",表示循环条件为"永真",若没有其他退出循环的机制便成为死循环。

例如:

```
for(i=1;;i++)sum=sum+i;
```

相当于:

```
i=1;
while(1)
{   sum=sum+i;
    i++;}
```

(4) 省略了"表达式 3(循环变量增量)",则不对循环控制变量进行操作,这时可在语句体中加入修改循环控制变量的语句。例如:

```
for(i=1;i<=100;)
{   sum=sum+i;
    i++;}
```

(5) 省略了"表达式 1(循环变量赋初值)"和"表达式 3(循环变量增量)"。例如:

```
for(;i<=100;)
{   sum=sum+i;
    i++;}
```

相当于:

```
while(i<=100)
{   sum=sum+i;
    i++;}
```

（6）3 个表达式都可以省略。

例如：

```
for(;;)语句
```

相当于：

```
while(1)语句
```

（7）表达式 1 可以是设置循环变量的初值的赋值表达式，也可以是其他表达式。例如：

```
for(sum=0;i<=100;i++)sum=sum+i;
```

（8）表达式 1 和表达式 3 可以是一个简单表达式，也可以是逗号表达式。

```
for(sum=0,i=1;i<=100;i++)sum=sum+i;
```

或

```
for(i=0,j=100;i<=100;i++,j--)k=i+j;
```

（9）表达式 2 一般是关系表达式或逻辑表达式，但也可是数值表达式或字符表达式，只要其值非零，就执行循环体。例如：

```
for(i=0;(c=getchar())!='\n';i+=c);
```

又如：

```
for(;(c=getchar())!='\n';)
    cout<<c;
```

从上面的说明可以看出，C++ 的 for 语句功能强大，使用灵活，可以把循环体和一些与循环控制无关的操作也都可以作为表达式出现，程序短小简洁。但是，如果过分使用这个特点会使 for 语句显得杂乱，降低程序可读性。建议不要把与循环控制无关的内容放在 for 语句的 3 个表达式中，这是程序设计的良好风格。例如：

```
① for(; ;)语句;                         /* 形成无限循环 */
② for(; 表达式 2;)语句;                  /* 相当于 while 循环 */
③ for(sum=0,i=1;i<=100;i++)sum+=i;      /* 累加器清 0 嵌入初值表达式 1 中 */
④ for(sum=0; i<=100; sum+=i, i++);      /* 将原循环体嵌进表达式 3 中 */
```

【**案例 3-19**】 用 for 语句求 $\sum\limits_{n=1}^{100} n$。

```
#include <iostream.h>
void main()
{
    int i,sum=0;
    for(i=1;i<=100;i++)
    sum=sum+i;
    cout<<sum;
}
```

【案例 3-20】 求正整数 n 的阶乘 $n!$,其中 n 由用户输入。

分析：$n! = 1 \times 2 \times \cdots \times n$,设置变量 fact 为累乘器(被乘数),i 为乘数,兼做循环控制变量。

程序如下：

```
#include <iostream.h>
void main()
{
    int fact;
    int i,n;
    cin>>n;
    for(i=1,fact=1.0;i<=n;i++)
    fact=fact*i;
    cout<<fact;
}
```

运行结果：

```
5↙
120
```

【案例 3-21】 求 10 个数中的最大值。

```
#include <iostream.h>
void main()
{
    int i,x,max;
    cout<<"input the first data:";
    cin>>x;                              /*输入第 1 个数*/
    max=x;                               /*最大值初始化*/
    for(i=2;i<=10;i++)
    {
    cout<<"input the  "<<i<<"  data:";
    cin>>x;
    if(x>max)max=x;
    }
    cout<<"max="<<max;                   /*输出最大值*/
}
```

【案例 3-22】 判断正整数 n 是否为素数。

```
#include <iostream.h>
void main()
{   int   n,i,p;
    cout<<" Input the data:";
    cin>>n;
    p=1;
    for(i=2;i<n;i++)
```

```
    if(n%i==0)p=0;
    if(p==1)cout<<n<<"is";
    else cout<<n<<"not";
}
```

运行结果如下：

input the data :7　✎

7 is

【案例 3-23】　写出下列程序的输出结果。

```
#include<iostream.h>
void main()
{
    int i,s=0;
    for(i=1;i<10;i+=2)
    s+=i+1;
    cout<<s;
}
```

运行结果：

30

3.5.4　循环结构程序设计举例

【案例 3-24】　找出 1～1000 之间的全部同构数。

同构数：一个数等于它的平方数的右端。

例如：5 的平方是 25

25 的平方是 625

分析：(1) 用 i 表示 1～1000 之间的数。

(2) 用 n 表示 i 的位数。

(3) 同构数的条件：

i * i%(int)pow(10,n)==i

程序如下：

```
#include<iostream.h>
#include<math.h>
void main()
{
    int n,m;
    long i;
    for(i=1;i<=1000;i++)
    {
        m=i;n=0;
```

```
    do
    {  n++;
       m=m/10;
    }while(m!=0);
    if(i * i%(int)pow(10,n)==i)cout<<i<<"     ";
  }
}
```

运行结果如下：

1   5   6   25   76   376   625

3.6 break 语句和 continue 语句

3.6.1 break 语句

break 语句通常用在循环语句和开关语句中。当 break 语句用于开关语句 switch 中时，可使程序跳出 switch 而执行 switch 以后的语句；如果没有 break 语句，则将逐一执行后续 case 中的语句。break 在 switch 中的用法已在前面介绍开关语句时的例子中碰到，这里不再举例。

当 break 语句用于 do-while、for、while 循环语句中时，可使程序终止循环而执行循环后面的语句，通常 break 语句总是与 if 语句连在一起，即满足条件时便跳出循环。其执行过程可用图 3-12 表示。

注意：在多层循环中，一个 break 语句只向外跳一层。

【案例 3-25】 设计一个程序完成以下功能：若输入英文字母，则原样输出；输入其他字符不理会，直到输入 q 字符结束。

程序如下：

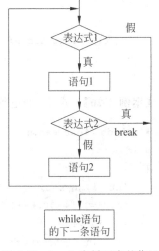

图 3-12 break 在循环中的作用

```
#include <iostream.h>
void main()
{  char  ch;
   do
   {  cin>>ch;
      if(ch=='Q'||ch=='q')
          break;
      else if(ch>='A'&&ch<='Z'||ch>='a'&&ch<='z')
          cout<<ch;
   }while(1);
}
```

若输入 abc123q,运行结果如下:

abc

break 语句需要一个特殊的条件来终止循环。

3.6.2 continue 语句

continue 语句的作用是跳过循环体中剩余的语句而强行执行下一次循环。continue 语句只用在 for、while、do-while 等循环体中,常与 if 条件语句一起使用,用来加速循环。其执行过程可用图 3-13 表示。

(1) while(表达式 1)

```
{  …
    if(表达式 2)break;
    …
}
```

(2) while(表达式 1)

```
{  …
    if(表达式 2)continue;
    …
}
```

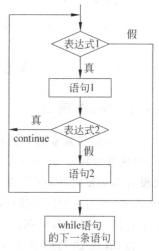

图 3-13 continue 在循环中的作用

【案例 3-26】 求 10 个正整数之和。

```cpp
#include <iostream.h>
void main()
{
    int  i, n, s=0;
    for(i=1;i<=10;i++)
    {  cin>>n;
        if(n<0)continue;
        s=s+n;}
        cout<<"s="<<s;
}
```

【案例 3-27】 将 100~200 之间的不能被 3 整除的数输出。

```cpp
#include <iostream.h>
void main()
{
    int n;
    for(n=100;n<=200;n++)
    {
        if(n%3==0)
        continue;
        cout<<n<<",";
```

```
    }
    cout<<"\n";
}
```

程序中,当 n 能被 3 整除时,执行 continue 语句,结束本次循环,跳过循环体内的 cout 语句,接着执行下一次循环,只有当 n 不能被 3 整除时才执行 cout 语句。

break 和 continue 的主要区别如下。

(1) continue 语句只终止本次循环,而不是终止整个循环结构的执行。

(2) break 语句是终止循环,不再进行条件判断。

习　题

一、选择题

1. 为表示关系 x≥y≥z,使用 C++语言表达式的是(　　)。

    A. (x>=y)&&(y>=z)   B. (x>y)AND(y>=z)

    C. (x>=y>=z)   D. (x>=y)&(y>=z)

2. 以下程序段的输出结果是(　　)。

    A. 0   B. 1   C. 2   D. 3

程序段:

```
{   int   a=2,b=-1,c=2;
    if(a<b)
    if(b<0)   c=0;
    else      c+=1;
    cout<<c;
}
```

3. 以下程序段的输出结果是(　　)。

    A. 1   B. 2   C. 3   D. 4

程序段:

```
{   int   w=4,x=3,y=2,z=1;
    cout<<(w<x?w:z<y?z:x);
}
```

4. 若执行以下程序段时从键盘输入 3 和 4,则输出结果是(　　)。

    A. 14   B. 16   C. 18   D. 20

程序段:

```
{   int    a, b, s;
    cin>>a>>b;
    s=a;
    if(a<b)s=b;
    s*=s;
    cout<<s;
}
```

5. 运行以下程序段后,输出( )。

    A. ＊＊＊＊   B. ＆＆＆＆

    C. ＃＃＃＃＆＆＆＆   D. 有语法错误不能通过编辑

程序段:

```
{ int  k=-3;
  if(k<=0)cout<<"* * * * \n";
  else  cout<<"&&&&\n";
}
```

6. 设有如下程序段:

```
int k=10;
while(k==0)k=k-1;
```

则描述中正确的是( )。

    A. while 循环执行 10 次   B. 循环是无限循环

    C. 循环体语句一次也不执行   D. 循环体语句执行一次

7. 以下程序段( )。

```
x=-1;
do
{ x=x*x;
}while(!x);
```

    A. 是死循环   B. 循环执行二次   C. 循环执行一次   D. 有语法错误

8. 以下不是无限循环的语句是( )。

    A. for(y＝0,x＝1;x＞＋＋y;x＝i＋＋)i＝x;

    B. for(; ;x＋＋＝i);

    C. while(1){x＋＋; }

    D. for(i＝10; ;i－－)sum＋＝i;

9. 设 n 为整型变量,则循环语句 for(n＝10;n＞0;n－－)的循环次数为( )。

    A. 9   B. 11   C. 10   D. 12

10. 下面程序运行结果是( )。

```
#include <iostream.h>
void main()
{ int y=10;
  do
  { y--;}
    while(--y);
    cout<<y--;
}
```

    A. －1   B. 1   C. 8   D. 0

二、填空题

1. 有"int x＝3,y＝4,z＝5;"则：

(1) 表达式!（x＞y)＋(y!＝z)||(x＋y)＆＆(y−z)的值为_____。

(2) 表达式(x＋y)＞z＆＆ y＝＝z 的值为_____。

(3) 表达式 x||y＋z＆＆y−z 的值为_____。

(4) 表达式!（x＞y)＆＆!z||1 的值为_____。

(5) 表达式!（x＝＝y)＆＆!（y＝＝z)||0 的值为_____。

2. 请输出以下程序段的输出结果_____。

程序段：

```
{  int  a=100;
   if(a>100)    cout<<a>100;
   else         cout<<a<=100;
}
```

3. 当 a＝1,b＝2,c＝3 时,以下 if 语句执行后,a、b、c 中的值分别为_____、_____、_____。

程序段：

```
{  if(a>c)
   b=a;
   a=c;
   c=b;
   cout<<"a="<<a<<",b="<<b<<",c="<<c;
}
```

4. 若变量已正确定义,以下语句段的输出结果是_____。

程序段：

```
{  int  x=0, y=2,z=3;
   switch(x)
       {  case  0 : switch(y==2)
                     {  case  1 : cout<<"*";  break;
                        case  2 : cout<<"%%";  break;
                     }
          case  1 : switch(z)
                     {  case  1 : cout<<"$";
                        case  2 : cout<<"*";  break;
                        default : cout<<"#";
                     }
       }
}
```

5. 输入一个数,判别它是否能被 3 整除;若能被 3 整除,打印 YES;不能被 3 整除,打印 NO。在_____内填入正确内容。

```
#include <iostream.h>
void main()
{ int n;
    cout<<"input n: ";
    cin<<n;
    if _____
        cout<<"n="<<n<<"    YES\n";
    else
        cout<<"n="<<n<<"     NO\n";
}
```

6. 若 for 循环用以下形式表示：

for(表达式 1；表达式 2；表达式 3)循环体语句

则执行语句"for(i=0;i<3;i++)   cout<<" * ";"时，表达式 1 执行_____次，表达式 3 执行_____次。

7. 执行语句"for(i=1;i++<4;);"后，变量 i 的值是_____。

8. 将从键盘输入的大写字母转换成小写字母，其他字符不变，直到输入回车符为止。

```
#include <iostream.h>
void main()
    {char ch;
    while((ch=getchar())!='\n')
    {if(ch>='A'&&ch<='Z')
        _____
    cout<<ch;}
}
```

9. 下面程序是计算 1~10 之间的偶数之和及奇数之和。请填空。

```
#include <iostream.h>
void main()
    {int a,b,c,I;
    a=c=0;
    for(i=0;i<=10;i+=2)
        {a+=i;
        _____;
        c+=b;
    }
    cout<<a<<"\n";
    cout<<_____;
}
```

10. 下面程序是在两位数中统计所有能被 3 整除的数的个数。

```
#include <iostream.h>
```

```
void main()
{   int i,num=0;
    for(i=10;i<100;i++)
    if(_____)
        num++;
    cout<<"\nThere are" <<num<<" numbers! ";
}
```

三、编程题

1. 编写程序,读入 3 个整数给 a、b、c,然后交换它们中的数,把 a 中原来的值给 b,把 b 中原来的值给 c,把 c 中原来的值给 a。

2. 当 a 为正数时,请将以下语句改写成 switch 语句并编程实现。

```
if(a<30)   m=1;
    else   if(a<40)   m=2;
    else   if(a<50)   m=3;
        else   if(a<60)   m=4;
            else   m=5;
```

3. 输入星期几的数字,输出对应的英文单词。

4. 编写程序,输入一个整数,打印出它是奇数还是偶数。

5. 给一个不多于 5 位的正整数,要求:

(1) 求出它是几位数。

(2) 分别输出每一位数字。

(3) 按逆序输出各位数字,例如,原数为 1234,应输出 4321。

6. 有一批货物征收税金。价格在 10 000 元以上的货物征收 5% 的税金;在 5000 元以上,10 000 元以下的货物征收 3% 的税金;在 1000 元以上,5000 元以下的货物征收 2% 的税金;1000 元以下的货物免税。编写程序,读入货物价格,计算并输出应征税金。

7. 将一个百分制成绩 score,按下列原则输出其等级：score $\geqslant$ 90,A;80 $\leqslant$ score $<$ 90,B;70 $\leqslant$ score $<$ 80,C;60 $\leqslant$ score $<$ 70,D;score $<$ 60,E。

8. 求从键盘输入的两位数中能同时被 3 和 5 整除的数。

9. 求 $1!+2!+3!+\cdots+10!$。

10. 编写程序计算下列算式的值:

$$s = 1+1/x+1/x^2+1/x^3+1/x^4+\cdots(x>1)$$

直到某一项 $c \leqslant 0.000001$ 时为止,输出最后 s 的值。

11. 求 $\sum\limits_{n=1}^{50} n + \sum\limits_{n=1}^{20} n^2 + \sum\limits_{n=1}^{10} 1/n$。

12. 输出 100～1000 之内所有的"水仙花数"。所谓"水仙花数"是指一个 3 位数,其各位数字立方和等于该数本身。例如,153 是一个水仙花数,因为 $153=1^3+5^3+3^3$。

13. 求算式 xyz+yzz=532 中的 x、y、z 的值(其中,xyz 和 yzz 分别表示一个三位数)。

14. 输入 n(如 $n=5$)的值,输出如下平行四边形。

```
*****
*****
*****
*****
*****
```

15. 已知一正整数递增等差数列,前 5 项之和为 25,前 5 项之积为 945,根据以上条件编写一个程序,输出该数列的前 10 项。

第4章 函　　数

【学习目标】
- 了解函数的形参与实参的对应关系及函数的递归调用过程。
- 了解"文件包含"的处理方法及条件编译的作用和实现方法。
- 理解局部变量与全局变量的使用特点。
- 理解内联函数的引入及定义方法。
- 掌握参数传递的方法及函数返回值的概念。
- 掌握函数的嵌套调用的使用。
- 掌握用户函数的定义和调用方法。
- 掌握函数重载的概念及应用。
- 掌握宏定义的一般方法。

当编写一个规模比较大的程序时,通常需要多个人分工合作,这时需要把一个任务进行分解。模块化程序设计就是进行大程序设计的一种有效措施。C++语言是通过函数来实现模块化程序设计的。一个C++程序往往由一个主函数和若干个函数构成。主函数调用其他函数,其他函数间也可以相互调用。每个函数分别对应各自的功能模块。

因此,C++语言程序一般是由大量的函数构成的。这样的好处是让各部分相互充分独立,并且任务单一。因而这些充分独立的模块也可以作为一种固定规格的"构件",用来构成新的大程序。

C++语言的重要特色之一是提供了编译预处理功能。其目的是为了改进程序设计环境,有助于编写易移植、易调试的程序。编译预处理就是在源程序编译之前对它进行一些预先的加工。预处理由编译系统中的预处理程序按源程序中的预处理命令进行。

4.1　函数的定义

下面通过一个简单的函数调用的例子来了解函数。

【案例 4-1】　无参函数调用。

```cpp
#include <iostream.h>
print_1()                          /*print_1函数的定义*/
{  cout<<"*********\n";}
print_2()                          /*print_2函数的定义*/
{  cout<<"How are you ?\n";}
void main()
{
    print_1();                     /*调用print_1函数*/
    print_2();                     /*调用print_2函数*/
```

```
        print_1();                              /* 调用 print_1 函数 */
}
```

运行结果如下：

```
* * * * * * * * *
How are you ?
* * * * * * * * *
```

其中，print_1 和 print_2 都是用户定义的函数名，函数分别用来输出一行 * 和一行信息。

说明：

(1) 一个源程序文件由一个或多个函数组成。

(2) 一个 C++ 程序由一个或多个源程序文件组成。

(3) C++ 程序的执行从 main 函数开始，调用其他函数后流程回到 main 函数，在 main 函数中结束整个程序的运行。

(4) 除 main 函数之外，所有函数都是平行的，即在定义函数时是相互独立的。一个函数并不从属于另一函数，即函数不能嵌套定义，但可以相互调用，但不能调用 main 函数。

(5) 从用户使用的角度看，函数有两种。

① 标准函数，即库函数。每个函数都完成一定的功能，可由用户随意调用。

② 用户自己定义的函数，即自定义函数。

(6) 从函数的形式看，函数分两类。

① 无参函数。一般用来执行指定的一组操作，一般不带回函数值。如案例 4-1 中的 print_1 和 print_2 就是无参函数。

② 有参函数。在调用函数时，在主调函数和被调用函数之间有参数传递。

为了定义函数，首先要了解函数的结构。任何函数（包括主函数 main）都是由函数头和函数体两部分组成。一个 C++ 语言函数的结构形式如下：

```
函数头
{
        函数体
}
```

1. 函数头

一个函数的函数头结构如下：函数类型 函数名（形式参数列表）

1）函数类型

函数类型指定函数返回值的类型。缺省时，系统默认为 int 类型。如果函数不要返回值可以写为 void 类型，此时函数将不返回任何值。

2）函数名

函数名的命名原则和变量的命名原则一致，尽量做到见名知意。

3）形式参数列表

形参是函数执行时需要的量，每个参数由一个类型名和一个参数名组成。函数也可以没有参数。

2. 函数体

函数体由一些语句构成,包括 3 种语句。

1) 声明

声明函数在执行过程中要使用的变量等。

2) 执行语句

执行语句用来实现函数的功能,包括流程控制语句和各种表达式语句。

3) 返回语句

C++ 语言函数中用 return 语句作为返回语句,return 语句的一般格式如下:

```
return(表达式);
```

或

```
return 表达式;
```

或

```
return;
```

当程序执行到 return 语句时,程序的流程就返回调用该函数的地方(通常称为退出被调用函数),并将"表达式"的值带给调用函数。return 语句也可以不含表达式,这时它的作用只是使流程返回到主调函数,并没有确定的函数值。一个函数中可以有一个以上的 return 语句,执行到哪个,哪个就起作用。如果函数值的类型和 return 语句中表达式的值不一致,则以函数类型为准。如果函数中没有 return 语句,函数将返回一个不确定的值。为了明确表示不返回值,可以用 void 定义成"无类型"(或称"空类型")。这样,系统就保证不使函数带回任何值。为了使程序具有良好的可读性并减少出错,凡不要求返回值的函数都应定义为空类型。

4.1.1　无参函数的定义

无参函数就是执行时不需要参数的函数,定义形式如下:

```
[函数类型]   函数名(void)              /*也可以不写 void*/
{
    说明语句部分;
    可执行语句部分;
}
```

函数类型即函数返回值的类型,由"类型标识符"指定。

4.1.2　有参函数的定义

有参函数定义的一般形式:

```
[函数类型]   函数名(数据类型   参数 1,数据类型   参数 2,…)
{ 说明语句部分;
    可执行语句部分;}
```

有参函数比无参函数多了一个参数表。调用有参函数时,调用函数将赋予这些参数实际的值。为了与调用函数提供的实际参数区别开,将函数定义中的参数表称为形式参数表,简称形参表。

【**案例 4-2**】 定义一个函数,用于求两个数中的大数。

```
#include <iostream.h>
int max(int x, int y)                    /* 定义一个函数 max */
{   int z;
    if(x>y)
        z=x;
    else
        z=y;
    return(z);
}
void main()
{   int num1,num2;
    cout<<"input two numbers:";
    cin>>num1>>num2;
    cout<<"max="<<max(num1,num2);
}
```

此自定义函数名为 max,其功能是求 x 和 y 二者中的大值。函数返回值的类型为 int型,两个形参 x 和 y 的类型也是 int 型。花括号内是函数体,其中包括局部变量 z 的定义,并求出 z 的值(为 x 和 y 中的大值),return(z)的作用是将 z 的值作为函数值带回到主函数中。在调用 max 函数时,主函数 main 把实际参数 num1 和 num2 的值传递给形参 x 和 y,在max 函数中求出二者中的大值,通过 return 语句返回到主函数 main 中。

如果在定义函数时不指定函数类型,系统会隐含指定函数类型为 int 型。

4.1.3 空函数

C++ 可以有"空函数"。它的形式为

函数类型 函数名()
    {   }

例如:

void null()
{ }

这是 C++ 语言中一个合法的函数,函数名为 null。它没有函数语句。实际上函数 null不执行任何操作和运算,在一般情况下是没有用途的,但在程序开发的过程中有时是需要的,常用来代替尚未开发完毕的函数。

4.1.4 关于函数定义的几点说明

(1) 函数类型是指函数返回值的类型。函数返回值不能是数组,也不能是函数,除此之外任何合法的数据类型都可以是函数的类型,如 int、long、float、char 等,或是后面讲到的指针、结构体等。函数的类型是可以省略的,当不指明函数类型时,系统默认的是 int 型。

(2) 函数名是用户自定义的标识符,是 C++ 语言函数定义中不可省略的部分,需符合 C++ 语言对标识符的规定,即由字母、数字或下划线组成,用于标识函数,并用该标识符调用函数。另外,函数名本身也有值,它代表了该函数的入口地址,使用指针调用该函数时,将用到此功能。

(3) 形参表是用逗号分隔的一组变量说明,包括形参的类型和形参标识符,其作用是指出每一个形参的类型和形参的名称,当调用函数时,接受来自主调函数的数据,确定各参数的值。形参表说明可以有两种表示形式:

```
int func(int x, int y)
{ … }
```

或

```
int func(x, y)
int x, y;
{ … }
```

通常,调用函数需要多个原始数据,就必须定义多个形式参数。注意,在“)”后面不能加分号“;”。

(4) 用{ }括起来的部分是函数的主体,称为函数体。函数体是一段程序,确定该函数应完成的规定的运算,应执行的规定的动作,集中体现了函数的功能。函数内部应有自己的说明语句和执行语句,但函数内定义的变量不可以与形参同名。{ }是不可省略的。

4.2　函数调用与参数传递

4.2.1　函数调用

在 C++ 语言程序中,是通过对函数的调用来执行函数体的,其过程与其他语言的子程序调用相似。

C++ 语言中,函数调用的一般形式为

函数名([实际参数表])

说明:

(1) 调用函数时,函数名称必须与具有该功能的自定义函数名称完全一致。

(2) 实参在类型上按顺序与形参必须一一对应和匹配。如果类型不匹配,C++ 编译程序将按赋值兼容的规则进行转换。如果实参和形参的类型不赋值兼容,通常并不给出出错信息,且程序仍然继续执行,只是得不到正确的结果。

(3) 如果实参表中包括多个参数,对实参的求值顺序随系统而异。有的系统按自左向右顺序求实参的值,有的系统则相反。Turbo C 和 VC 是按自右向左的顺序进行的。

(4) 如果是调用无参函数,则实参表列可以没有,但括号不能省略。

【案例 4-3】 函数调用。

```cpp
#include <iostream.h>
int fun(int x,int y)                        /* 函数定义 */
{   int z;
    if(x>y)z=1;
    else if(x==y)z=0;
    else z=-1;
    return(z);
}
void main()
{
    int i=5,p;
    p=fun(i,++i);                           /* 函数调用 */
    cout<<p;
}
```

运行结果：

0

因为按自右向左顺序求实参的值，它相当于 fun(6,6)，程序运行结果为 0。读者可自行分析，如果按自左向右的顺序求实参的值，程序运行结果又将如何？

为了不影响程序的通用性，应避免这种容易引起混淆的用法。

在 C++ 语言中，可以用以下几种方式调用函数。

1．函数表达式

函数作为表达式的一项，出现在表达式中，以函数返回值参与表达式的运算。这种方式要求函数是有返回值的。例如：

```cpp
c=2 * max(a,b);
```

2．函数语句

C++ 语言中的函数可以只进行某些操作而不返回函数值，这时的函数调用可作为一条独立的语句。如案例 4-1 中的"print_1();"。

3．函数实参

函数作为另一个函数调用的实参出现。这种情况是把该函数的返回值作为实参进行传送，因此要求该函数必须是有返回值的。

```cpp
m=max(a,max(b,c));
```

其中，max(b,c)是一次函数调用，它的值作为 max 另一次调用的实参。m 的值是 a、b、c 三者中的最大值。

函数调用作为函数的参数，实质上也是函数表达式形式调用的一种，因为函数的参数本来就要求是表达式形式。

4.2.2　函数声明

在一个函数中调用另一个函数必须具备以下条件。

（1）被调用的函数首先必须是已经存在的函数（库函数或自定义函数）。

（2）如果使用库函数，一般应在文件开头用＃include 命令将调用有关库函数时所需用到的信息包含到本文件中来。例如，调用数学库函数，要求程序在调用之前包含以下include 命令：

```
#include <math .h>   或   #include "math .h"
```

又如，调用系统基本输入输出函数之前包含以下 include 命令：

```
#include <iostream.h>   或   #include "iostream.h"
```

include 命令必须以＃开头，系统提供的头文件以. h 作为文件的后缀，文件名用一对" "或一对尖括号＜＞括起来。

注意：include 命令不是 C++ 语句，因此不能在最后加分号。

（3）如果使用用户自己定义的函数，而且该函数与调用它的函数在同一文件中，一般还应在主调函数中对被调用的函数进行函数声明。这种声明的一般形式为

```
函数类型   函数名(参数类型 1,参数类型 2 …);
函数类型   函数名(参数类型 1   参数名 1,参数类型 2   参数名 2…);
```

【案例 4-4】   对被调函数的声明。

```
#include <iostream.h>
void main()
{   float sum(float x,float y);           /* 对被调函数的声明 */
    float a,b,c;
    cin>>a>>b;
    c=sum(a,b);                          /* 函数的调用 */
    cout<<"sum is"<<c;
}
float sum(float x,float y)               /* 函数的定义 */
{   float z;
    z=x+y;
    return(z);
}
```

程序的运行结果如下：

```
3.14,5.28↙
sum is 8.42
```

这是一个简单的函数调用，但要注意程序中对函数的"定义"和函数"声明"的不同。"定义"是指对函数功能的确立，包括指定函数名、函数值类型、形参及其类型、函数体等，它是一个完整的、独立的函数单位。而"声明"的作用则是把函数的名字、函数类型以及形参的类型、个数和顺序通知编译系统，以便在调用该函数时系统按此进行对照检查。应当保证函数声明时的函数原型与函数定义时的函数首部写法上的一致，即函数类型、函数名、参数个数、参数类型和参数顺序必须相同。

在以下几种情况下可以不在调用函数前对被调用函数做说明。

（1）如果函数的返回值是整型，可以在声明时省略函数返回值的类型。

（2）如果被调用函数的定义出现在主调函数之前，可以不必加以说明。

如果把案例 4-4 改写如下（即把 main 函数放在 sum 函数的下面），就可以不必在 main 函数中对 sum 进行声明。

```
#include <iostream.h>
float sum(float x,float y)          /* 函数的定义 */
{  float z;
   z=x+y;
   return(z);
}
void main()
{
   float sum(float x,float y);      /* 对被调函数的声明 */
       float a,b,c;
   cin>>a>>b;
       c=sum(a,b);                  /* 函数的调用 */
   cout<<"sum is"<<c;
}
```

（3）如果已在文件的开头，在函数的外部已说明了函数原型，则在各个主调函数中不必对所调用的函数再进行原型说明。例如：

```
int max(int,  int);                 /* 以下两行声明语句在所有函数之前,且在函数外部 */
float sum(float,  float);
void  main()
{…}                      /* 如果 main 函数中有对函数 max 和函数 sum 的调用,则不必再作声明 */
int max(int x,  int y)              /* 函数 max 的定义 */
{…}
float sum(float x,  float y)        /* 函数 sum 的定义 */
{…}
```

4.2.3 参数传递

参数是函数调用时进行信息交换的载体，函数的参数分为形参和实参两种，实参是调用函数中的变量，形参是被调用函数中的变量。在函数调用的过程中实现实参到形参的值传递。发生函数调用时，主调函数把实参的值传送给被调用函数的形参，从而实现主调函数向被调用函数的数据传送。

【案例 4-5】 实参对形参的数据传递。

```
#include <iostream.h>
void main()
{  int a=3,b=5;
   void swap(int  ,int);                         /* 对 swap 函数声明 */
   cout<<"a="<<a<<","<<"b="<<b<<"\n";    /* 输出调用前实参的值 */
```

```
    swap(a,b);                              /* 调用 swap 函数 */
    cout<<"a="<<a<<","<<"b="<<b<<"\n";      /* 输出调用后实参的值,验证单向传递性 */
}
void swap(int x,int y)
{
    int temp;
    temp=x;
    x=y;
    y=temp;                                 /* 交换形参的值 */
    cout<<"x="<<x<<","<<"y="<<y<<"\n";      /* 输出交换后形参的值 */
}
```

运行结果如下:

```
a=3,b=5
x=5,y=3
a=3,b=5
```

当程序从 main 函数开始运行时,按定义在内存中开辟了两个 int 类型的存储单元 a、b 且分别赋值 3、5,调用 swap 函数之前的 printf 语句输出结果验证了这些值;当调用 swap 函数之后,程序的流程转向 swap 函数,这时系统为 swap 函数的两个形参 x、y 分配了两个临时的存储单元,如图 4-1(a)所示,实参 a、b 把值传送给对应的形参 x、y,它们占用不同的存储单元。

当进入 swap 函数后,执行了三条用于交换 x、y 两个变量值的语句后,这时 x、y 中的值分别为 5、3,如图 4-1(b)所示,这可由随后的 printf 语句输出结果验证;当退出 swap 函数时,swap 函数中 x、y 变量所占有的存储单元将消失(被释放)。流程返回到 main 函数;然后执行 main 函数中的最后一条 cout 语句,输出 a、b 的值,由输出结果可见 main 函数中的 a、b 的值在调用 swap 函数后没有任何变化。

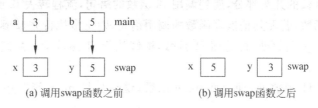

(a) 调用swap函数之前   (b) 调用swap函数之后

图 4-1 实参对形参的数据传递

以上程序证实了在调用函数时,实参的值将传递给对应的形参,但形参值的变化不会影响对应的实参。

说明:

(1) 实参可以是常量、变量、表达式、函数等。无论实参是何种类型的量,在进行函数调用时,它们都必须具有确定的值,以便把这些值传送给形参。

(2) 形参变量只有在被调用时,才分配内存单元;调用结束时,即刻释放所分配的内存单元。因此,形参只有在该函数内有效。调用结束,返回调用函数后,则不能再使用这些形参变量。

（3）实参对形参的数据传送是单向的"值传递"，即只能把实参的值传送给形参，而不能把形参的值反向地传送给实参。

（4）实参和形参占用不同的内存单元，即使同名也互不影响。

4.3　函数的嵌套调用和递归调用

4.3.1　函数的嵌套调用

C++ 语言不允许函数嵌套定义，但允许函数嵌套调用。函数的嵌套调用是指在执行被调用函数时，被调用函数又调用了其他函数。其关系表示如图 4-2 所示。

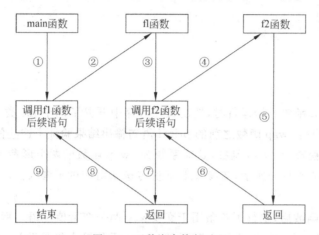

图 4-2　函数嵌套执行过程

图 4-2 表示的是两层（连 main 函数共 3 层函数）嵌套，其执行过程如下。

（1）执行 main 函数的开头部分，遇到调用 f1 函数的语句，流程转去 f1 函数。

（2）执行 f1 函数的开头部分，遇到调用 f2 函数的语句，流程转去 f2 函数。

（3）执行 f2 函数，若无其他嵌套函数的调用语句，则正常执行完 f2 函数的全部操作。

（4）返回调用 f2 函数处，即返回 f1 函数，继续执行 f1 函数中的后续语句，直到执行完 f1 函数的全部操作。

（5）返回调用 f1 函数处，即返回 main 函数，继续执行 main 函数中的后续语句，直到结束。

【案例 4-6】　计算 $s = 1^k + 2^k + 3^k + \cdots + n^k$。

```
#include <iostream.h>
#define K 4
#define N 5
long f1(int n,int k)                        /* 计算 n 的 k 次方 */
{   long power=1;
    int i;
    for(i=1;i<=k;i++)power *=n;
        return(power);
}
```

```
long f2(int n,int k)                 /＊计算 1 到 n 的 k 次方之累加和＊/
{  long sum=0;
   int i;
   for(i=1;i<=n;i++)
 sum +=f1(i, k);
 return(sum);
}
void main()
{  cout<<"Sum of"<<K<<"powers of integers from 1 to "<<N<<"=";
   cout<<f2(N,K);
}
```

运行结果：

Sum of 4 powers of integers from 1 to 5 =979

从程序可以看出：

(1) 在定义函数时,函数 f1、f2 是相互独立的,并不相互从属,而且函数的类型均为长整型。

(2) f1、f2 函数的定义出现在 main 函数之前,因此在 main 函数中不必对这两个函数进行类型声明。

(3) 程序从 main 函数开始执行。先执行 cout 语句,输出一提示信息;接着再执行另一 cout 语句,在其输出项中有对 f2 函数的调用,程序的流程进入到 f2 函数;在 f2 函数中每执行一次循环,都有对 f1 函数的一次调用,而每一次调用返回的就是 i^k 的值,因此循环结束后 sum 的值就是 $1^k+2^k+3^k+\cdots+n^k$(i 的取值范围为 $1\sim n$)的累加和。这就是函数的嵌套调用。

4.3.2　函数的递归调用

由前面的学习可知,一个函数可以调用另一个函数。C++ 语言还允许一个函数自己调用自己(直接地或间接地调用自己)。这就是函数的递归调用。前者称为简单递归,后者称为间接递归。

C++ 语言允许函数的递归调用。在递归调用中,调用函数又是被调用函数,执行递归函数将反复调用其自身。

一个问题要采用递归方法来解决时,必须符合以下 3 个条件。

(1) 可以把要解决的问题转化为一个新的问题,而这个新的问题的解法仍与原来的解法相同,只是所处理的对象有规律地递增或递减。

(2) 可以应用这个转化过程使问题得到解决。

(3) 必须要有一个明确的结束递归的条件。

【案例 4-7】　用递归法计算 $n!$。

求 $n!$ 可以用以下数学关系表示：

$$n! = \begin{cases} 1 & (n=0,1) \\ n \times (n-1)! & (n>1) \end{cases}$$

从以上表达式可以看出,当 $n>0$ 时,求 $n!$ 的问题可以转化为求 $n \times (n-1)!$ 的新问题,而求 $(n-1)!$ 的解法与原来求 $n!$ 的解法相同,只是运算对象由 n 变成了 $n-1$;而求 $(n-1)!$ 的问题又可以转化为求 $(n-1) \times (n-2)!$ 的新问题,依次类推,每次转化为新问题时,运算对象就递减 1,直到运算对象的值递减为 1 时,阶乘的值为 1,这就是递归算法的结束条件。

程序如下:

```
#include <iostream.h>
float fac(int n)
{   if(n<0)cout<<"n<0,input data error !";
    else if(n==1|| n==0)return(1);
    else return(n * fac(n-1));
}
void main()
{   int n;
    float f;
    cout<<"please input an integer number: ";
    cin>>n;
    f=fac(n);
    cout<<n<<" !="<<f;
}
```

程序的运行结果:

```
input an integer number:4↙
4!=24.
```

求解可分为两个阶段:第一阶段是"回推",即将 4! 表示为 3! 的函数,而 3! 的值仍不知道,还要"回推"到 2! ⋯⋯直到 1!,此时 1! 的值为一明确的值 1,不必再次"回推"。然后开始第二阶段,采用递推方法,从 1! 推算出 2!,从 2! 推算出 3!,从 3! 推算到 4! 为止。也就是说,一个递归的问题可以分为"回推"和"递推"两个阶段。显而易见,如果要求递归过程不是无限制进行下去,必须具有一个结束递归过程的条件。

4.4 局部变量和全局变量

C++ 中,变量必须先定义后使用,但定义语句应该放在什么位置? 在程序中,一个定义了的变量是否随处可用? 这些问题涉及标识符的作用域。所有的变量都有自己的作用域。变量说明的位置不同,其起作用范围也不同,据此将 C++ 中的变量分为内部变量和外部变量,也称为局部变量和全局变量。

4.4.1 局部变量

在一个函数内部定义的变量是内部变量,它只在该函数范围内有效。也就是说,只有在包含变量说明的函数内部,才能使用被说明的变量,在此函数之外就不能使用这些变量了。

所以内部变量也称为"局部变量"。例如：

```
int f1(int a)                        /* 函数 f1 */
{  int b,c;
     ...         a、b、c 的作用域
}

int f2(int x)                        /* 函数 f2 */
{  int y,z;
     ...         x、y、z 的作用域
}

main()                               /* 主函数 */
{  int m,n;
     ...         m、n 的作用域
}
```

关于局部变量的作用域还要说明以下几点。

(1) 主函数 main 中定义的内部变量，也只能在主函数中使用，其他函数不能直接通过它们的变量名使用。同时，主函数中也不能直接通过变量名使用其他函数中定义的内部变量。因为主函数也是一个函数，与其他函数是平行关系。

(2) 形参变量也是内部变量，属于被调用函数；如果以变量作为实参，实参变量则是调用函数的内部变量。

(3) 允许在不同的函数中使用相同的变量名，它们代表不同的对象，被分配不同的单元，互不干扰，也不会发生混淆。

(4) 在复合语句中也可定义变量，其作用域只在复合语句范围内。

```
main()                               /* 主函数 */
{  int m,n;
     ...
   {  int k;
     k=m+n;   k 的作用域
     ...                   m、n 的作用域
   }
     ...
}
```

4.4.2　全局变量

在函数外部定义的变量称为外部变量。依次类推，在函数外部定义的数组称为外部数组。外部变量不属于任何一个函数，其作用域是从外部变量的定义位置开始，到本源程序文件结束为止。

外部变量可被作用域内的所有函数直接引用，所以外部变量又称为全局变量。例如：

```
void fun1();                         /* 函数声明 */
void fun2();
```

```
int sum=0;                    /*定义全局变量 sum*/
void main()                   /*主函数*/
{  int m, n;
   …
   sum++;
   …
}
void fun1()                   /*定义函数 fun1*/
{  int a;
   …
   sum--;
   …}
int test;                     /*定义全局变量 test*/
void fun2()                   /*定义函数 fun2*/
{  int b;
   …
   sum=test+b;
   …}
```

/*全局变量*/
sum 的作用域*/

/*全局变量 test
的作用域*/

此处变量 sum 和 test 都是全局变量。sum 是在整个程序的开始定义,它的作用域是整个程序(覆盖了 3 个函数)。而 test 是在函数 fun2 前定义,它的作用域从定义处开始直到程序结束(只覆盖了 fun2 函数)。

对于全局变量还有以下几点说明。

(1) 全局变量的使用,相当于为函数之间的数据传递另外开辟了一条通道。全局变量的生存期是整个程序的运行期间,因此可以利用全局变量从函数得到一个以上的返回值。

【案例 4-8】 输入长方体的长、宽、高,求长方体体积及正、侧、顶 3 个面的面积。

```
#include <iostream.h>
float s1,s2,s3;
float vs(float a,float b,float c)
{  float v;
   v=a*b*c;  s1=a*b;  s2=b*c;  s3=a*c;
   return  v;}
void main()
{  float v,l,w,h;
   cout<<"input length,width and height:";
   cin>>l>>w>>h;
   v=vs(l,w,h);
   cout<<"v="<<v<<","<<"s1="<<s1<<","<<"s2="<<s2<<","<<"s3="<<s3;}
```

运行结果:

```
input length,width and height:
6.5  2.8  4↙
    v=72.80,s1=18.20,s2=11.20,s3=26
```

函数 vs 中与外界有联系的变量与外界的联系如图 4-3 所示。

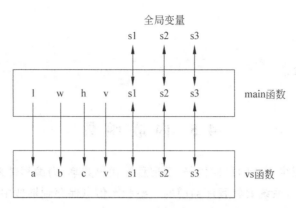

图 4-3　变量与外界的联系

（2）全局变量虽然可加强函数模块之间的数据联系，但又使这些函数依赖这些全局变量，因而使得这些函数的独立性降低。使用全局变量过多，会降低程序的清晰性，容易因疏忽或使用不当而导致全局变量中的值意外改变，从而产生难以查找的错误。另外，全局变量在整个程序运行期间都占用内存空间。因此要限制使用全局变量。

（3）在同一源文件中，允许全局变量和局部变量同名。在局部变量的作用域内，全局变量将被屏蔽而不起作用。如果全局变量与函数的局部变量同名，在函数的局部变量的作用域内，同名的全局变量无效。为了在函数体内使用与局部变量同名的全局变量，应在全局变量前使用作用域运算符"::"。

【案例 4-9】　全局变量和局部变量同名。

```cpp
#include <iostream.h>
int m=13;
int fun(int x,int y)
{   int m=3;
    return(x*y-m);
}
void main()
{   int a=7,b=5;
    cout<<fun(a,b)/m;
}
```

程序的运行结果如下：

2

【案例 4-10】　全局变量和局部变量同名。

```cpp
#include <iostream.h>
int i=3;                          //定义全局变量 i
void main()
{   double i=2.2;                 //定义局部变量 i
    cout<<"局部变量 i 是 "<<i<<"\n";
    cout<<" 全局变量 i 是"<<::i<<"\n";
```

```
}
```

运行结果：

局部变量 i 是 2.2
全局变量 i 是 3

4.5 内 联 函 数

使用函数可以减少程序的目标代码，实现程序代码共享，为编程带来方便。但在程序执行过程中调用函数时，系统要将程序当前的一些状态信息保存到堆栈中，同时转到被调函数的代码处去执行函数体语句，在参数保存与传递的过程中系统需要时间和空间的开销，使程序执行效率降低。特别是对于那些代码较短而又频繁调用的函数，这个问题尤为严重。

为了解决这一问题，C++ 引入了内联函数。

内联函数的工作机理：C++ 编译器用函数体中的代码插入到调用该函数的语句之处，在程序运行时不再进行函数调用，从而消除函数调用时的系统开销，提高程序的执行效率。

内联函数也称为内嵌函数。先看案例 4-11。

【案例 4-11】 将字符数组 str1 中所有小写字母（a～z）转换成大写字母。

```cpp
#include <iostream.h>
#include <string.h>
int is_letter(char ch);
void main()
{   char str[80];    int i;
    cout<<"please input a string :"; cin>>str;
    for(i=0;i<strlen(str);i++)
    {if(is_letter(str[i]))   str[i]-=32;   }
    cout<<"the result is :"<<str<<endl;
}
int is_letter(char ch)
{   if(ch>='a'&&ch<='z')   return 1;
    else                   return 0;
}
```

程序执行结果：

```
please input a string :abc123
the result is :ABC123
```

在本例中，频繁地调用函数 is_letter 来判断字符是否是小写字母，这将使程序的效率降低。因为调用函数实际上将程序执行到被调函数所存放在的内存单元，将被调函数的内容执行完后，再返回去继续执行主调函数。这种调用过程需要保护现场和恢复现场，因此函数的调用需要一定的时间和空间开销。特别是对于像 is_letter 这样函数体代码不大，但调用频繁的函数来说，对程序的效率影响很大。如何来解决呢？当然，为了不增加函数调用给程序带来的负担，可以把这些小函数的功能直接写入到主调函数，例如，案例 4-11 可以写成下

面的形式:

```
#include <iostream.h>
#include <string.h>
void main()
{   char str[80];     int i;
    cout<<"please input a string :";    cin>>str;
    for(i=0;i<strlen(str);i++)
        {if(str[i]>='a'&& str[i]<='z')    str[i]-=32;    }
    cout<<"the result is :"<<str<<endl;
}
```

函数 is_letter 的功能由关系表达式 str[i]>='a'&& str[i]<='z'代替。但这样做的结果使程序的可读性降低了。为了解决这个问题,C++中使用了内联函数这个方法。定义内联函数的方法很简单,只要在函数定义的头前加上关键字 inline 就可以了,具体格式如下:

inline   类型   函数名(形式参数列表)

内联函数能避免函数调用而降低程序的效率,因为:在程序编译时,编译器将程序中被调用的内联函数都用内联函数定义的函数体进行替换。这么做只是增加函数的代码,而减少了程序执行时函数间的调用。所以上面的问题可以用内联函数来解决,具体如下:

```
#include <iostream.h>
#include <string.h>
inline   int is_letter(char ch);
void main()
{   char str[80];      int i;
    cout<<"please input a string :";
    cin>>str;
    for(i=0;i<strlen(str);i++)
      {  if(is_letter(str[i]))str[i]-=32;     }
    cout<<"the result is :"<<str<<endl;
      }
    inline   int is_letter(char ch)
        {  if(ch>='a'&&ch<='z')   return 1;
    else                        return 0;
}
```

说明:

(1) 内联函数与一般函数的区别在于函数调用的处理。一般函数进行调用时,要将程序执行转到被调用函数中,然后返回到主调函数中;而内联函数在调用时,是将调用部分用内联函数体来替换。

(2) 内联函数必须先声明后调用。因为程序编译时要对内联函数替换,所以在内联函数调用之前必须声明是内联的,否则将会像一般函数那样产生调用而不是进行替换操作。下面内联函数的声明就是错误的:

```
#include <iostream.h>
```

```
int is_letter(char ch);              //此处没有声明 is_letter 是内联函数
void main()
{   char str[80];     int i;
    cout<<"please input a string :";     cin>>str;
    for(i=0;i<strlen(str);i++)
    {   if(is_letter(str[i]))        //将按一般函数调用
        str[i]-=32;
    }
    cout<<"the result is :"<<str<<endl;
}
inline   int is_letter(char ch)    //在函数的首部说明 is_letter 是内联函数
{   if(ch>='a'&&ch<='z')
        return 1;
    else
        return 0;
}
```

（3）内联函数的函数体内不允许有循环语句和 switch 开关语句。如果内联函数内含有这些语句，则按普通函数处理。

（4）内联函数的函数体内不能包含任何静态变量和数组说明，也不能有递归调用。

【案例 4-12】 利用内联函数计算圆的面积。

```
#include <iostream.h>
inline double sum(double   radius)    //定义内联函数,计算圆的面积
{   return(3.14 * radius * radius);}
    void main()
{   double area,r;
    cout<<"请输入半径值:";
    cin>>r;
    area=sum(r);                 //调用内联函数求圆的面积,编译时此处被替换为 sum 函数体语句
    cout<<"圆的面积为:"<<area<<endl;
}
```

程序执行结果：

请输入半径值:2.5
圆的面积为:19.625

4.6   函 数 重 载

4.6.1   函数重载的引入

在传统的 C 语言中，函数名必须是唯一的，不允许出现同名的函数。

在 C++ 中，两个或两个以上的函数可以重名，但要求函数的参数不同，如参数的类型不同，参数的个数不同等——称为函数重载。

重载函数的意义在于，可以用同一个函数名字访问多个相关函数，编译器能够根据参数

的具体情况决定由哪个函数执行操作。函数重载有助于解决复杂问题。

要实现函数重载，它们的参数必须满足以下两个条件之一。

(1) 参数的个数不同。

(2) 参数的类型不同。

重载也就是多个函数具有相同的函数名。例如，求和的函数可以定义为 add()，但在 C 语言中定义函数，不同数据类型相加或加数不一样的时候就要定义不同的函数，因为 C 语言通过函数名区别不同函数。例如，求两个整数之和的函数与求两个实数之和的函数可以声明如下形式：

```
int     int_add(int , int);
double  double_add(double , double);
```

这种方法要求程序员要详细了解向函数传递参数的数据类型，否则就可能出错。然而 C++ 提供了函数重载的功能，C++ 程序编译过程中，通过名字分裂的方法，将函数类型、参数类型和参数个数的信息添加到函数名中，以便区别不同的函数。名字分裂法是将一系列能表示参数类型的代码附加到函数名上，达到区别同名函数的目的。例如，用 v、c、i、f、l、d 分别表示 void、char、int、float、long、double。既然这样，在 C++ 中就可以将上面的两个函数都定义为 add 函数，但一定要使参数类型是不同的。具体形式如下：

```
int  add(int , int);
double  add(double , double);
```

【案例 4-13】 利用重载函数分别定义求两个整数和的函数与求两个实数之和的函数。

```
#include <iostream.h>
int add(int , int);
double add(double , double);
void main()
{   cout<<add(1,2)<<endl;
    cout<<add(1.2,3.4)<<endl;
}
int add(int a,int b)
      {   return a+b;}
double add(double a,double b)
      {   return a+b;  }
```

程序执行结果：

```
3
4.6
```

C++ 程序编译过程中将 int add(int , int)函数和 double add(double , double)函数分别进行名字分裂形成新的函数名 add_ii 和 add_dd。这样处理之后，C++ 程序的目标文件中对于两个整数求和的问题使用 add_ii 函数，对于两个双精度浮点型数据求和的问题使用 add_dd()函数。

【案例 4-14】 定义一个重载函数 max，求两个整数的最大值，3 个整数的最大值，4 个整数的最大值。

```
#include <iostream.h>
max(int a,int b);
max(int a,int b,int c);
max(int a,int b,int c,int d);
void main()
{
    cout<<max(3,5)<<endl;
    cout<<max(-7,9,0)<<endl;
    cout<<max(8,6,1,2)<<endl;
}
max(int a,int b)
{
    return(a>b?a:b);
}
max(int a,int b,int c)
{
    int t=max(a,b);
    return max(t,c);
}
max(int a,int b,int c,int d)
{
    int t1,t2;
    t1=max(a,b);
    t2=max(c,d);
    return max(t1,t2);
}
```

程序执行结果：

```
5
9
8
```

函数名 max 对应 3 个不同功能的函数,它们参数个数各不相同,在调用函数时编译器会根据实参的个数来确定调用哪一个函数版本。

4.6.2　重载函数的匹配

在调用一个重载函数时,编译器必须清楚使用哪个函数。整个过程将实参与所有被调用函数同名函数的形参一一比较来判定,到底使用哪个函数。一般重载函数匹配有下面3 种情况。

（1）寻找一个严格的匹配,如果找到了,就用那个函数。

（2）通过内部转换寻求一个匹配,只要找到了,就用那个函数。

（3）通过用户定义的转换寻求一个匹配,若能查出有唯一的一组转换,就用那个函数。

【案例 4-15】 求两个整数之和的函数与求 3 个整数之和的函数重载。

```cpp
#include <iostream.h>
int add(int,int);
int add(int,int,int);
void main()
{   cout<<add(1,2)<<endl;
    cout<<add(1,2,3)<<endl;
}
int add(int a,int b)
    { return a+b; }
int add(int a,int b,int c)
{
    return a+b+c;
}
```

程序执行结果：

```
3
6
```

注意：

(1) 重载函数间不能只是函数的返回值不同，应至少在形参的个数、参数类型或参数顺序上有所不同。

(2) 应使所有的重载函数的功能相似。如果让重载函数完成不同的功能，会破坏程序的可读性。

4.7　使用 C++ 系统函数

为了方便程序员编程，C++ 提供了大量预先编制好的函数（即库函数）。对于库函数，用户不用定义也不用声明就可直接使用。由于 C++ 软件包将不同功能的库函数的函数原型分别写在不同的头文件中，所以，用户在使用某一库函数前，必须用 #include 预处理指令给出该函数的原型所在头文件的文件名。例如，要使用函数 sqrt，由于该函数的原型在头文件 math.h 中，所以必须在程序中调用该函数前写一行：

```cpp
#include <math.h>
```

下面是系统函数的应用举例。

【案例 4-16】 从键盘输入一个角度值，求出该角度的正弦值、余弦值和正切值。

```cpp
#include <iostream.h>
#include <math.h>
const double pi(3.14159265);
void main()
{
    double i,j;
```

```
    cout<<"请输入一个角度值:";
    cin>>i;
    j=i*pi/180;
    cout<<"sin("<<i<<")="<<sin(j)<<endl;
    cout<<"cos("<<i<<")="<<cos(j)<<endl;
    cout<<"tan("<<i<<")="<<tan(j)<<endl;
}
```

程序执行结果：

```
请输入一个角度值:30
sin(30)=0.5
cos(30)=0.866025
tan(30)=0.57735
```

充分利用系统函数,可以大大减少编程的工作量,提供程序的运行效率和可靠性。使用系统函数应该注意以下两点。

(1) 了解你所使用的 C++ 开发环境提供了哪些系统函数。不同的编译系统提供的函数有所不同。因此编程者必须查阅编译系统的库函数参考手册或联机帮助文件,了解清楚函数的功能、参数、返回值和使用方法。

(2) 知道要使用的系统函数的声明在哪个头文件中。这也可以在库函数参考手册或联机帮助文件中查到。

4.8　编译预处理

C++ 语言的预处理命令均以符号 # 开头,语句末尾不加分号,以区别于 C++ 语句。它们可以出现在程序中的任何位置,其作用域是自出现点到所在源程序的末尾。

编译预处理功能主要有宏定义、文件包含和条件编译 3 种。前面我们已经使用过了两个预处理命令: # include 和 # define。本节详细介绍它们的用法。

4.8.1　宏定义

宏定义又称为宏代换,分为不带参数的宏定义和带参数的宏定义两种类型。

1. 不带参数的宏定义

不带参数的宏定义是指用一个指定的标识符(即宏名)来代表一个字符串(即所代表的内容),其定义格式为

```
#define　宏名　宏体
    ⋮
#undef　宏名
```

其中, # define 是宏定义命令,宏名为标识符,宏体为一字符串。宏定义实际上相当于定义符号常量,它的作用是用宏名完全代替宏体。 # undef 命令控制宏定义的作用域,即宏定义的作用域终止于 # undef 命令,该命令可省略。例如:

```
#define PI   3.1415926
main()
{
...
}
#undef   PI
fun()
{
...
}
```

该宏定义的作用就是用标识符 PI 来代替"3.1415926"这个字符串（即宏体），在编译预处理时，将程序中#define PI 3.1415926 到#undef 之间出现的全部 PI 都用"3.1415926"来代替。在 fun 函数中，PI 不再代表"3.1415926"。人们把在预编译时将宏名替换成宏体的过程称为"宏展开"。这种方法能使用户以一个简单的名字代替一个较长的字符串，从而使程序易读、易改。

有关说明：

（1）宏名一般习惯用大写字母表示（往往使其有特定含义），以区别于变量名。当然这并不是语法规定，宏名也可以用小写字母表示。

（2）宏定义与变量定义的含义不同，只做字符替换，不分配内存空间。

（3）用宏名代替一个字符串，可减少编程时重复书写某些字符串的工作量。

（4）使用宏定义，可以提高程序的通用性，减少修改程序工作量。当需要改变某一个常量时，可以只改变该#define 命令行，这样宏名所代替的字符串均随之改变。如定义数组大小，可以用如下形式：

```
#define array_size 100
int array[anay_slze];
```

数组 array 大小为 100，如果将数组大小改为 200，只需改#define 行为#define array_size 200 即可。

（5）宏定义是用宏名代替一个字符串，预编译时不做任何语法检查和正确性检查，只做简单的置换。如果在 3.1415926 后加了分号，则会连分号一起进行置换。例如：

```
#define PI   3.14159265;
S=PI*r*r;
```

经过宏展开后，该语句为

```
S=3.1415926;*r*r;
```

显然出现语法错误，编译时程序是通不过的。

（6）#define 命令通常写在源程序开头，位于函数之前，作为文件的一部分，在此源文件范围内有效（指不加#undef）。

（7）在进行宏定义时，可以引用已定义的宏名，层层置换。

【案例 4-17】 采用宏定义来定义公式的方法完成求圆的周长、面积和体积。

```
#include <iostream.h>
#define R   4.0
#define PI   3.1415
#define L   2*PI*R                    /*宏定义中引用已定义的宏名 R*/
#define S   PI*R*R
#define V   4.0/3*PI*R*R*R
void main()
{   cout<<"L="<<L<<"\n"<<"S="<<S<<"\n"<<"V="<<V;
}
```

运行情况如下：

```
L=25.132
S=50.264
V=268.075
```

经过宏展开后，cout 函数中的输出项 L 为 $2*3.1415*4.0$，S 为 $3.1415*4.0*4.0$，V 为 $4/3*3.1415*4.0*4.0*4.0$。

2. 带参数的宏定义

宏定义时，在宏名后加上形式参数，就形成了带参数的宏定义。带参数的宏定义，不仅要进行字符替换，还要进行参数替换。其定义格式为

#define 宏名(形式参数表)宏体

宏名与形式参数表之间不能有空格，宏体中包含有参数表中所指定的形参。例如：

```
#define S(l,w)    1.0/2*l*w
area=S(5,4);
```

带参数的宏展开的原理：程序中若有带实参的宏（如 S(5,4)），则按"#define 命令行中"所指定的字符串从左到右进行置换。若字符串中包含宏中的形参（如 l、w），则将程序中相应语句的实参（可以是常量、变量或表达式）代替形参，若宏定义中字符串中的字符不是参数字符（如 l*w 中的*），则保留。这样就形成了替换的字符串。上面的宏展开就是用 5、4 分别代替宏定义中的形式参数 l、w，用 $1.0/2*5*4$ 代替 S(5,4)，即展开后有 area=$1.0/2*5*4$；

【案例 4-18】 使用带参数的宏定义完成案例 4-17。

```
#include <iostream.h>
#define PI   3.1415
#define L(R)2*PI*R                    /*R 为宏定义中的形参*/
#define S(R)PI*R*R
#define V(R)4.0/3*PI*R*R*R
void main()
{   float r,l,a,v;
    r=4.0;
    l=L(r);
    a=S(r);
```

```
v=V(r);                              /* r为实参,用来替换形参 R */
cout<<"r="<<r<<"\n"<<"l="<<l<<"\n"<<"a="<<a<<"\n"<<"v="<<v;
}
```

运行结果如下:

```
r=4
l=25.132
a=50.264
v=268.075
```

赋值语句

```
l=L(r);a=S(r);v=V(r);
```

经宏展开后分别为

```
l=2 * 3.1415926 * r;a=3.1415926 * r * r;v=4.0/3 * 3.1415926 * r * r * r;
```

有关说明:

(1) 带参数的宏展开只是将 C++ 语句中宏名后面括号内的实参字符串代替"♯define 命令行"中的形参,如例中 C++ 语句"a＝S(r);",在展开时,先找到 ♯define 命令行中的 S(R),将 S(r)中的实参 r 代替宏定义中的字符串"FI * R * R"中的形参 R,得到 PI * r * r。

(2) 有时实参简单代替形参可能会出现逻辑上的错误,与程序设计者的原意不符,所以要格外仔细。例如,将例中的语句"a＝S(r);"换成:

```
a=S(p+q);
```

这时用实参 p＋q 代替 PI * R * R 中的形参 R,就成为

```
a=PI * p+q * p+q;
```

这显然与程序设计者的原意不符。原意想得到:

```
area=PI * (p+q) * (p+q);
```

因此,应当在定义时,在字符串中的形式参数外面加一对括号,即:

```
#define S(R)PI * (R) * (R)
```

在对 S(p＋q)进行宏展开时,将(p＋q)代替 R,就成了:

```
PI * (p+q) * (p+q)
```

这就与原意相符了。

(3) 宏定义时,在宏名与带参数的括号之间不能加空格,否则将空格以后的字符都作为宏体的一部分。

(4) 要注意区分带参数的宏和函数。

4.8.2　文件包含

"文件包含"预处理是指在一个源文件中将另外一个或多个源文件的全部内容包含进来

的处理过程,即将另外的文件包含到本文件中。"文件包含"编译预处理命令格式为

```
#include "文件名"
```

或

```
#include <文件名>
```

其中,文件名是指要被包含进来的文件名称,又称为头文件或编译预处理文件。使用双引号括住文件名和使用尖括号括住文件名均是合法的。

"文件包含"命令的功能就是用指定文件的全部内容代替该命令行,使被包含的文件成为该"文件包含"命令所在源文件的一部分。被包含的文件可以是 C++ 语言标准文件,也可以是用户自定义的文件。

有关说明:

(1) 在文件头部的被包含的文件称为"头文件"或"标题文件",常以 .h 为后缀(h 为 head 的缩写),如 format.h 等文件。

(2) 一个 #include 命令只能指定一个被包含文件,如果要包含 n 个文件,必须要用 n 个 #include 命令。

(3) 如果文件 1 包含文件 2,而文件 2 中要用到文件 3 的内容,则可在文件 1 中用两个 #include 命令分别包含文件 2 和文件 3,且文件 3 应出现在文件 2 之前,即在文件 1 中定义。例如,在 file1.c 中定义:

```
#include "file3.h"
#include "file2.h"
```

则在 file2.h 中不必再加 #include "file3.h"命令,而 file1.c 和 file2.h 都可以使用 file3.h 的内容。注意,这里假设 file2.h 在本程序中只被 file1.c 包含,而不出现在其他场合。

(4) 文件包含可以嵌套,即在一个被包含文件中又可以包含另一个被包含文件。例如,(3)中提及的问题也可以这样来处理,即在 file2.h 中加 #include "file3.h"命令,在 file1.c 中加 #include "file2.h"命令。

(5) 使用尖括号括住文件名,表示直接到指定的标准包含文件目录,使用双引号括住文件名表示先在当前目录中寻找该文件,若找不到再到标准方式目录中去寻找。

使用"文件包含"命令,还可以减少编程人员的重复劳动。例如,用宏定义将一些常用参数定义成一组固定的符号常量(如 PI = 3.1415926,E = 2.718,……),然后再把这些命令组成一个文件,可供多人用 #include 命令将该文件包含到自己所写的文件中,使用这些参数。这样就不必每个人都重复定义这些符号常量了,就像标准零部件一样,可以直接拿来使用,如前面所说的 math.h 文件。

4.8.3 条件编译

在 C++ 编程时,如果使用"条件编译"命令,可使程序得到优化。所谓"条件编译",就是对 C++ 源程序中某一部分内容指定编译或不编译条件,当满足相应条件时才对该部分内容进行编译或不编译。这样就不是所有的程序行都参加编译全部形成目标代码了,而只是部

分程序行形成目标代码。

常用的条件编译命令有以下3种格式。

格式一：

```
#ifdef 宏名
    程序段 1
#else
    程序段 2
#endif
```

或

```
#ifdef 宏名
    程序段 1
#endif
```

该命令的作用：如果♯ifdef后的宏名在此之前已经被♯define命令定义过，则在程序编译阶段只编译程序段1，否则编译程序段2；如果没有♯else部分，当宏名在此之前未被♯define命令定义过，编译时直接跳过♯endif，否则编译程序段1。这里的"程序段"可以是语句组，也可以是命令行。

【案例 4-19】 若在同一个目录下有文件file1.c和file2.h，指出下面程序的输出结果。

file2.h的内容如下：

```
# define DE
```

file1.c的内容如下：

```
#include <iostream.h>
#include "file2.h"        /* 文件 file1.c 包含文件 file2.h 的宏定义,运行时候需要加上路径 */
#ifdef DE
#define R 1.0                      /* 程序段 1 */
#else
#define R 2.0                      /* 程序段 2 */
#endif
void main()
{   float s;
    s=3.14 * R * R;
    cout<<s;
}
```

运行结果：

```
3.14
```

在例中，文件file1.c包含文件file2.h，在file2.h中定义了DF，因此编译♯define R 1.0部分，而跳过♯define R 2.0部分，所以主函数中R的值被替换成1.0，故输出结果为3.14。

格式二：

```
#ifndef 宏名
```

```
        程序段 1
#else
        程序段 2
#endif
```

或

```
#ifndef   宏名
        程序段 1
#endif
```

♯ifndef 命令的功能与♯ifdef 相反。如果宏名在此之前末被定义,则编译程序段 1,否则编译程序段 2。

格式一和格式二用法差不多,视具体情况选用。

格式三:

```
#if   表达式
        程序段 1
#else
        程序段 2
#endif
```

或

```
#if   表达式
        程序段 1
#endif
```

该命令的功能:首先求表达式的值,若为真(非零),就编译程序段 1,否则编译程序段 2。如果没有♯else 部分,则当表达式值为假(零)时,直接跳过♯endif。这样可使程序在不同的条件下执行不同的语句实现不同的功能。

习　　题

一、选择题

1. 建立函数的目的之一是(　　)。
　　A. 提高程序的执行效率　　　　　　　　B. 提高程序的可读性
　　C. 减少程序的篇幅　　　　　　　　　　D. 减少程序文件所占内存

2. 以下正确的函数声明形式是(　　)。
　　A. double fun(int x,int y)　　　　　　B. double fun(int x;int y)
　　C. double fun(int x,int y);　　　　　　D. double fun(int x,y);

3. 以下正确的函数形式是(　　)。
　　A. double fun(int x,int y){z＝x＋y;return z;}
　　B. double fun(int x,y){int z;return z;}
　　C. double fun(x,y);{int x,y;double z;z＝x＋y;return z;}

D. double fun(int x,int y){double z;z＝x＋y;return z;}

4. C++ 语言规定,简单变量作为实参时,它和对应的形参之间的数据传递方式是( )。

    A. 地址传递　　　　　　　　　　　　B. 值传递

    C. 由实参传给形参,再由形参传给实参　　D. 由用户指定传递方式

5. 以下正确的描述是( )。

    A. 函数的定义可以嵌套,但函数的调用不可以嵌套

    B. 函数的定义不可以嵌套,但函数的调用可以嵌套

    C. 函数的定义和函数的调用均不可以嵌套

    D. 函数的定义和函数的调用均可以嵌套

6. 在 C++ 语言中,当普通变量作为函数参数时,以下正确的说法是( )。

    A. 实参和与其对应的形参各占用独立的存储单元

    B. 实参和与其对应的形参共占用一个存储单元

    C. 只有当实参和与其对应的形参同名时才共用存储单元

    D. 形参是虚拟的,不占用存储单元

7. C++ 语言允许函数值类型缺省定义,此时函数的返回值隐含的类型是( )。

    A. float　　　　　　B. int　　　　　　C. long　　　　　　D. double

8. 以下说法不正确的是( )。

    A. 在不同的函数中可以使用相同名字的变量

    B. 形式参数是局部变量

    C. 在函数内定义的变量只在本函数范围内有效

    D. 在函数内的复合语句中定义的变量在本函数范围内有效

9. 若调用一个函数,且此函数中没有 return 语句,则正确的说法是( )。

    A. 该函数没有返回值

    B. 该函数返回若干个系统默认值

    C. 该函数能返回一个用户所希望的函数值

    D. 该函数返回一个不确定的值

10. 以下错误的描述是( )。

    A. 函数调用可以出现在执行语句中

    B. 函数调用可以出现在一个表达式中

    C. 函数调用可以作为一个函数的实参

    D. 函数调用可以作为一个函数的形参

二、写出下面程序的输出结果。

1.

```
#include <iostream.h>
void fun();
void main()
{
    int i;
```

```
    for(i=0;i<5;i++)
        fun();
}
void fun()
{
    static int m=0;
    cout<<m++<<endl;
}
```

2.

```
#include <iostream.h>
void num()
{
    extern int x,y;
    int a=15,b=10;
    x=a-b;
    y=a+b;
}
int x,y;
void main()
{
    int a=7,b=5;
    x=a+b;
    y=a-b;
    num();
    cout<<x<<","<<y;
}
```

3.

```
#include <iostream.h>
void main()
{
    incx();
    incy();
    incx();
    incy();
    incx();
    incy();
}
incx()
{
    int x=0;
    cout<<"x="<<++x<<"\n";
}
incy()
```

```
{
    static int y=0;
    cout<<"y=\n"<<++y;
}
```

4.

```
#include <iostream.h>
int n=1;
void main()
{
    static int x=5;int y;
    y=n;
    cout<<"MAIN:"<<"x="<<x<<"   y="<<y<<"   n="<<n<<"\n";
    func();
    cout<<"MAIN:"<<"x="<<x<<"   y="<<y<<"   n="<<n<<"\n";
    func();
}
func()
{
    static int x=4;int y=10;
    x=x+2;
    n=n+10;
    y=y+n;
    cout<<"FUNC:"<<"x="<<x<<"   y="<<y<<"   n="<<n<<"\n";
}
```

5.

```
#include <iostream.h>
#define M 3
#define N (M+1)
    #define NN N*N/2
    main()
    {  cout<<NN;
        cout<<"    "<<5*NN;
    }
```

6.

```
#define  POWER(x)((x)*(x))
main()
{  int i=1;
    while(i<=4)cout<<"   "<<POWER(i++);
    cout<<"\n";
}
```

7.

```
#define SELECT(a,b)a<b?a:b
main()
{   int m=2,n=4;
    cout<<SELECT(m,n);
}
```

8.

```
#define EXCH(a,b){int t;t=a;a=b;b=t;}
main()
{   int x=5,y=9;
    EXCH(x,y);
    cout<<"x="<<x<<",y="<<y;
}
```

三、编写一个求两个整数最大公约数和最小公倍数的函数。

四、编程求出 1～100 中的素数(用函数实现)。

五、有五个人坐在一起,问第五个人多少岁,他说比第四个人大 2 岁;问第四个人多少岁,他说比第三个人大 2 岁;问第三个人多少岁,他说比第二个人大 2 岁;问第二个人多少岁,他说比第一个人大 2 岁;问第一个人多少岁,他说 10 岁;问第五个人多少岁?

六、编一个函数求 $n!$。主函数求 6!＋7!＋8!。

七、使用函数重载的方法,设计两个求面积函数。

八、假设某企业有财务管理、工程管理、市场管理三方面管理事务,开发具有菜单功能的程序框架,实现选择这三方面的管理。具体管理内容此处不予考虑。

九、输入两个整数,求出它们相除的余数,用带参数的宏来实现编程。

第二篇

提　高　篇

第5章 数　　组

【学习目标】
- 掌握数组的定义、初始化、数组元素的引用。
- 掌握二维数组的定义、初始化和引用。
- 掌握字符数组的定义、初始化和引用。

数组是一组具有相同类型的有序数据的集合。数组中的每个数据称为数组元素。

数组可以分为一维数组和多维数组，常用的多维数组为二维数组。使用数组使得在利用计算机程序解决某些问题时变得更加方便、灵活，程序更具可读性。

5.1　一　维　数　组

1. 一维数组的定义

一维数组也称为向量。在实际应用中需要按照某种顺序对一组相同类型数据进行操作的场合很多。比如要处理一个班级学生的年龄，当人数较少时，可以将每个学生的年龄用一个整型变量来表示，如 x、y、z 等，但当人数较多时，这样使用起来会很不方便，而且很容易出错。如果通过数组来处理这些数据，就会很方便。

在 C++ 中，数组和普通变量一样，在使用之前必须加以明确的定义说明，以便编译程序在内存中给它们分配空间。定义一维数组的一般形式为

```
类型说明符 数组名[常量表达式];
```

其中，数组名取名规则和变量名相同，遵循标识符命名规则；常量表达式的值指定了该数组中数组元素的个数，即指定了数组长度；类型说明符指定该数组所有元素的数据类型。例如：

```
int a[5];
```

定义了一个一维数组 a，数组中有 5 个元素，每个元素均为整型。5 个元素分别依次记为 a[0]、a[1]、a[2]、a[3]、a[4]。在内存中开辟了 5 个连续的存储单元用来存放这 5 个元素。

在定义数组时，需要注意以下几点。

（1）数组名不能与其他变量名重名。数组名后是用方括号括起来的常量表达式，不能用圆括号。

（2）C++ 语言的数组元素下标从 0 开始。数组 a 的 5 个元素为 a[0]、a[1]、a[2]、a[3]、a[4]，而不包含 a[5]。在 C++ 语言中，编译时不对数组做边界检查，如果程序中出现了下标越界，可能会造成程序运行结果的错误。因此要注意下标不能过界。

（3）C++ 语言不允许对数组的长度做动态定义，即数组长度不能是变量。例如：

```
#include <iostream.h>
```

```
void main()
{  int n=5;
   int a[n];
   …
}
```

是错误的。

（4）可以一次同时定义多个同类型数组。例如：

```
int a[5],b[10];
```

2. 一维数组的引用

一个数组一旦被定义，编译程序便在内存中为之分配一段连续的内存空间，数组元素按照次序存放在里面，比如前面定义的整型数组 a 在内存中的存储情况如图 5-1 所示。

数组一经定义，其元素就可以被引用。数组元素通常也称为下标变量，可以参加各种运算，这与简单变量的使用是一样的，其标识方法为数组名后跟一个下标。下标表示了元素在数组中的顺序号。

数组元素的一般表示形式为

数组元素	存储区
a[0]	2
a[1]	3
a[2]	4
a[3]	5
a[4]	6

图 5-1　数组 a 在内存中的存储情况

数组名[下标]

其中，下标只能为整型常量或整型表达式。例如，a[3]、a[i+j]、a[2*2]等都是合法的数组元素。

数组必须先定义，后使用。在 C++ 中，只能逐个引用数组元素而不能一次引用整个数组。例如，输出有 5 个元素的数组必须使用循环语句逐个输出各数组元素：

```
for(i=0; i<5; i++)  cout<<a[i];
```

而不能用一条语句输出整个数组，下面的写法是错误的：

```
cout<<a;
```

【案例 5-1】　从键盘输入 10 个整数，找出其中的最大数并输出。

程序如下：

```
#include <iostream.h>
void main()
{  int a[10],i,max;
   for(i=0; i<10; i++)
   cin>>a[i];
   max=a[0];
   for(i=1; i<10; i++)
   if(max<a[i])max=a[i];
   cout<<"MAX="<<max;
}
```

运行结果如下：

```
1  2  11  22  6  4  40  16  90  55↙
MAX=90
```

3. 一维数组的初始化

为了使用上的方便，人们常常希望使数组具有初值。与变量的初始化一样，C++语言允许在定义数组的同时对数组元素赋以初值，这称为数组的初始化。初始化是在编译时进行的，故不占用运行时间。

下面介绍数组的几种初始化方法。

（1）将数组全部的元素进行赋初值。例如：

```
int a[5]={1,2,3,4,5};
```

即在定义数组时用一对花括号将要赋给数组各元素的值括起来，各值之间用逗号间隔，按其顺序赋给该数组。经定义和初始化后，a[0]=1,a[1]=2,a[2]=3,a[3]=4,a[4]=5。

使用时注意：既使各数组元素的值全部相等，也必须逐个赋值，而不允许给数组整体赋初值。例如，想让整型数组 a[5]的 5 个元素全都为 1,初始化时应写成

```
int a[5]={1,1,1,1,1};
```

不能写成

```
int a[5]={1};
```

（2）将数组部分的元素进行赋初值，未赋值元素自动取 0 值。例如：

```
int a[5]={ 1,3,5};
```

经定义和初始化后，a[0]=1,a[1]=3,a[2]=5,a[3]=0,a[4]=0。按照下标递增的顺序依次赋值，后两个元素系统自动赋 0 值，注意数组长度不可以缺省。当初始值数据缺少前几个或中间的某个数据时，相应的逗号不能省略，默认的数据自动为 0。

（3）对数组的全部元素赋初值时，也可以不指定数组长度。例如：

```
int a[5]={ 1,2,3,4,5};
```

可写为

```
int a[ ]={ 1,2,3,4,5};
```

系统会根据{}中的数值个数，自动定义 a 数组长度为 5。

4. 一维数组程序设计举例

【案例 5-2】 从键盘输入 10 个学生的成绩，求出他们的平均分。

程序如下：

```
#include <iostream.h>
void main()
{
    int i;
```

```
float stu_score[10];
float sum=0,aver=0.0;
for(i=0;i<10;i++)
{  cin>>stu_score[i];
   sum=sum+stu_score[i];
}
aver=sum/10.0;
cout<<"平均分为"<<aver;
}
```

运行结果：

```
82 78 67 95 79 89 91 75 66 86↙
平均值为      80.80
```

【案例 5-3】 用冒泡排序法对 10 个整数排序（由小到大）。

算法提示：冒泡排序法是一种常用的排序方法，将相邻两个数比较，将小数调到前头。设有 n 个数要求从小到大排列，冒泡排序法的算法分为如下 $n-1$ 个步骤。

第 1 步：由上向下，相邻两数比较，将小数调到前头。反复执行 $n-1$ 次，第 n 个数最大，即大数沉底。

第 2 步：由上向下，相邻两数比较，将小数调到前头。反复执行 $n-2$ 次，后 2 个数排好。

⋮

第 k 步：由上向下，相邻两数比较，将小数调到前头。反复执行 $n-k$ 次，后 k 个数排好。

⋮

第 $n-1$ 步：由上向下，相邻两数比较，将小数调到前头。执行 1 次，排序结束。

例如，"56,40,43,25,18" 的排序过程示意如下，其中加下划线的数字是已排好的，不用再比较。

第 1 步：比较 4 次。

```
56 ┐    40       40       40       40
40 ┘    56 ┐     43       43       43
43      43 ┘     56 ┐     25       25
25      25       25 ┘     56 ┐     18
18      18       18       18 ┘     56
```
第 1 次 第 2 次 第 3 次 第 4 次 结果

第 2 步：比较 3 次。

```
40 ┐    40       40       40
43 ┘    43 ┐     25       25
25      25 ┘     43 ┐     18
18      18       18 ┘     43
56      56       56       56
```
第 1 次 第 2 次 第 3 次   结果

第 3 步：比较 2 次。

```
40 ┐   25      25
25 ┘   40 ┐    18
18     18 ┘    40
43     43      43
56     56      56
第1次  第2次        结果
```

第 4 步：比较 1 次。

```
25 ┐   18
18 ┘   25
40     40
43     43
56     56
第1次        结果
```

可以看出，如果有 n 个数，则要进行 $n-1$ 步比较。在第 i 步比较中要进行 $n-i$ 次两两比较，现设 $n=10$。

程序如下：

```cpp
#include <iostream.h>
void main()
{
    int x[10];
    int i,j,s;
    cout<<"输入 10 个整数:";
    for(i=0;i<10;i++)
        cin>>x[i];
    cout<<"\n";
    for(i=0;i<9;i++)
        for(j=0;j<9-i;j++)
            if(x[j]>x[j+1])
                {s=x[j];x[j]=x[j+1]; x[j+1]=s; }
    cout<<"排序结果为:";
    for(i=0;i<10;i++)
        cout<<x[i]<<"  ";
}
```

运行结果如下：

输入 10 个整数：
5 3 2 -5 12 7 10 98 -4 -1↙
排序结果为：
-5 -4 -1 2 3 5 7 10 12 98

【案例 5-4】 用选择排序法对 10 个整数排序（由小到大）。

算法提示：选择排序法也是一种常用的排序方法，首先从 10 个数中选择一个最小的数,将它和最前面的那个数交换位置,然后再从剩下数中选择一个最小的数和第二个数交换位置,依次类推,经过 9 次选择可以将 10 个数按照从小到大排序。例如:

a[0]	a[1]	a[2]	a[3]	a[4]	a[5]	a[6]	a[7]	a[8]	a[9]	
2	9	17	26	0	5	53	22	91	40	未排序时的情况
0	9	17	26	2	5	53	22	91	40	将 10 个数中最小的数与 a[0]交换
0	2	17	26	9	5	53	22	91	40	将余下的 9 个数中最小的数与 a[1]交换
0	2	5	26	9	17	53	22	91	40	将余下的 8 个数中最小的数与 a[2]交换
0	2	5	9	26	17	53	22	91	40	将余下的 7 个数中最小的数与 a[3]交换
0	2	5	9	17	26	53	22	91	40	将余下的 6 个数中最小的数与 a[4]交换
0	2	5	9	17	22	53	26	91	40	将余下的 5 个数中最小的数与 a[5]交换
0	2	5	9	17	22	26	53	91	40	将余下的 4 个数中最小的数与 a[6]交换
0	2	5	9	17	22	26	40	91	53	将余下的 3 个数中最小的数与 a[7]交换
0	2	5	9	17	22	26	40	53	91	将余下的 2 个数中最小的数与 a[8]交换

程序如下:

```cpp
#include <iostream.h>
void main()
{
    int i,j,k,temp;
    int x[10];
    cout<<"输入 10 个整数:";
    for(i=0;i<10;i++)
        cin>>x[i];
    cout<<"\n";
    for(i=0;i<9;i++)
    {   k=i;
        for(j=i+1;j<10;j++)
            if(x[i]>x[j])
            {   k=j;
                if(k!=i)
                    {t=x[i];x[i]=x[j];x[j]=t;}
            }
    }
    cout<<"排序结果为:";
    for(i=0;i<10;i++)
    cout<<x[i]<<"   ";
}
```

运行结果如下:

输入 10 个整数:
2 9 17 26 0 5 53 22 91 40↙
排序结果为:
0 2 5 9 17 22 26 40 53 91

5.2　二维数组

1．二维数组的定义

数组是用于按顺序存储同类型的数据结构。如果有一个一维数组,它的每个元素都是同类型的一维数组(数组的类型相同包含两层含义:大小相同且各元素的类型相同)时,就形成了二维数组。如图 5-2 所示,当一维数组 a 的各元素 a[0]、a[1]、a[2] 又分别是一个一维数组时,便可以用一个二维数组来描述。

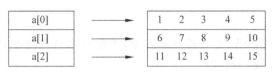

图 5-2　二维数组

在程序设计的过程中,除一维数组外,最常用的就是二维数组了。二维数组定义的一般形式为

类型说明符　数组名[常量表达式][常量表达式];

例如,图 5-2 中的二维数组 a 的定义形式如下:

```
int  a[3][5];
```

定义了 a 为 3 行 5 列的二维数组,共有 3×5＝15 个元素。

说明:

(1) 二维数组可以看作是一种特殊的一维数组,它的每个元素又是一个一维数组。

例如,可以把 a 看作是一个一维数组,它有 3 个元素:a[0]、a[1]、a[2];而 a[0]、a[1]、a[2] 又可以看作是 3 个一维数组的名字。其中,a[0] 由 a[0][0]、a[0][1]、a[0][2]、a[0][3]、a[0][4] 5 个元素组成;a[1] 由 a[1][0]、a[1][1]、a[1][2]、a[1][3]、a[1][4] 5 个元素组成;a[2] 由 a[2][0]、a[2][1]、a[2][2]、a[2][3]、a[2][4] 5 个元素组成。即:

$$a\begin{bmatrix} a[0]: & a[0][0] & a[0][1] & a[0][2] & a[0][3] & a[0][4] \\ a[1]: & a[1][0] & a[1][1] & a[1][2] & a[1][3] & a[1][4] \\ a[2]: & a[2][0] & a[2][1] & a[2][2] & a[2][3] & a[2][4] \end{bmatrix}$$

注意:二维数组和一维数组一样,数组元素的下标从 0 开始,因此 a 的下标最大的元素是 a[2][4],而不是 a[3][5]。

(2) C++ 语言中,二维数组的元素在内存中排列的顺序是按行存放。

二维数组中的两个下标自然地形成了表格中的行列对应关系。而实际在计算机中,由于存储器是连续编址的,即存储单元是按一维线性排列的,所以二维数组在计算机内存中是:先顺序存放第一行的元素,再存放第二行的元素……即按行存放。例如,二维数组 a 的元素在内存中的存放顺序如下:

a[0][0]→a[0][1]→a[0][2]→a[0][3]→a[0][4](第 1 行)→a[1][0]→a[1][1]→a[1][2] →a[1][3]→a[1][4](第 2 行)→a[2][0]→a[2][1]→a[2][2] →a[2][3]→a[2][4](第 3 行)

2. 二维数组的引用

二维数组元素的引用形式为

数组名[下标][下标]

即用数组名和两个带方括号的下标来引用数组元素,下标可以是整型常量或整型表达式,取值从 0 开始。如 a[1][2]、a[3-1][2*2-3]为正确的引用形式。

和一维数组一样,也可对二维数组的元素进行与变量相同的操作。例如:

```
a[0][0]=a[0][1]/2+100;
```

注意:

(1) 二维数组同样只能逐个引用数组元素,不能一次引用整个数组。例如,可以用 for 循环的嵌套对数组元素逐个操作:

```
int a[3][5];
for(i=0;i<3;i++)
    for(j=0;j<5;j++)
        cin>>a[i][j];
```

(2) 在使用数组元素时,应注意下标值不要越界。例如:

```
int a[3][5];
a[3][5]=5;
```

二维数组的行下标和列下标和一维数组一样是从 0 开始的,既然定义 a 为 3 行 5 列的数组,它可用的行下标值最大为 2,列下标值最大为 4。用 a[3][5]超过了数组的范围,是错误的。因此,在程序设计中检查数组元素下标是否越界是十分重要的。

3. 二维数组的初始化

二维数组同样存在初始化的问题。二维数组的初始化有以下 4 种形式。

(1) 按行对二维数组初始化。例如:

```
int a[2][3]={{1,2,3},{4,5,6}};
```

常量表中的第一对花括号中的初始化数据将赋给数组 a 的第一行元素,第二对花括号中的初始化数据将赋给数值 a 的第二行元素,即按行赋值,这种赋值方式清楚直观。

(2) 按数组元素的存放顺序对二维数组初始化。例如:

```
int a[2][3]={1,2,3,4,5,6};
```

这种方式将所有初始化值写在一个花括号中,依次赋给数组的各元素,初始化结果与前一种方式相同。

(3) 同一维数组一样,可以对二维数组的部分元素赋初值,未赋初值的元素将自动设为零。例如:

```
int a[2][3]={{1},{4}};
```

相当于:

```
int a[2][3]={{1,0,0},{4,0,0}};
```

再如：

```
int b[2][3]={{1},{},{2,3}};
```

赋初值后数组各元素为

$$\begin{bmatrix} 1 & 0 & 2 \\ 0 & 0 & 3 \end{bmatrix}$$

(4) 如果对全部元素都赋初值,则数组的第一维长度可以省略,但第二维长度不能省略。例如：

```
int a[2][3]={1,2,3,4,5,6};
```

可以写成

```
int a[ ][3]={1,2,3,4,5,6};
```

编译系统在编译程序时通过对初始值表中所包含的元素值的个数进行检测,能够自动确定这个二维数组的第一维长度。

也可以写成只对部分元素赋初值而省略第一维长度,但应分行赋初值。例如：

```
int a[ ][3]={{1,2},{4}};
```

系统能根据初始值分行情况自动确定该数组第一维的长度为 2。

4. 多维数组

多维数组的定义和引用方法与二维数组相类似。例如：

```
int a[2][3][2];
```

定义了一个三维数组 a,它有 12 个元素,其在内存中存放顺序如图 5-3 所示。可以看出：由上到下先变化第三个下标,然后变化第二个下标,最后变化第一个下标。

三维数组的初始化也可以仿照二维数组的形式进行。

(1) 按行对三维数组初始化。例如：

```
int a[2][3][4]={{{1,2,3,4},{5,6,7,8},{9,10,11,12}},
{{13,14,15,16},{17,18,19,20},{21,22,23,24}}};
```

(2) 按数组元素的存放顺序对三维数组初始化。例如：

```
int a[2][3][4]={1,2,3,4,5,6,7,8,9,10,11,12,13,14,15,16,
17,18,19,20,21,22,23,24};
```

这种方式将所有初始化值写在一个花括号中,依次赋给数组的各元素,初始化结果与前一种方式相同。

也可以省略第一维的大小。上面的定义可改写成

```
int a[ ][3][4]={1,2,3,4,5,6,7,8,9,10,11,12,13,14,15,16,
17,18,19,20,21,22,23,24};
```

a[0][0][0]
a[0][0][1]
a[0][1][0]
a[0][1][1]
a[0][2][0]
a[0][2][1]
a[1][0][0]
a[1][0][1]
a[1][1][0]
a[1][1][1]
a[1][2][0]
a[1][2][1]

图 5-3 三维数组在内存中的存放顺序

（3）同一维数组和二维数组一样，也可以对三维数组的部分元素赋初值，未赋初值的元素将自动设为零。例如：

```
int  a[2][3][4]={{{1,2},{0,0,7,8},{}},{{13,14},{17},{21,0,0,24}}};
```

依次类推，C++ 语言中也可以定义和使用四维数组、五维数组等。

5．二维数组程序设计举例

【案例 5-5】　在二维数组 a[3][4]中找出最大的元素和最小的元素，并把它们输出。

源程序如下：

```
#include <iostream.h>
void main()
{
    int a[3][4];
    int i,j,max,min;
    for(i=0;i<3;i++)
        for(j=0;j<4;j++)
        cin>>a[i][j];
    max=min=a[0][0];
    for(i=0;i<3;i++)
        for(j=0;j<4;j++)
        {  if(a[i][j]>max)max=a[i][j];
           else  if(a[i][j]<min)
                     min=a[i][j];
        }
    cout<<"The MAX is "<<max;
    cout<<"The MIN is"<<min;
    cout<<"\n";
}
```

输出结果：

```
 25   88   69   72✓
 33   29   78   96✓
  9   54   48   90✓
The MAX is 96
The MIN is 9
```

【案例 5-6】　编写程序，输入 5 名学生的 3 门课程的成绩，计算并输出每名学生的平均分和每门课程的平均分。

算法提示：可设一个二维数组 score[5][3]存放 5 名学生的 3 门课程的成绩。再设两个一维数组 aver1[5]和 aver2[3]，其中，aver1 存放每名学生的平均分，aver2 存放每门课程的平均分。

源程序如下：

```
#include <iostream.h>
void main()
```

```
{
    int score[5][3], i,j,s;
    float aver1[5],aver2[3];
    cout<<"input scores:";
    for(i=0;i<5;i++)
    {   for(j=0;j<3;j++)
        cin>>score[i][j];
    }
    for(i=0;i<5;i++)
    {
        s=0;
        for(j=0;j<3;j++)
        s=s+score[i][j];
    aver1[i]=s/3.0;
    }
    for(j=0;j<3;j++)
    {
        s=0;
        for(i=0;i<5;i++)
        s=s+score[i][j];
        aver2[j]=s/5.0;
    }
    for(i=0;i<5;i++)
    cout<<"No. "<<i+1 <<":"<<aver1[i]<<"\n";
    cout<<"English:"<<aver2[0]<<" \n";
    cout<<"Math: "<<aver2 [1]<<"\n"<<"C language: "<<aver2[2];
}
```

运行结果：

```
input scores:
66 78 92
78 97 89
85 89 70
68 72 85
70 97 64
No. 1 :   78.67
No. 2 :   88
No. 3 :   81.33
No. 4 :   75
No. 5 :   77
English:   73.4
Math:  86.6
C language:   80
```

【案例 5-7】 向一个三维数组中输入数据并输出此数组的全部元素。

```cpp
#include <iostream.h>
void main()
{   int a[2][3][4];
    int i,j,k;
    cout<<"Please input number\n";
    for(i=0;i<2;i++)
        for(j=0;j<3;j++)
            for(k=0;k<4;k++)
                cin>>a[i][j][k];
    for(i=0;i<2;i++)
        for(j=0;j<3;j++)
            for(k=0;k<4;k++)
                cout<<i<<","<<j<<"," <<k<<"," <<a[i][j][k];
}
```

5.3 字 符 数 组

数组除了可以存放整型和实型数据之外还可以用来存放字符型数据,人们把这样的数组称为字符数组。字符数组中的一个元素存放一个字符,一个一维数组可以存放一个字符串,一个二维数组则可存放多个字符串。在 C++ 语言中,字符数组与字符串有着密切的联系,它们之间有很多共性,但又有区别。因为字符数组与前面所介绍的数值数组在存放和处理数据时的方法有所不同,所以这里单独对其进行讨论。

1. 字符串及其存储方法

在 C++ 语言中,字符串是指若干有效字符的序列。"有效字符"是指系统允许使用的字符,不同的系统允许使用的字符是不同的。C++ 语言中的字符串可以包括字母、数字、专用字符、转义字符等。例如,下面都是合法的字符串:

"china","Turbo C","x+y=z","wang-yiyi","3.1415926","&a%f\n"

在 C++ 语言中字符串是借助于字符数组来存放的。C++ 语言规定:以字符'\0'作为"字符串结束标志"。'\0'是一个转义字符,称为"空操作符",ASCII 代码值为 0。'\0'作为标志占用存储空间,但不计入字符串的实际长度。例如,定义了一个字符数组 c,有 10 个元素,放入"china"这个字符串,其第 6 个字符为'\0',则此字符串的有效字符为 5 个。也就是说,在遇到字符'\0'时,表示字符串结束,由它前面的字符组成字符串。其在内存中的存储情况如图 5-4 所示。

通常,在字符串常量的末尾,系统会自动加一个'\0'作为结束符。因此,用字符串常量对字符数组初始化时,数组的长度至少要比字符串实际长度大 1。如果在一个字符数组中先后存放多个不同长度的字符串,则应使数组长度大于最长的字符串的长度。

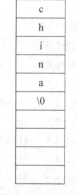

图 5-4　字符串的存储

2. 字符数组的定义和初始化

1）字符数组的定义

字符数组定义的一般形式：

```
char   数组名[常量表达式];
```

例如：

```
char   str[5];
```

该语句定义了一个元素个数为 5 的字符数组，可以存放 5 个字符型的数据。

另外，由于 C++ 语言中字符型与整型是互相通用的，也可定义

```
int   str[5];
```

并在 str 中存放字符型的数据，其使用方法等价。

字符数组的每一个元素可以被当作一个字符型变量使用。例如，用赋值语句可以对上述字符数组 str 的元素逐个赋初值：

```
str[0]='C';str[1]='h';str[2]='i';str[3]='n';str[4]='a';
```

赋值以后数组的状态如图 5-5 所示。

str[0]	str[1]	str[2]	str[3]	str[4]
C	h	i	n	a

图 5-5　数组的状态

2）字符数组的初始化

字符数组的初始化通常采用两种方式。

（1）逐个给数组中的各元素赋初值。

方法同前面所介绍的其他类型数组赋初值的方式，即把所赋初值依次放在一对花括号中。以一维数组为例，例如：

```
char str[5]={'C','h','i','n','a'};
```

赋值后各元素的值与图 5-5 所示一样。

当对全部元素赋初值时可以省去长度说明。例如：

```
char str[ ]={'C','h','i','n','a'};
```

这时数组 str 的长度，系统自动定为 5。

也可以对二维字符数组进行初始化，例如：

```
char str[2][5]={ {'C','h ','i','n','a'},{'J','a ','p','a','n'}};
```

赋值后数组如图 5-6 所示。

C	h	i	n	a
J	a	p	a	n

图 5-6　二维字符数组初始化

（2）用字符串直接给字符数组赋初值。

实际应用中，这种方法更常用。例如：

```
char str [10]={"Chinese"};
```

赋值后各元素的值如图 5-7 所示。

str[0]	str[1]	str[2]	str[3]	str[4]	str[5]	str[6]	str[7]	str[8]	str[9]
C	h	i	n	e	s	e	\0		

图 5-7 字符数组赋初值

请注意字符数组与字符串这两个术语的含义与区别：字符串存放在字符数组中，但字符数组与字符串可以不等长。字符串以'\0'作为结束标记，字符数组并不要求它的最后一个字符为'\0'，甚至可以不包含'\0'。例如：

```
char str [10]={"Chinese"};
```

字符数组的长度为 10，而字符串的长度为 7。又如：

```
char c[ ]={"Chinese"};
```

系统自动设字符数组的长度为 8，而字符串的长度为 7。因为字符串常量的最后由系统加上一个'\0'。也可以省略花括号，直接写成

```
char c[ ]="Chinese";
```

其作用与"char c[ ]={'C', 'h','i','n','e','s','e', '\0'}；"等价。

但如果定义

```
char  c[ ]={'C','h ','i','n','e ','s','e'};
```

则数组 c 的长度为 7。

在 C++ 语言中，单个字符用单引号括起来，而字符串是用双引号括起来的。也就是说'a'和"a"是不同的，'a'是一个字符，在内存中存储时占用一个字节的空间，而"a"是一个字符串，在内存中存储时除了存储'a'以外还要存储字符串结束标志'\0'，因而要占用两个字节的存储空间。

3. 字符数组的引用

字符数组的引用与其他类型数组的引用形式一样，区别是字符数组的每个元素都是一个字符。下面以一维数组为例。

【案例 5-8】 逐个字符地初始化字符数组。

```
#include <iostream.h>
void main()
{                            //逐个字符地对字符数组初始化
    char a[13]={'H','e','l','l','o',',','W','o','r','l','d','!'};
    cout<<a<<endl;           //把字符数组作为整体进行输出，直到遇到'\0'
    cout<<a[10]<<endl;       //输出字符数组的一个元素
}
```

运行结果：

```
Hello,World!
d
```

【案例 5-9】 对整个字符数组赋初值。

```cpp
#include <iostream.h>
void main()
{   char a[13]="Hello,World! ";
    cout<<a<<endl;
    cout<<a[10]<<endl;
}
```

运行结果：

```
Hello,World!
d
```

【案例 5-10】 输出两个国家的名称。
程序如下：

```cpp
#include <iostream.h>
void main()
{   char str[2][6]={"china","Japan"};
    int i,j;
    for(i=0;i<2;i++)
    {   for(j=0;j<5;j++)
        cout<<str[i][j];
        cout<<"\n";
    }
}
```

运行结果：

```
China
Japan
```

4. 字符串间的赋值

因为字符串从本质上讲是一个数组，所以字符串之间的赋值操作与数组一样，也只能逐个元素地进行。

【案例 5-11】 字符串之间的赋值。

```cpp
#include <iostream.h>
void main()
{   char str1[ ]="C++language",str2[20];
    int i=0;
    while(str1[i])
    {
```

```
        str2[i]=str1[i];
        i++;
    }
    str2[i]='\0';
    cout<<"String1:"<<str1<<endl;
    cout<<"String2:"<<str2<<endl;
}
```

运行结果：

```
String1: C++language
String2: C++language
```

习　　题

一、下列数组的初始化语句中，哪些是错误的？指出错在何处。

1. int arr＝{1,2,3,4,5};

2. int arr[]＝{1,2,3,4,5};

3. int arr[3]＝{1,2,3,4,5};

4. int arr[6]＝{1,2,3,4,5};

5. int arr[6]＝{1,2.2,3.5,4.8,5.9};

6. int arr[5]＝{};

7. int n ;int arr[n]＝{1,2,3,4,5};

8. int arr[5]＝{1＋2,2＊6,3,4,5};

二、阅读下面的程序，写出程序的输出结果。

1.

```
#include <iostream.h>
void main()
{
    int a[6],i;
    for(i=1;i<6;i++)
    {  a[i]=6*(i-1+4*(i/3))%5;
        cout<<"  "<<a[i];
    }
}
```

2.

```
#include <iostream.h>
void main()
{   int i=0,j=7,k,a[8]={6,2,11,4,5,9,7,8};
    while(i<j)
        {k=a[i];a[i]=a[j];a[j]=k;i++;j--;}
    for(i=0;i<8;i++)
```

```
        cout<<"   "<<a[i];
}
```

3.

```
#include <iostream.h>
void main()
{  char c[5]={'a','b','\0','c','\0'};
   cout<<c;
}
```

4.

```
#include <iostream.h>
int main()
{  int   i,k,a[10],p[3];
   k=5;
   for(i=0;i<10;i++)a[i]=i;
   for(i=0;i<3;i++)p[i]=a[i*(i+1)];
       for(i=0;i<3;i++)k+=p[i]*2;
   cout<<k;
   return 0;
}
```

5.

```
#include <iostream.h>
int main()
{  int y=25,i=0,j,a[8];
   do
   {  a[i]=y%2;i++;
            y=y/2;
   } while(y>=1);
   for(j=i-1;j>=0;j--)
       cout<<a[j];
   cout<<endl;
   return 0;
}
```

6.

```
#include <iostream.h>
int main()
{  char t[3][20]={"Watermelon","Strawberry","grape"};
   int i;
   for(i=0;i<3;i++)
       cout<<t[i]<<endl;
   return 0;
}
```

7.

```cpp
#include <iostream.h>
int main()
{   int i,j,row,col,max,a[4][5];
    cout<<"请输入数据:"<<'\n';
    for(i=0;i<4;i++)
        for(j=0;j<5;j++)
            cin>>a[i][j];
    max=a[0][0],row=0,col=0;
    for(i=0;i<4;i++)
    for(j=0;j<5;j++)
        if(max<a[i][j])
            {   max=a[i][j];
                row=i;
                col=j;
            }
    cout<<"最大数="<<max<<endl;
    cout<<<<"位置:矩阵中第"<<row+1<<"行第"<<col+1<<"列";
    return 0;
}
```

三、编写一个函数用来求一个实型数组的平均值。

四、编程找出一个 3×4 二维数组的最大值。

五、任意输入一个字符串,输出其长度。

六、求一个 5×5 矩阵的对角线元素之和。

七、有一个 3×5 的矩阵,要求编程序求出其中值最大的那个元素的值,以及其下标。

八、试定义一个带参数的宏 swap(x,y),以实现两个整数之间的交换,并利用它将一维数组 a 和 b 的值进行交换。

第6章 指　　针

【学习目标】

- 理解地址的含义。
- 掌握指针的概念、指针变量的定义和引用的方法。
- 理解指针数组和指向指针的指针的概念。
- 了解指针与函数的关系。
- 掌握指针与字符串的关系。

指针是 C++ 语言中广泛使用的一种数据类型。运用指针编程是 C++ 语言最主要的风格之一。利用指针变量可以表示各种数据结构;能很方便地使用数组和字符串;并能像汇编语言一样处理内存地址,从而编出精练而高效的程序。指针极大地丰富了 C++ 语言的功能。学习指针是学习 C++ 语言中最重要的一环,能否正确理解和使用指针是我们是否掌握 C++ 语言的一个标志。同时,指针也是 C++ 语言中最为困难的一部分,在学习中除了要正确理解基本概念,还必须要多编程,上机调试。只要做到这些,指针也是不难掌握的。

6.1　指针的基本概念

1. 指针和地址

指针本质上就是地址,为了说清楚什么是指针,首先必须要搞清楚地址的概念。

当我们需要执行磁盘上的某一可执行程序时,操作系统负责将它调入内存。对于一个 C++ 程序来讲,内存中就暂时存放了该程序中的变量、常量、数组、函数等数据。这就像程序中的数据集体入住了宾馆,而每个数据的房间号就是找到这个数据的地址。也就是说,内存中每个字节都有一个编号,这个编号就是地址。知道了数据的地址,就可以在程序运行过程中对它们进行修改、运算等处理。

在 C++ 语言中,要经常引用数据的地址。那么,在我们前面学习过的内容中,地址是以什么样的形式出现的呢?

如果变量是一个基本类型(整型、浮点型、字符型等),则只需在变量名前加取地址运算符 & 即可,如 &a、&data、&a[0],这样就分别得到了 a、data、a[0] 的地址。

如果程序中出现的是一个数组,例如,int a[10],那么这个数组的地址怎么表示呢? C++ 语言规定:数组的地址就是数组中第一个元素的地址,也称为数组的首地址。数组名 a 就是这个数组的首地址,注意是 a 而不是 &a。a 和 &a[0] 的含义是相同的。

如果程序中出现的是一个字符串,此时只需直接写出字符串,而不必加取地址运算符。当字符串出现在表达式中时,它的值是首字母的地址,即一个指针常量。当输入字符串后,它的首字母地址是由系统随机定的。例如,char * p= "abcdefg" 。此时,p 的值就是该字符串的首地址。

下面引出指针的概念。

指针就是内存单元的地址,但并不是所有的地址都是指针。指针是存放地址值的变量或常量。指针常量就是地址。指针变量是这样一种特殊的变量,它用来存放其他某一类型变量的地址。

2. 指针变量

变量在内存中按照数据类型的不同,占内存的大小也不同,都有具体的内存单元地址。下面假设变量 a、b、c 在内存中的存储单元是连续的,如变量 a 在内存的地址是 1000H,占据两个字节后,变量 b 的内存地址为 1002H,变量 c 的内存地址为 1006H 等。

对内存中变量的访问,过去用"scanf("%d%f%d",&a,&b,&c);"表示将数据输入变量的地址所指示的内存单元。那么,访问变量,首先应找到其在内存的地址,或者说,一个地址唯一指向一个内存变量,称这个地址为变量的指针。如果将变量的地址保存在内存的特定区域,用变量来存放这些地址,这样的变量就是指针变量,通过指针对所指向变量的访问,也就是一种对变量的"间接访问"。

3. 指针变量的定义

C++ 语言规定所有的变量在使用之前必须先定义,指定它的类型,并据此进行内存单元的分配。指针变量也不例外。下面来看看如何定义一个指针变量。

在定义一个指针变量的过程中,实际上对系统说明了 3 个方面的内容。

(1) 定义该变量为指针类型的变量。

(2) 指针变量的名字。

(3) 该指针变量的值(指针)指向的变量的数据类型。

指针变量定义的一般形式为

类型定义符 *变量名;

其中,*表示这是一个指针变量,变量名就是定义的指针变量的名字,类型定义符表示本指针变量存放的是指向何种数据类型的指针。例如:

```
int *p;
float *data;
```

p 和 data 在这里被定义成指针变量,它们的值分别是某个整型变量和某个实型变量的地址,或者说 p 指向一个整型变量,data 指向一个实型变量。至于 p 和 data 究竟分别指向哪一个整型变量和实型变量,应由向 p 和 data 赋予的地址来决定。

注意:这里的 int 和 float 并不是说 p 和 data 分别是 int 和 float 型的,而是它们指向的数据分别是 int 和 float 型。该知识点初学者很容易混淆,需要特别注意。

4. 与指针变量有关的 2 个运算符

在指针变量的使用中,有二个相关的运算符。

1) &(取地址运算符)

& 是单目运算符,其结合性为从右至左,其功能是取得变量所占用的存储单元的首地址。

2) *:指针运算符(或称为间接访问运算符)

* 是单目运算符,其结合性为从右至左,用来表示指针变量所指的变量值。在 * 运算符之后跟的变量必须是指针变量。

注意：指针运算符 * 和指针变量定义中的指针定义符 * 不是一回事。在指针变量定义中，* 是类型说明符，表示其后的变量是指针类型。而表达式中出现的 * 则是一个运算符，用来表示指针变量所指的变量。& 表示求地址，* 表示求内容。例如：

```
int * p,i=5;
p=&i;
```

首先，定义了2个变量，i是整型变量并初始化为5，p则是一个指针变量，它可以指向一个整型变量。然后，用 & 运算符把 i 的地址取出交给 p，如图 6-1 所示。

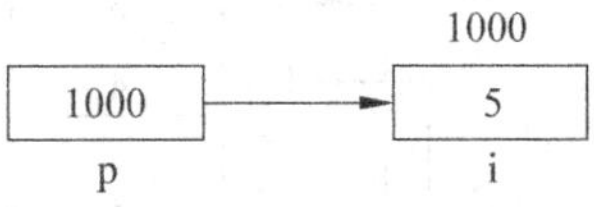

图 6-1 指针与指针所指变量的关系

【案例 6-1】 指针的一个简单实例。

程序如下：

```cpp
#include <iostream.h>
void main()
{
    int a=3,b=4;
    int * p_a,* p_b;
    p_a=&a;
    p_b=&b;
    cout<<a<<","<<b<<"\n";
    cout<< * p_a<<","<< * p_b;
}
```

运行结果：

```
3,4
3,4
```

【案例 6-2】 从键盘输入两个整数，按由大到小的顺序输出。

程序如下：

```cpp
#include <iostream.h>
void main()
{   int * p1,* p2,a,b,t;              /* 定义指针变量与整型变量 */
    cin>>a>>b;
    p1=&a;                            /* 使指针变量指向整型变量 */
    p2=&b;
    if(* p1< * p2)
    {                                 /* 交换指针变量指向的整型变量 */
        t= * p1;
        * p1= * p2;
        * p2=t;
    }
    cout<<a<<","<<b;
}
```

运行结果：

输入:3   4↙

输出:4,3

在程序中,当执行赋值操作 p1＝&a 和 p2＝&b 后,指针指向了变量 a 与 b,这时引用指针 *p1 与 *p2,就代表了变量 a 与 b。在程序的运行过程中,指针变量与所指向的变量始终没变,也就是说,指针变量的值始终没变。其示意如图 6-2 所示。

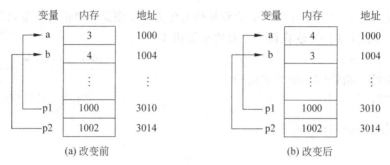

(a) 改变前   (b) 改变后

图 6-2   通过指针变量改变变量的值

下面换一种方法来解决这个问题:

```
#include <iostream.h>
void main()
{   int * p1, * p2,a,b, * t;
    cin>>a>>b;
    p1=&a;
    p2=&b;
    if( * p1< * p2)
    {                                               / * 指针交换指向 * /
        t=p1;
        p1=p2;
        p2=t;
    }
    cout<< * p1<<","<< * p2;
}
```

程序的运行结果完全相同,但程序在运行过程中,实际存放在内存中的数据没有移动,而是将指向这些变量的指针交换了指向,其示意如图 6-3 所示。当指针交换指向后,p1 和 p2 由原来分别指向变量 a 和 b 改变为分别指向变量 b 和 a,这样一来, *p1 就表示变量 b,

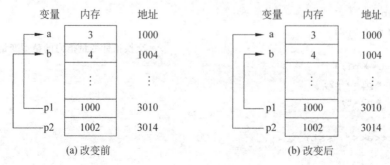

(a) 改变前   (b) 改变后

图 6-3   通过改变指针的指向实现

而 * p2 就表示变量 a。在上述程序中,无论在何时,只要指针与所指向的变量满足 p1 = &a;就可以对变量 a 以指针的形式来表示。此时 p1 等效于 &a, * p1 等效于变量 a。

6.2　指针作为形参类型

指针作为形参时,在函数调用过程中实参将其值以复制的方式传递给形参,相当于使实参和形参指针变量指向同一内存地址,这样对形参指针所指变量值的改变,同样影响实参指针所指向的变量值。

在 C++ 中,有 3 种类型的指针可以作为函数的参数。

(1) 一般对象(含变量)的指针作为函数的参数。

(2) 数组指针(含字符串的指针)作为函数的参数。

(3) 函数的指针作为函数的参数。

【案例 6-3】　一个变量的指针作为函数的参数的应用。

程序如下:

```
#include <iostream.h>
void change(int * p1,int * p2);
void main()
{
    int a,b;
    a=3;
    b=4;
    cout<<"a="<<a<<",b="<<b<<endl;
    change(&a,&b);
    cout<<"a="<<a<<",b="<<b<<endl;
}
void change(int * p1,int * p2)
{
    * p1=8;
    * p2=5;
    return;
}
```

运行结果:

```
a=3,b=4
a=8,b=5
```

6.3　指针与数组

变量在内存存放是有地址的,数组在内存存放也同样具有地址。对数组来说,数组名就是数组在内存安放的首地址。指针变量是用于存放变量的地址,可以指向变量,当然也可存放数组的首址或数组元素的地址。这就是说,指针变量可以指向数组或数组元素,对数组而言,数组和数组元素的引用,也同样可以使用指针变量。下面分别介绍指针和不同类型的数组。

1. 一维数组的指针表示

假设定义一个一维数组,该数组在内存会有系统分配的一个连续的存储空间,其数组的名字就是数组在内存的首地址。若再定义一个指针变量,并将数组的首地址传给指针变量,则该指针就指向了这个一维数组。我们知道数组名就是数组的首地址,也就是数组的指针。而定义的指针变量就是指向该数组的指针变量。对一维数组的引用,既可以用传统的数组元素的下标法,也可使用指针的表示方法。

```
int a[10],*p;                           /*定义数组与指针变量*/
```

做赋值操作:

```
p=a;
```

或

```
p=&a[0];
```

如图 6-4 所示,p 得到了数组的首址。其中,a 是数组的首地址,&a[0]是数组元素 a[0] 的地址,由于 a[0] 的地址就是数组的首地址,所以,两条赋值操作效果完全相同。指针变量 p 就是指向数组 a 的指针变量。

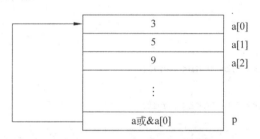

图 6-4　一维数组的指针表示

注意：如果数组的各个元素是整型的,那么指针变量的类型也应该是整型的。例如：

```
int a[10];
float *p;
```

"p=a;"或"p=&a[0];"就是一种错误的写法。

我们已经知道,数组元素只能逐一引用,而不能一次引用数组的每个元素。数组名只代表数组的首地址,而不代表整个数组元素。"p=a;"的作用是把数组的首地址或者说数组的第一个元素 a[0] 的首地址赋给指针变量 p,切莫认为把整个数组的各个元素一次性地都给了 p。

那么,利用指针如何引用数组除第一个元素以外的其他元素呢?

按照 C++ 的规定,如果指针变量 p 已经指向了数组的第一个元素,那么 p+1 就指向该数组的第二个元素,也就是 a[1];同理,p 的当前值再加 1 就指向 a[2] 了,依次类推。但是,我们可能还不了解这个"+1"具体的内涵是什么。实际上,不同数据类型的数组在"+1"时,可能实际上加的不是1,而可能是"+2","+4","+8"等。例如,数组元素如果是单精度实型,每个元素占4B,p+1实际上是使p的值加4B,以使它指向下一个元素。p+1所代表的地址实际上是p+1×d,d是一个数组元素所占的字节数。对于字符型,d=1;对于int型,d=4;对于float型,d=4等。

如图6-5所示,若p指向了一维数组a[10],现在看一下C++规定指针对数组的表示方法。

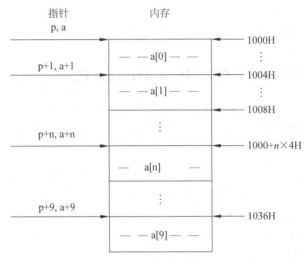

图6-5　指针表示数组

(1) p+n与a+n表示数组元素a[n]的地址,即&a[n]。对整个a数组来说,共有10个元素,n的取值为0~9,则数组元素的地址就可以表示为p+0~p+9或a+0~a+9,与&a[0]~&a[9]保持一致。

(2) 知道了数组元素的地址表示方法,*(p+n)和*(a+n)就表示为数组的各元素,即等效于a[n]。例如,*(p+1)和*(a+1)就等于5。

(3) 指向数组的指针变量也可用数组的下标形式表示为p[n],其效果相当于*(p+n)。例如p[3],其效果与*(p+3)等价。

讲到这里,我们已经知道,访问一个数组元素,可以用两种方法。

① 元素下标法,如a[n]。

② 指针法,如*(p+n)和*(a+n)。

【案例6-4】 输出数组中的全部元素。

(1) 数组元素下标法。

程序如下:

```
#include <iostream.h>
void main()
{   int a[10];
    int i;
    cout<<"请输入10个整数:";
    for(i=0;i<=9;i++)
```

```
        cin>>a[i];
    cout<<"\n";
    for(i=0;i<=9;i++)
        cout<<a[i]<<" ";
}
```

运行结果：

请输入 10 个整数：
1 2 3 4 5 6 7 8 9 10↙
1 2 3 4 5 6 7 8 9 10

(2) 通过数组名计算数组元素的地址，找出对应元素的值。

程序如下：

```
#include <iostream.h>
void main()
{
    int a[10];
    int i;
    cout<<"请输入 10 个整数:";
    for(i=0;i<=9;i++)
        cin>>a[i];
    cout<<"\n";
    for(i=0;i<=9;i++)
        cout<< *(a+i)<<" ";
}
```

运行结果：

请输入 10 个整数：
1 2 3 4 5 6 7 8 9 10↙
1 2 3 4 5 6 7 8 9 10

(3) 通过指针变量指向数组元素，找出对应元素的值。

程序如下：

```
#include <iostream.h>
void main()
{
    int a[10], * p;
    int i;
    cout<<"请输入 10 个整数:";
    for(i=0;i<=9;i++)
        cin>>a[i];
    cout<<"\n";
    for(p=a;p<=(a+9);p++)
        cout<< * p<<" ";
```

```
}
```

运行结果：

请输入 10 个整数：
1 2 3 4 5 6 7 8 9 10↙
1 2 3 4 5 6 7 8 9 10

这 3 种方法,最后一种的执行效率要比前 2 种高。对于前 2 种写法,都是编译器将 a[i] 转换为 *(a+i)来处理的,即先计算元素地址,因此用这 2 种方法寻找数组元素费时较多。但是,用下标法更加直观,便于初学者理解掌握。

用指针变量法,指针变量直接指向元素,不必每次都重新计算地址,至于 p++这种自加操作速度是比较快的,因此,大大提高了程序的执行效率。但是,这种方法对于初学者来讲,理解掌握起来会有些难度,需要多上机练习。

还有一个问题,能不能将第 3 种方法通过指针变量指向数组元素中的 p++改为 a++呢？

答案是否定的。我们知道,p 是变量,可以进行自加操作,而 a 是地址常量,是不能进行此类操作的。

【案例 6-5】　用指针求 fibonacci 数列的前 20 个数。这个数列有如下特点：第 1、2 两个数都为 1,从第 3 个数开始,该数是其前面两个数之和,即：

$$\begin{cases} f_1 = 1 \\ f_2 = 1 \\ f_n = f_{n-1} + f_{n-2} \quad (n \geqslant 3) \end{cases}$$

程序如下：

```
#include <iostream.h>
#include <iomanip.h>
void main()
{
    int i,f[20]={1,1};
    int * p;
    p=&f[2];
    for(i=2;i<=19;i++,p++)
        * p= * (p-2)+ * (p-1);
    p=f;
    for(i=1;i<=20;i++)
    {   cout<<setw(6)<< * p++;
        if(i%4==0)cout<<"\n";
    }
}
```

运行结果：

```
  1   1   2   3
  5   8  13  21
 34  55  89 144
```

```
233    377    610    987
1597   2584   4181   6765
```

本例中,setw 函数用来设置输出数据项的宽度,它在函数库 iomanip. h 中。

和前面通过下标访问数组元素相比,该程序读起来虽晦涩一些,但在程序执行效率方面却更胜一筹。读者应该适应并掌握这种方法。

下面看看关于指针变量运算的问题。

(1) 赋值运算。

指针变量的赋值运算有以下几种形式。

① 指针变量初始化赋值,前面已介绍。

② 把一个变量的地址赋予指向相同数据类型的指针变量。例如:

```
int a, * p;
p=&a;                      /*把整型变量 a 的地址赋予整型指针变量 p*/
```

③ 把一个指针变量的值赋予指向相同类型变量的另一个指针变量。例如:

```
int a, * pa=&a, * pb;
pb=pa;                     /*把 a 的地址赋予指针变量 pb*/
```

由于 pa,pb 均为指向整型变量的指针变量,因此可以相互赋值。

④ 把数组的首地址赋予指向数组的指针变量。例如:

```
int a[5], * p;
p=a;
```

也可写为

```
p=&a[0];                   /*数组第一个元素的地址也是整个数组的首地址,也可赋给 p*/
```

当然,也可采取初始化赋值的方法:

```
int a[5], * pa=a;
```

注意:不允许把一个数赋给指针变量,"int * p;p=1000;"这样的赋值是错误的,只能把变量已经分配的地址赋给指针变量。另外像"* p=&a;"这样的错误也是比较常见的,需要多加注意。

(2) 加减算术运算。

对于指向数组的指针变量,可以加上或减去一个整数 n。设 pa 是指向数组 a 的指针变量,则 pa+n、pa-n、pa++、++pa、pa--、--pa 等运算都是合法的。

指针变量加或减一个整数 n 的意义是把指针指向的当前位置(指向某数组元素)向前或向后移动 n 个位置。应该注意,数组指针变量向前或向后移动一个位置和地址加 1 或减 1 在概念上是不同的。因为数组可以有不同的类型,各种类型的数组元素所占的字节长度是不同的。例如,指针变量加 1,即向后移动一个位置表示指针变量指向下一个数据元素的首地址。而不是在原地址的基础上加 1。例如:

① int a[5], * p;

```
p=a;                    /* p指向数组 a,也就是指向 a[0] */
p=p+2;                  /* p指向 a[2],即 p 的值为 &a[2],实际物理地址已经加 8 了 */
```

② p++;(或 p+＝1)/* p 指向下一元素 */

③ "* p++;"等价于"*(p++);",++和 * 同优先级自右向左结合,是先得到 p 所指向的变量的值(即 * p),然后再使 p+1→p。

④ "*(p++);"和"*(++p);"的作用不同：前者是先取 * p 值,后使 p 加 1,后者是先使 p 加 1,再取 * p。若初值为 a(即 &a[0]),输出 *(p++)时,得到 a[0] 的值,而输出 *(++p),则得到 a[1] 的值。

⑤ "(* p)++;"表示 p 所指向的元素值加 1,即 a[0]++。

⑥ 如果 p 当前指向 a 数组中第 i 个元素,则：

"*(p--);"相当于"a[i--];",先取 p 值做 * 运算,再使 p 自减。

"*(++p);"相当于"a[++i];",先使 p 值自加,再做 * 运算。

"*(--p);"相当于"a[--i];",先使 p 自减,再做 * 运算。

指针变量的加减运算只能对数组指针变量进行,对指向其他类型变量的指针变量做加减运算是毫无意义的。

(3) 两个指针变量之间的运算。

只有指向同一数组的两个指针变量之间才能进行运算,否则运算毫无意义。

① 两指针变量相减。

两指针变量相减所得之差是两个指针所指数组元素之间相差的元素个数。实际上是两个指针值(地址)相减之差再除以该数组每元素的长度(字节数)。

例如,p1 和 p2 是指向同一浮点数组的两个指针变量,设 p1 的值为 2016,p2 的值为 2000,而浮点数组每个元素占 4B,所以 p1-p2 的结果为(2016-2000)/4=4,表示 p1 和 p2 之间相差 4 个元素。两个指针变量不能进行加法运算。例如,p1+p2 是毫无实际意义的。

② 两指针变量进行关系运算。

指向同一数组的两指针变量进行关系运算可表示它们所指数组元素之间的关系。例如：

```
p1==p2                  /* 表示 p1 和 p2 指向同一数组元素 */
p1>p2                   /* 表示 p1 处于高地址位置 */
p1<p2                   /* 表示 p2 处于低地址位置 */
```

指针变量还可以与 0 比较

设 p 为指针变量,则 p==0 表明 p 是空指针,它不指向任何变量;p! =0 表示 p 不是空指针。空指针是由对指针变量赋予 0 值而得到的。例如：

```
#define NULL 0  int * p-NULL;
```

对指针变量赋 0 值和不赋值是不同的。指针变量未赋值时,可以是任意值,是不能使用的,否则将造成意外错误。而指针变量赋 0 值后,则可以使用,只是它不指向具体的变量而已。

2. 二维数组的指针表示

用指针变量可以指向一维数组,也可以指向二维数组。定义一个二维数组：

```
int a[3][4]={1,2,3,4,5,6,7,8,9,10,11,12};
```

表示二维数组有三行四列共 12 个元素,在内存中按行存放,存放形式如图 6-6 所示。

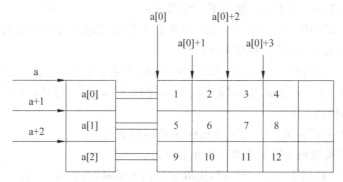

图 6-6　二维数组的存放

其中,a 是二维数组的首地址,&a[0][0]既可以看作数组 0 行 0 列的首地址,同样还可以看作是二维数组的首地址,a[0]是第 0 行的首地址,当然也是数组的首地址。同理 a[n]就是第 n 行的首地址,&a[n][m]就是数组元素 a[n][m]的地址。

既然二维数组每行的首地址都可以用 a[n]来表示,就可以把二维数组看成是由 n 行一维数组构成,将每行的首地址传递给指针变量,行中的其余元素均可以由指针来表示。例如,二维数组的首地址为 2000,则 a+1 就为 2016,因为第 0 行共有 4 个各占 4B 的整型变量。因此 a+1 的含义就是 a[1]的地址,a+2 就是第 2 行的首地址。

我们定义的二维数组其元素类型为整型,每个元素在内存占 4B,若假定二维数组从1000 单元开始存放,则以按行存放的原则,每个数组元素在内存的存放地址为 1000~1016。

用地址法来表示数组各元素的地址。对元素 a[0][3],&a[0][3]是其地址,a[0]+3 也是其地址。分析 a[1]+1 与 a[1]+2 的地址关系,它们实际物理地址的差并非整数 1,而是一个数组元素的所占位置 2,原因是每个数组元素占 4B。对 0 行首地址与 1 行首地址 a 与a+1 来说,地址的差同样也并非整数 1,是一行,4 个元素占的字节数是 16。

由于数组元素在内存的连续存放,给指向整型变量的指针传递数组的首地址,则该指针指向二维数组。

```
int *p,a[3][4];
```

若赋值"p=a;",则用 p++就能访问数组的各个元素。

【案例 6-6】　输入输出二维数组的各元素。

(1) 用数组元素下标法。

```
#include<iostream.h>
void main()
{
    int a[3][3];
    int i,j;
    for(i=0;i<=2;i++)
        for(j=0;j<=2;j++)
```

```
            cin>>a[i][j];
    for(i=0;i<=2;i++)
    {
        for(j=0;j<=2;j++)
            cout<<"    "<<a[i][j];
        cout<<"\n";
    }
}
```

运行结果：

```
1 2 3 4 5 6 7 8 9↙
  1  2  3
  4  5  6
  7  8  9
```

（2）用指针法。

```
#include <iostream.h>
void main()
{
    int a[3][3], * p;
    int i,j;
    p=a[0];
    for(i=0;i<=2;i++)
        for(j=0;j<=2;j++)
            cin>> * p++;
    p=a[0];
    for(i=0;i<=2;i++)
    {
        for(j=0;j<=2;j++)
            cout<<"    "<< * p++;
        cout<<"\n";
    }
}
```

运行结果：

```
1 2 3 4 5 6 7 8 9↙
  1  2  3
  4  5  6
  7  8  9
```

6.4　指针与字符串

在前面已经详细讨论了字符数组与字符串，我们已经知道，可以用字符数组来处理字符串。字符指针也可以指向一个字符串，也可以用字符指针来处理字符串，可以用字符串常量对字符指针进行初始化。本节来讨论怎样用指针来处理字符串。

例如,有说明语句:

```
char * str="This is a string.";
```

是对字符指针进行初始化。此时,字符指针 str 存放的是一个字符串常量的首地址,即指向字符串的首字符。这里要注意字符指针与字符数组之间的区别。

例如,有定义语句:

```
char string[ ]="This is a string.";
```

此时,string 是字符数组,它存放了一个字符串。

字符指针 str 与字符数组 string 的区别:str 是一个变量,可以改变 str 使它指向不同的字符串,但不能改变 str 所指向的字符串常量。string 是一个数组,可以改变数组中保存的内容。

如果有:

```
char * str, * str1="This is another string.";
char string[100]="This is a string.";
```

则在程序中,可以使用如下语句:

```
str++;                              /* 指针 str 加 1,指向下一个字符 */
str="This is a new string.";        /* 使指针指向新的字符串常量 */
str=str1;                           /* 改变指针 str 的指向 */
strcpy(string, "This is a new string.")    /* 改变字符数组的内容 */
strcat(string, str)                 /* 进行串连接操作 */
```

在程序中,不能进行如下操作:

```
string++;          /* 不能对数组名 (常量)进行++运算,因为试图修改指针常量 string 的值 */
string="This is a new string.";    /* 错误的串操作,因为试图修改指针常量 string 的值 */
string=str1;          /* 对数组名 (常量)不能进行赋值,因为试图修改指针常量 string 的值 */
strcat(str, "This is a NEW string.");
                              /* 不能在 str 的后面进行串连接,可能会破坏其他数据 */
strcpy(str, string)                 /* 不能向 str 进行串复制,可能会破坏其他数据 */
```

字符指针与字符数组的区别在使用中要特别注意。

【案例 6-7】 用字符数组输出一个字符串。

```
#include <iostream.h>
main()
{
    char string[]="It is my life!";
    cout<<string;
}
```

运行结果:

```
It is my life!
```

string 是字符数组名,它代表数组的首地址。

下面用指针来处理这个问题。

```
#include <iostream.h>
main()
{
    char  * string="It is my life!";
    cout<<string;
}
```

运行结果:

```
It is my life!
```

在这个方法中,并未出现数组形式,但实质上编译器对字符串常量是按字符数组来处理的。把字符串的首地址赋予指向字符类型的指针变量。这里应说明的是,并不是把整个字符串装入指针变量,而是把存放该字符串的字符数组的首地址装入指针变量。

6.5 指针与函数

函数的概念与使用是 C++ 语言的重点之一,前面我们已经学习过函数的知识,在本节中,我们把重点放在函数与指针的关系及使用上。

1. 指针变量作为函数参数

函数的参数不仅可以是整型、浮点型、字符型等数据,还可以是指针类型。它的作用是将一个变量的地址传送到另一个函数中。指针变量作为函数参数和一般变量作为函数参数是有区别的,对于这种区别初学者一般都很迷惑。下面用一个简单的例子来说明一下它们的区别。

【案例 6-8】 对输入的两个整数按由小到大顺序输出,用函数处理。

根据前面所讲的函数的知识,读者可能会写出这样的程序:

```
#include <iostream.h>
void main()
{ int a,b;
  void exchange(int ,int);
  cout<<"请输入 2 个整数:";
  cin>>a>>b;
  if(a>b)exchange(a,b);
  cout<<"由小到大:"<<a<<","<<b;
}
void exchange(int x,int y)
{int t;t=x;x=y;y=t;}
```

运行情况:

```
请输入 2 个整数:55,12↙
由小到大:55,12
```

这并不是我们预想的结果,问题出在哪里?

有些读者这样认为,实参 a、b 传递给形参 x、y。在 exchange 函数里边,x、y 的值实现了交换,但 a、b 的值未变,所以这种方法是错误的,如图 6-7 所示。

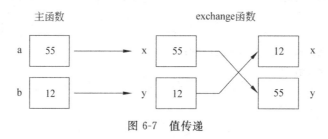

图 6-7 值传递

这些读者认为应把程序修改为

```cpp
#include <iostream.h>
void main()
{   int a,b;
    void exchange(int ,int);
    cout<<"请输入 2 个整数:";
    cin>>a>>b;
    if(a>b)exchange(a,b);
    cout<<"由小到大:"<<a<<","<<b;
}
void exchange(int a,int b)        /*此处形参的名字发生了变化*/
{   int t;
    t=a;
    a=b;
    b=t;
}
```

程序运行后,可发现结果仍然不对。

错在哪里?关键是这些读者没有搞清楚主函数中的实参 a、b 和 exchange 函数中的 a、b 根本不一回事,它们在内存中占据的内存单元的地址是不同的,尽管它们的名字相同。所以不管传递的数据是什么,原始的 a、b 始终未变。把这种一般变量作为函数参数传递的方式称为值传递。想要完成我们所需的操作,必须利用指针,进行地址传递,也就是指针变量作为函数参数来传递。

程序应修改为

```cpp
#include <iostream.h>
void main()
{   int a,b;
    int *pa,*pb;
    void exchange(int * ,int *);
    cout<<"请输入 2 个整数:\n";
    cin>>a>>b;
    pa=&a;
```

```
        pb=&b;
        if(* pa> * pb)exchange(pa,pb);
        cout<<"由小到大:"<< * pa<<","<<b;
}
void exchange(int * px,int * py)          /* 此处形参的名字和类型发生了变化 */
{
        int t;
        t= * px;
        * px= * py;
        * py=t;
}
```

运行情况:

请输入 2 个整数:

55,12↙

由小到大:12,55

程序运行结果是正确的。在调用函数 exchange 时,pa、pb 两个指针变量作为函数的实参传递给了形参 px、py,传递的是地址。

程序执行过程如图 6-8 所示。

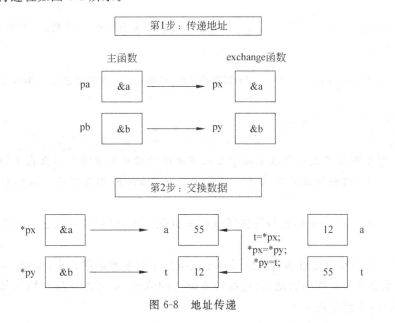

图 6-8 地址传递

用指针变量作为函数参数有很多优点。例如,在调用函数时,可能需要被调用函数带回多个"返回值",但是一个函数真正最多只能有一个返回值,没有学习指针之前,这个问题是无法解决的。

但是,现在用指针作为函数的参数可以在函数调用时使形参指针变量指向实参指针,此时如在函数修改形参指针变量所指向的存储单元内容相当于间接修改实参指针所指向的变量的值。从某种意义上说,似乎把在被调用函数中对变量的修改返回到了主调函数,可以利用这种方法在被调用函数中往主调函数带回多个"返回值"。

2. 数组作为函数参数

数组名就是数组的首地址,数组名作为实参向形参传递实际上就是传送该数组的地址,形参得到这个地址后也指向同一数组,也就是指向同一个存储空间。

这种方式是为了将首地址传递到函数中时使用。

想一想,一个函数需要对主函数或其他函数中的一个数组进行数据处理,那么,这个函数怎样才能得到它将要加工的这些数据(数组元素)呢? 按照值传递的方法,假设这个数组的长度为 10,那么就需要通过实参向形参传递 10 个数据(数组元素)。

无论如何,这个思路都不是一个好的解决问题的方法。学习了指针,我们知道数组的名字其实就是它的首地址。那么可以想象一下,如果让数组名作为实参传递给被调用函数的形参(应该是一个指针变量),那么,被调函数就拿到了它要处理的数据在内存中的地址。那么,问题很轻易地就被解决了,在这里我们应该充分体会一下运用指针带来的便利。

在这种方式下,在实参位置处写出数组名,在形参位置处写出数组名及其定义即可。例如:

```
void main()
{
    int a[10];                    /*定义一个数组 a*/
      ⋮
    f(a,10)                       /*调用函数,实参:a 为数组名;10 为数组的长度*/
      ⋮
}
f(int arr[],int n)                /*调用的函数,形参:arr[]为数组形式;n 为数组的长度*/
{
      ⋮
}
```

注意:形参不应该是一个准备接受数组首地址的指针变量吗? 那么在本例中形参却是数组形式 arr[]。这种写法是正确的。实际上,C++ 编译器都是将形参数组作为指针变量来处理的。

当然,f(int * arr,int n)这种写法接受起来直观一些,更容易让人感觉到传递的是地址而不是值。

当 arr 接受了实参组的首地址后,arr 就指向了实参数组的开头,也就是指向了 a[0],然后,按照前面章节介绍的方法,通过指针变量值的修改,就可以实现对数组每个元素的访问。例如,arr+1 就指向 a[1]。

注意:

(1) 用数组名作为函数参数,应该在主调函数和被调用函数中分别定义数组,分别在其所在函数中定义,不能只在一方定义。

(2) 实参数组和形参数组的类型应一致。如果不一致,则是错误的。

(3) 在被调用函数中声明了形参数组的大小,但在实际上,指定其大小是不起任何作用的,因为 C++ 编译器对形参数组的大小不做检查,只是将实参数组的首地址传给形参数组。

(4) 形参数组也可以不指定大小,在定义数组时在数组名后面跟一个空的方括号。有时为了在被调用函数中处理数组元素的需要,可以另设一个参数,传递需要处理的数组元素的个数。

(5) 用数组名作为函数实参时,不是把数组的值传递给形参,而是把实参数组的起始地址传递给形参数组,这样两个数组就共占用一段内存单元。由此可以看出,形参数组中各元素的值发生改变会使实参数组元素的值同时发生变化。

回过头来,我们再对本例程序的执行过程再来叙述一下,以加深读者的理解。

当 main 函数开始执行时,a 数组就已经产生,假设其首地址为 1000。当进行 f 函数调用时,只将 a 数组的首地址传递给形参变量 arr,此时 arr 的值也为地址 1000。同时由于 a 被定义成数组类型,所以在 f 函数中可以将变量 arr 看成一个数组名对数组进行操作,此时对 arr 数组的操作实际上等同于对 a 数组的操作。

【案例 6-9】 用指针作为函数参数,编程序求一维数组中的最大和最小的元素值。

```
#include <iostream.h>
#define N 10
maxmin(int * arr,int * pt1,int * pt2,int n)
{
    int i;
    * pt1= * pt2=arr[0];
    for(i=1;i<n;i++,arr++)
      {
        if( * arr> * pt1) * pt1= * arr ;
        if( * arr< * pt2) * pt2= * arr ;
      }
}

void main()
{
    int a[N]={2,85,14,-5,144,231,8,13,-78,127};
    int * p1, * p2;
    int x,y;
    p1=&x;
    p2=&y;
    maxmin(a,p1,p2,N);
    cout<< "max="<<x<<"\nmin="<<y;
}
```

运行结果:

```
max=231
min=-78
```

3. 指向函数的指针

指针既可以指向变量、数组和字符串,也可以指向函数。

指向函数的指针定义一般形式如下:

```
<类型说明符>(*<函数指针变量>)();
```

函数是具有执行特定功能的子程序,编译后,它的执行代码分配在代码段,而其参数及变量则在堆栈段,因而主程序调用函数时,实际上就是将程序执行地址转移为函数在代码段的入口地址去执行,当遇到返回指令时(表示该程序结束),程序便返回到主调函数的断点处,又继续执行。

既然函数有确定的入口地址(实际上函数名就代表了它的入口地址),因而可以用指针指向它,这个指针又称为函数指针。

所谓函数的指针指的是函数的入口地址,可以认为是函数第一个可执行性指令所在存储单元的地址,在 C 语言中用函数名标识函数的入口地址,即函数的指针,这一点与数组有相似之处,但与数组不同,在数组中,可以考虑数组元素的地址,而在函数中,除了考虑函数的入口地址以外,不考虑函数中某具体指令或数据所在存储单元的地址。

通过指向函数的指针变量也可以间接调用相应的函数,需要注意的是,让一个指向函数的指针变量指向某一函数时,只需将函数的函数名赋予该指针变量。例如:

```
#include <stdio.h>
void main()
{
    int fun();
    int(*p)();
    p=fun
}
fun()
{
    ⋮
}
```

其中,int(*p)()表示 p 是一个指向整型函数的指针,而 p=fun,则将函数地址赋给该指针。当调用 fun 函数时,若用指针方式可写成"c=(*p)();"。

【案例 6-10】 用指针方法调用求绝对值的函数。

```
#include <iostream.h>
int ab(int x)
{   if(x<0)x=-x;
    return x;
}
void main()
{   int(*p)(int x);
    int a,c;
    p=ab;
    cin>>a;
    c=(*p)(a);
    cout<<"a="<<a<<",|a|="<<c;
}
```

执行过程：

输入:-8↙
输出:a=-8,|a|=8

4. 指针数组与指向指针的指针

1）指针数组

指针数组是其元素为指针的数组。

一维数组定义的一般形式如下：

类型说明符 * 数组名[数组长度]

其中,类型说明符为指针值所指向的变量的类型。例如：

```
int a=1,b=2,c=3;
int * p[3]={&a, &b, &c};
```

其中,下标运算符[ ]的优先级高于指针运算符 *,因此 p 先与[3]结合,表示这是一个长度为 3 的数组。然后再与 * 结合,表示这是一个指针类型的数组,它的每一个元素都是一个指针,分别指向了变量 a、b、c,如图 6-9 所示。

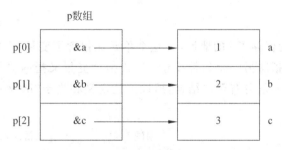

图 6-9 指针数组

与普通数组的规定一样,指针数组在一定的内存区域中分配连续的存储空间,指针数组名就表示该指针数组的首地址。

指针数组举例见案例 6-11。

【案例 6-11】 5 个整数求和。

```
#include <iostream.h>          /* s=a+b+c+d+e */
void main()
{
    int a,b,c,d,e;
    int i,s=0;
    int * p[5];
    p[0]=&a;p[1]=&b;p[2]=&c;p[3]=&d;p[4]=&e;
    cout<<"请输入 5 个整数:";
    for(i=0;i<5;i++)
        cin>> * p[i];
    cout<<"\n";
    for(i=0;i<5;i++)
```

```
        s=s+ * p[i];
    cout<<"s="<<s;
}
```

运行结果：

请输入 5 个整数：

1 2 3 4 5↙

s=15

2）指向指针的指针

一个指针变量可以指向变量、数组、函数，也可以指向指针类型变量。当这种指针变量用于指向指针类型变量时，称为指向指针的指针变量。

指向指针的指针变量定义的一般形式如下：

类型说明符 ＊＊指针变量名；

例如：

```
int i=10;
int * p1=&i;
int * * p=&p1;
```

以上 p1 这个单元保存了 i 的地址，p 这个单元又包含了变量 p1 的地址。其含义为定义一个指针变量 p 它指向另一个指针变量 p1（该指针变量又指向另外一个普通整型变量 i）。由于指针运算符 ＊ 是自右至左结合，所以上述定义相当于"int ＊（＊p）；"，以上过程如图 6-10 所示。

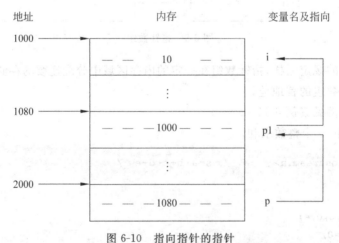

图 6-10　指向指针的指针

【案例 6-12】　用指向指针的指针变量访问一维数组和二维数组。

```
#include <iostream.h>
void main()
{
    int a[10],b[3][4], * p1, * p2, * * p3,i,j;
```

```
    cout<<"请输入数组 a[10]的 10 个元素:";
    for(i=0;i<10;i++)
        cin>>a[i];
    cout<<"请输入数组 b[3][3]的 9 个元素:";
        for(i=0;i<3;i++)
            for(j=0;j<3;j++)
                cin>>b[i][j];
        for(p1=a;p1-a<10;p1++)     /*用指向指针的指针变量输出一维数组*/
        {
            p3=&p1;
            cout<<"    "<< * * p3;
        }
        cout<<"\n";
        for(i=0;i<3;i++)           /*用指向指针的指针变量输出二维数组*/
        {
            p2=b[i];
            for(p2=b[i];p2-b[i]<3;p2++)
            {
            p3=&p2;
            cout<<"    "<< * * p3;
            }
            cout<<"\n";
        }
    }
}
```

运行结果:

请输入数组 a[10]的 10 个元素:
0 1 2 3 4 5 6 7 8 9↙
请输入数组 b[3][3]的 9 个元素:
1 2 3 4 5 6 7 8 9↙
  0 1 2 3 4 5 6 7 8 9
  1 2 3
  4 5 6
  7 8 9

6.6 引 用 类 型

引用实际上是为变量建立一个别名。引用定义一般形式如下:

类型 & 变量=变量;

这里的"类型"可以是基本的数据类型,也可以是自己定义的类型,赋值号左边的"变量"是引用变量名,它是赋值号右边"变量"的别名。

引用变量只是它所引用变量的别名,对它的操作与对原来变量的操作具有相同作用。例如:

```
int i=0;
int &ref=i;
ref=2;
```

上面的语句首先定义了一个整型变量 i 和一个引用变量 ref，它是变量 i 的别名。所以对 i 的操作和对 ref 的操作的结果完全一样。语句"ref＝2；"把 2 赋值给 ref，实际上也改变了 i 的值。需要注意的是，引用必须在定义时初始化，如果先定义后赋值编译时会出错。例如，下面的定义是错误的：

```
float  &n2;                          //非法,引用没有初始化
n2=n1;
```

引用可用常量来初始化，此时，常量会被复制，引用与其复制值保持一致：

```
int &n=1;                            //n 取 1 的复制值
```

其实，引用作为另一个变量的别名用处不是很大，除非变量名很长。引用最重要的用处是作为函数的参数。函数参数传递有值传递和引用传递两种方式。用引用作为函数参数，是引用传递方式。以交换两个变量值的函数定义为例，可以有如下 3 种形式。

```
void swap1(int x,int y)           //值传递
{
    int temp=x;
    x=y;
    y=temp;
}

void swap2(int * x,int * y)       //指针传递
{
    int temp= * x;
    * x= * y;
    * y=temp;
}
void swap3(int &x,int &y)         //引用传递
{
    int temp=x;
    x=y;
    y=temp;
}
```

在上面的 3 个函数中，虽然 swap1 交换了 x 和 y，但并不影响传入该函数的实参，因为实参传给形参时被复制，实参和形参分别占用不同的存储单元。swap2 使用指针作为参数克服了 swap1 的问题，当实参传给形参时，指针本身被复制，而函数中交换的是指针指向的内容。当 swap2 返回后，两个实参可以达到交换的目的。swap3 通过使用引用参数克服了swap1 的问题，形参是对应实参的别名，当形参交换以后，实参也就交换了。

下面的 main 函数说明调用 3 个函数时的区别。

【案例 6-13】 上例 3 个函数调用时的区别。

```
#include <iostream.h>
void swap1(int x, int y)              //值传递
{
    int temp=x;
    x=y;
    y=temp;
}
void swap2(int * x, int * y)          //引用传递(指针)
{
    int temp= * x;
    * x= * y;
    * y=temp;
}
void swap3(int &x, int &y)            //引用传递
{
    int temp=x;
    x=y;
    y=temp;
}

void main(void)
{
    int i=10, j=20;
    swap1(i,j);
    cout <<i <<"," <<j <<'\n';
    swap2(&i,&j);
    cout <<i <<"," <<j <<'\n';
    swap3(i,j);
    cout <<i <<"," <<j <<'\n';
}
```

运行结果:

```
10,20
20,10
10,20
```

【案例 6-14】 关于引用使用的例子。

```
#include <iostream.h>
int main()
{
    int a;
    int &ref=a;
    a=10;
```

```
        cout<<a<<"---"<<ref<<endl;
        a=100;
        cout<<a<<"---"<<ref<<endl;
        int b=20;
        ref=b;                          //把 b 的值赋给 a
        cout<<a<<"---"<<ref<<endl;
        ref--;
        cout<<a<<"---"<<ref<<endl;
        return 0;
    }
```

运行结果：

```
10---10
100---100
20---20
19---19
```

程序中定义了一个引用变量 ref,它实际上是整型变量 a 的一个别名。对 ref 的任何操作等价于对 a 的操作。

习　　题

一、选择题

1. 在"int a＝5,＊p＝＆a;"语句中,＊p 的值是(　　　)。

    A. 变量 a 的地址　　　　　　　　　　B. 无意义

    C. 变量 p 的地址值　　　　　　　　　 D. 5

2. 对于语句"int ＊p[5];"的描述,(　　　)是正确的。

    A. p 是一个指向数组的指针,所指向的数组是 5 个 int 型元素

    B. p 是一个指向某数组中第 5 个元素的指针,该元素是 int 型变量

    C. p[5]表示某个数组的第 5 个元素

    D. p 是一个具有 5 个元素的指针数组,每个元素是一个 int 型指针

3. 若有"char ＊a[2]＝{"asdf","ASDF"};",则下面的表述正确的是(　　　)。

    A. a 数组元素的值分别是"asdf"和"ASDF"

    B. a 是指针变量,它指向含有两个数组元素的字符型一维数组

    C. a 数组的两个元素 a[1]、a[2]分别存放的是含有 4 个字符的一维字符数组的首地址

    D. a 数组的两个元素中各自存放了字符'a'和'A'的地址

4. 若有说明"int i,j＝7,＊p;p＝＆i;",则与 i＝j 等价的语句是(　　　)。

    A. i＝＊p;　　　　　B. ＊p＝＊＆j;　　　　C. i＝＆j　　　　　D. i＝＊＊p;

5. 设 p1 和 p2 是指向同一个 int 型一维数组的指针变量,k 为 int 型变量,则不能正确执行的语句是(　　　)。

    A. k＝＊p1＋＊p2;　　　　　　　　　 B. p2＝k;

    C. p1＝p2；   D. k＝＊p1＊(＊p2)；

二、填空题

1. 若有"int a[6]，＊P＝a；"，则数组元素 a[3]可以表示为＊(p＋_____)或 p[_____]。

2. 若有：

```
char * s="1234567";
S+=3;
```

则此时"cout＜＜s；"的输出结果为_____。

若有：

```
char * s="1234567";
S+=3;
```

则此时"cout＜＜s；"的输出结果为_____。

3. 函数指针是函数在内存中的_____，在程序中，用_____表示。

三、阅读下面的程序，指出程序的输出结果。

1.

```
#include <iostream.h>
void  main()
{   char s[]="abcd";
    char * p;
    for(p=s;p<s+4;p++)
        cout<<p;
}
```

2.

```
#include <iostream.h>
void main()
{   int a[]={1,2,3,4,5};
    int * p;
    p=a;
    cout<< * p<< * (++p)<< * ++p<< * (p--)<<"\n";
    cout<< * p<< * (a+2);
}
```

3.

```
#include <iostream.h>
void main()
{
    int * v,b;
    v=&b; b=100; * v+=b;
    cout<<b<<endl;
}
```

4.

```cpp
#include <iostream.h>
void ast(int x,int y,int * cp,int * dp)
{
    * cp=x * y;
    * dp=x%y;
}
void main()
{
    int a,b,c,d;
    a=2; b=3;
    ast(a,b,&c,&d);
    cout<<"c="<<c<<"d="<<d;
}
```

5.

```cpp
#include <iostream.h>
void main()
{
    int a=10,b=0, * pa, * pb;
    pa=&a; pb=&b;
    cout<<setw(4)<<a<<setw(4)<<b;
    cout<<setw(4)<< * pa<<setw(4)<< * pb;
    a=20; b=30;
     * pa=a++; * pb=b++;
    cout<<setw(4)<<a<<setw(4)<<b;
    cout<<setw(4)<< * pa<<setw(4)<< * pb;
    ( * pa)++;
    ( * pb)++;
    cout<<setw(4)<<a<<setw(4)<<b;
    cout<<setw(4)<< * pa<<setw(4)<< * pb;
}
```

四、编程题

1. 用指向数组的指针实现从键盘输入 10 个整型数,找出其中的最小值。

2. 将二维数组 a 的各行中前两个数组元素的值求和输出。

3. 写一个函数,求一个字符串的长度,在 main 函数中输入字符串,并输出其长度。

4. 从键盘输入一任意字符串,然后,输入所要查找的字符。存在则返回它第一次在字符串中出现的位置;否则,输出"在字符串中查找不到!"。

5. 利用指针数组输出以下内容。

```
China
France
Germany
Korea
```

6. 编写程序将一个 3×3 的矩阵转置(行列互换)。

第7章 构造数据类型

【学习目标】

- 了解共用体变量的定义和引用。
- 理解枚举类型的定义和引用。
- 掌握结构类型的定义方法、结构类型变量的定义、引用和初始化。

前面介绍的数据类型(整型、浮点型、字符型)都称为基本类型。在实际应用中,对数据的处理要求千变万化,仅依赖于已有的基本数据类型是不够的,因此,C++提供了构造数据类型。

构造数据类型是基本数据类型的组合,根据已定义的一个或多个数据类型用构造的方法来进行定义。也就是说,一个构造数据类型的值可以分解成若干个"成员"或"元素",每一个"成员"都是一个基本数据类型或一个构造数据类型。

本章将介绍枚举、结构、共用体数据类型的定义及使用方法。

7.1 结 构 类 型

"结构"是一种构造类型,它是由若干"成员"组成的。每一个成员可以是一个基本数据类型或者又是一个构造类型。结构既然是一种"构造"而成的数据类型,那么在说明和使用之前必须先定义它,也就是构造它。如同在调用函数之前要先定义函数一样。

例如,个人通讯地址表:

```
struct addr
{
    char name[20];                    /* 名称 */
    char department[30];              /* 部门 */
    char address[30];                 /* 住址 */
    int fax;                          /* 传真 */
    long box;                         /* 邮编 */
    long phone;                       /* 电话号码 */
    char email[30];                   /* E-mail */
};
```

name(名称)、department(部门)、address(住址)、fax(传真)、box(邮编)、phone(电话号码)、email(E-mail)这7个量不是孤立的,它们都是属于"某一个人"的联系方式。如果按照以前所学的知识,分别定义7个不同的变量或数组,不能反映它们的内在联系,处理起来也不方便。在这里,我们把这7个量放在了一个"结构体"addr当中,这样就可以把它们作为一个有机整体来处理。

再如,日期:

```
struct date
{
    int year;
    int month;
    int day;
};
```

定义一个结构的一般形式为

```
struct 结构体名
{
    成员列表
};
```

其中,struct 是一个关键字,用来定义具体结构体类型。

"结构体名"用作结构体类型的标志,它又称为"结构体标记"(structure tag)。它是定义的类型名,而不是变量名。就像整型的类型名为 int,单精度实型的类型名为 double,字符型的类型名为 char,只不过整型、单精度实型、字符型等基本数据类型是 C++ 编译系统已经定义的,用户可以直接用它们来定义相应类型的变量,而结构体类型是用户根据数据处理的需要临时定义的一种类型。

成员列表由若干个成员组成,每个成员都是该结构的一个组成部分。对每个成员也必须进行类型说明,其形式为

类型名 成员名

例如:

```
struct stu
{
    int num;
    char name[20];
    char sex;
    float score;
};
```

在这个结构体定义中,结构名为 stu,该结构由 4 个成员组成。第一个成员为 num,为整型变量;第二个成员为 name,为字符数组;第三个成员为 sex,为字符变量;第四个成员为 score,为实型变量。应注意在括号后的分号是不可少的。结构定义之后,即可进行变量说明。凡说明为结构 stu 的变量都由上述 4 个成员组成。由此可见,结构体是一种复杂的数据类型。C++ 中,允许将不同类型的数据组合成一个有机的整体,这些数据相互联系,这种数据结构称为结构体(structure)。

我们定义了一个结构体类型,像 int 等一样,它相当于一个框架,其中并无具体数据,系统对之不分配实际内存单元。实际应用中,我们需要使用结构体类型的数据,所以要使用已经定义过的结构体类型来定义结构体类型的变量,并在其中存放具体的数据。定义结构体类型变量可以采用以下 3 种方法。

1. 先定义结构体类型,再定义结构体类型变量

例如:

```
struct stu
{
    int num;
    char name[20];
    char sex;
    float score;
};
struct stu student1,student2;
```

其中,stu 是定义的结构体类型,而 student1、student2 是 stu 类型的变量,这种类型是编程者自己构造的。这样,student1、student2 就拥有了 stu 类型的结构,如表 7-1 所示。

表 7-1 结构体类型

结构体类型 stu	num	name[20]	sex	score
变量 1:student1	1010001	张平	男	78.5
变量 2:student2	1010025	李飞	男	89

在定义了结构体变量之后,系统就会给变量分配内存单元,例如,student1、student2 在内存中就各占 32B。

2. 在定义结构类型的同时说明结构变量

上面这种定义结构体类型变量的方法,是将定义结构体类型与定义结构体类型变量分开进行的。C++ 语言还允许在定义结构体类型的同时定义结构体类型变量。

这种定义的一般形式为

```
struct 结构名
{
    成员列表
}变量名列表;
```

例如:

```
struct stu
{
    int num;
    char name[20];
    char sex;
    float score;
}student1,student2;
```

在这个定义过程中,定义结构体类型 stu 的同时,又定义了属于结构体类型 stu 的两个变量 student1、student2。

3. 直接定义结构体类型变量

这种定义的一般形式为

```
struct
{
    成员列表
}变量名列表;
```

例如：

```
struct
{
    int num;
    char name[20];
    char sex;
    float score;
}student1,student2;
```

第三种方法与第二种方法的区别在于第三种方法中省去了结构名,而直接给出结构变量。

但是在使用第三种方法时,由于没有定义结构体类型名,因此,在程序中就不能再定义这种类型的其他变量了。

说明了 student1、student2 变量为 stu 类型后,即可向这两个变量中的各个成员赋值。在上述 stu 结构定义中,所有的成员都是基本数据类型或数组类型。

成员也可以是一个结构体变量,即构成了嵌套的结构。

例如：

```
struct score
{
    float c;                         /* C 语言 */
    float mcu;                       /* 单片机 */
    float sensor;                    /* 传感器 */
    char pe;                         /* 体育课(优、良等) */
};
struct stu
{
    char grade[20];                  /* 班级 */
    long num;                        /* 学号 */
    char name[20];                   /* 姓名 */
    char sex;
    int age;
    struct score s;
} student1,student2;
```

首先定义一个结构 score,由 c(C 语言)、mcu(单片机)、sensor(传感器)、pe(体育课) 4 个成员组成。在定义并说明结构体类型变量 student1、student2 时,其中的成员 s 被定义为 score 结构体类型变量。成员名可与程序中其他变量同名,互不干扰。结构体如表 7-2 所示。

表 7-2　结构体

结构体类型 stu 变量	grade	num	name	sex	age	s			
						c	mcu	sensor	pe
student1	电气 073	10010031	张成	男	19	78.5	93	87	良
student2	电气 073	10010045	李元	男	18	87	69	77	优

　　最后需要指出的是,结构体类型的定义与普通变量定义的作用域是相同的,即如果在函数体外定义了一个结构体类型,那么从定义位置开始到整个程序文件结束之间的所有函数中都可以定义该类型的变量;但在函数体内定义的结构体类型,只能在该函数体内定义该类型的变量。

　　另外,定义结构体类型和定义结构体类型变量是不同的,注意不要混淆。只能对变量赋值、运算,而不能对一个类型做出这样的处理。

　　结构体类型变量中的成员可以单独使用,它相当于普通变量。

　　【案例 7-1】　结构体类型变量的初始化。

```
#include <iostream.h>
void main()
{
    struct stu
    {
        long num;
        char name[20];
        char sex;
        char grade[20];
    }s1={10010031,"张成",'M',"电气 073"};
    cout<<"num:"<<s1.num<<"\nname:"<<s1.name;
    cout<<"\nsex:"<<s1.sex<<"\ngrade:"<<s1.grade;
}
```

　　运行结果:

```
num:10010031
name:张成
sex:M
grade:电气 073
```

　　一个结构体变量可以存放一组数据,但是单个的结构体类型变量在解决实际问题时作用不大,一般是以结构体类型数组的形式出现。

　　结构体类型数组的定义形式为

```
struct stu
{
    char name[20];                      /*学生姓名 */
    char sex;                           /*性别 */
    long num;                           /*学号 */
```

```
    float score[3];                              /* 三科考试成绩 */
};
struct stu s[20];
```

上面定义了关于学生情况的结构体类型数组 s,该数组有 20 个结构体类型元素。可以存放 20 个学生的情况。每个学生的情况包括姓名(name)、性别(sex)、学号(num)和 3 门功课的成绩(score[3]),如表 7-3 所示。

表 7-3　学生结构体

	name	sex	num	score		
s[0]	赵东	男	1001100	67	85	87
s[1]	李刚	男	1001108	74	92	66
s[2]	王城	男	1001154	84	87	78
s[i]	⋮	⋮	⋮	⋮	⋮	⋮
s[19]	李芳	女	1001187	82	74	86

也可以直接定义结构体数组。例如:

```
struct stu
{
    char name[20];
    char sex;
    long num;
    float score[3];
} s[20];
```

或

```
struct
{
    char name[20];
    char sex;
    long num;
    float score[3];
} s[20];
```

其数组元素各成员的引用形式为

```
s[0].name、s[0].sex、s[0].score[i];
s[1].name、s[1].sex、s[1].score[i];
⋮
s[19].name、s[19].sex、s[19].score[i];
```

【案例 7-2】　设某班有 10 个人,每个人的情况除班级、姓名、学号、性别外,还有三科成绩,如表 7-4 所示。编程实现求出单科平均成绩,并求解出每个人的三科平均成绩,并输出。

表 7-4　含有 10 个人的结构体

班级	姓名	学号	性别	成　　绩		
				c	mcu	sensor
电气 01	楚明	1001	男	76	87	67
电气 01	李宏	1002	男	47	82	84
电气 01	方丽	1003	女	82	73	79
电气 01	赵芳	1004	女	67	79	68
电气 01	胡佳	1005	男	78	54	62
电气 01	周琦	1006	男	91	87	93
电气 01	陈曦	1007	女	96	86	92
电气 01	刘强	1008	男	85	79	58
电气 01	曾萌	1009	女	67	74	68
电气 01	孙刚	1010	男	74	71	87

```
#include <iostream.h>
#include <iomanip.h>
void main()
{
    int i,j;
    float sum;
    float c_ave,mcu_ave,sensor_ave;
    struct stu
    {
        char grade[10];
        int num;
        char name[10];
        char sex;
        float score[4];                    /* score[3]用来存放每个人的 3 科平均成绩 */
    }s[10]=
        {{"电气 01",1001,"楚明",'M',76,87,67},{"电气 01",1002,"李宏",'M',47,82,84},
         {"电气 01",1003,"方丽",'F',82,73,79},{"电气 01",1004,"赵芳",'F',67,79,68},
         {"电气 01",1005,"胡佳",'M',78,54,62},{"电气 01",1006,"周琦",'M',91,87,93},
         {"电气 01",1007,"陈曦",'F',96,86,92},{"电气 01",1008,"刘强",'M',85,79,58},
         {"电气 01",1009,"曾萌",'F',67,74,68},{"电气 01",1010,"孙刚",'M',74,71,87}};
    /* 分别计算 3 门课的平均成绩 */
    for(sum=0,i=0;i<10;i++)
        sum=sum+s[i].score[0];
    c_ave=sum/10;
    for(sum=0,i=0;i<10;i++)
        sum=sum+s[i].score[1];
    mcu_ave=sum/10;
```

```
for(sum=0,i=0;i<10;i++)
    sum=sum+s[i].score[2];
sensor_ave=sum/10;
/*分别计算每个人的3门课的平均成绩*/
for(i=0;i<10;i++)
{
    for(sum=0,j=0;j<3;j++)
        sum=sum+s[i].score[j];
    s[i].score[3]=sum/3;
}
/*输出*/
cout<<"c_ave="<<c_ave<<"\tmcu_ave="<<mcu_ave<<"\tsensor_
ave="<<sensor_
ave<<"\n";
cout<<" 班级      学号    姓名    性别   C    MCU    SENSOR    平均成绩\n";
for(i=0;i<10;i++)
{   cout<<setw(-10)<<s[i].grade<<setw(9)<<s[i].num<<setw(8)<<s[i].name;
    cout <<setw(6)<<s[i].sex;
    cout<<setiosflags(ios::fixed)<<setprecision(1);
    cout<<setw(7)<<s[i].score[0]<<setw(7)<<s[i].score[1]<<setw(9)<<s[i].
    score[2]<<setw(10)<<s[i].score[3];
    cout<<"\n";
}
}
```

运行结果：

c_ave=76.30   mcu_ave=77.20   sensor_ave=75.80

班级	学号	姓名	性别	C	MCU	SENSOR	平均成绩
电气01	1001	楚明	M	76.0	87.0	67.0	76.7
电气01	1002	李宏	M	47.0	82.0	84.0	71.0
电气01	1003	方丽	F	82.0	73.0	79.0	78.0
电气01	1004	赵芳	F	67.0	79.0	68.0	71.3
电气01	1005	胡佳	M	78.0	54.0	62.0	64.7
电气01	1006	周琦	M	91.0	87.0	93.0	90.3
电气01	1007	陈曦	F	96.0	86.0	92.0	91.3
电气01	1008	刘强	M	85.0	79.0	58.0	74.0
电气01	1009	曾萌	F	67.0	74.0	68.0	69.7
电气01	1010	孙刚	M	74.0	71.0	87.0	77.3

本例中的 setiosflags(ios::fixed)的作用是设置浮点数以固定的小数位显示。setprecision(n)的作用是设置浮点数的精度为 n 位，一般以十进制形式输出时，n 代表有效数字；在以 fixed 形式输出时，n 为小数位数。

由于这些格式控制函数原型在 iomanip.h 文件中，所以在程序开始必须增加#include <iomanip.h>。

7.2 共用体类型

共用体又称为联合体,它也是一种构造类型的数据结构。共用体类似于结构,其定义和使用方式与结构相同。共用体和结构之间的区别在于,同一时间内,只有一个成员可用。原因很简单:共用体的所有成员占用的是同一个内存区域,它们互相覆盖。

共用体的定义和声明方式与结构相同。唯一的区别在于,声明时使用关键字 union,而不是 struct。

1. 共用体类型的定义

定义一个共用体类型的一般形式为

```
union 共用体名
  {
    成员表列
  }变量表列;
```

成员表中含有若干成员,成员的一般形式为

```
类型说明符    成员名;
```

例如:

```
union stu
{
    int num;
    char c;
    float s;
}s1,s2;
```

和结构体一样,可以将类型声明和变量定义分开写:

```
union stu
{
    int num;
    char c;
    float s;
};
union stu s1,s2;
```

可以在定义时对共用体变量进行初始化。由于同一时间内只有一个成员可用,因此只能初始化一个成员。为避免混淆,只允许初始化共用体的第一个成员。

2. 共用体变量的引用方式

使用共用体的方式和使用结构体成员相同,通过成员运算符(.)实现。例如:

```
s1.num=1001
s1.c='M';
s1.s=78.5;
```

但有一个很重要的区别,即同一时间内,只能存取共用体的一个成员。由于共用体存储成员时将相互覆盖,因此每次只能存储一个成员,这非常重要。所以,共用体变量中起作用的成员是最后一次存放的成员,在存入一个新的成员后原有的成员就失去作用。例如:

```
s1.num=1001
s1.c='M';
s1.s=78.5;
```

在完成以上 3 个赋值运算后,只有 s1.s 是有效的,前面两个已经无意义了。

共用体变量的地址和它的各成员的地址都是同一地址。例如:

```
&s1=&s1.num=&s1.c=&s1.s
```

【案例 7-3】 对共用体变量的使用。

```cpp
#include <iostream.h>
void main()
{
    union data
    {
        int a;
        float b;
        double c;
        char d;
    } d1;
    d1.a=6 ;
    cout<<d1.a<<"\n";
    d1.c=2.1;
    cout<<d1.c<<"\n";
    d1.d='W' ;
    d1.b=58;
    cout<<d1.b<<d1.d<<"\n" ;
    cout<<"共用体变量 d1 共占"<<sizeof(d1)<<"个字节";
}
```

运行结果:

```
6
2.1
58
共用体变量 d1 共占 8 个字节
```

程序中"cout<<d1.b<<d1.d<<"\n" ;"这一行的输出是人们无法预料的。其原因是连续做"d1.d='W' ;d1.b=58;"两个连续的赋值语句最终使共用体变量的成员 d1.b 所占 4B 被写入 58,而写入的字符被覆盖了。

由于共用体的每个成员都被存储在同一个内存单元中,因此存储共用体所需的空间为其最大成员的长度。

所以在程序的最后用函数 sizeof 测试共用体变量 d1 的长度时,输出结果为 8B,正是 double 类型数据所占用的存储空间。

7.3 枚 举 类 型

在实际问题中,有些变量的取值被限定在一个有限的范围内。例如,一个星期内只有 7 天,一年只有 12 个月,可见光只有红、橙、黄、绿、蓝、靛、紫 7 种颜色等。为此,C++ 语言提供了一种称为"枚举"的类型。在"枚举"类型的定义中列举出所有可能的取值,被说明为该 "枚举"类型的变量取值不能超过定义的范围。应该说明的是,枚举类型是一种基本数据类型,而不是一种构造类型,因为它不能再分解为任何基本类型。

定义枚举类型用 enum 开头,定义的一般形式为

enum 枚举名{枚举值表};

在枚举值表中应列出变量的所有可用值。这些值也称为枚举元素。例如:

```
enum weekday
{
    sun,mon,tue,wed,thu,fri,sat
};
```

该枚举名为 weekday,枚举值共有 7 个,即一周中的 7 天。凡被定义为 weekday 类型变量的取值只能是枚举元素的其中之一。

同结构和联合一样,枚举变量的定义有以下 3 种方法。

1. 先定义枚举类型,再定义变量

```
enum weekday { sun,mon,tue,wed,thu,fri,sat };
enum weekday a,b;
```

2. 定义枚举类型的同时定义变量

```
enum weekday { sun,mon,tue,wed,thu,fri,sat }a,b;
```

3. 直接定义枚举类型变量

```
enum { sun,mon,tue,wed,thu,fri,sat }a,b,c;
```

枚举类型在使用中有以下规定。

(1) 枚举值是常量,不是变量。不能在程序中用赋值语句再对它赋值。

例如,以下操作是错误的赋值:

```
sun=7;
tue=2;
sun=tue;
```

(2) 枚举元素本身由系统定义了一个表示序号的数值,从 0 开始顺序定义为 0、1、2…例如,在 weekday 中,sun 值为 0,mon 值为 1,……,sat 值为 6。

【案例 7-4】 枚举类型变量的基本操作。

```
#include <iostream.h>
void main()
{
    enum weekday { sun,mon,tue,wed,thu,fri,sat } a,b,c;
    a=sun;
    b=mon;
    c=sat;
    cout<<a<<","<<b<<","<<c;
}
```

运行结果：

0,1,6

说明：

(1) 只能把枚举值赋予枚举变量，不能把元素的数值直接赋予枚举变量。例如，"a＝sum；b＝mon；"是正确的，而"a＝0；b＝1；"是错误的。

如一定要把数值赋予枚举变量，则必须用强制类型转换。例如：

a= (enum weekday)2;   /＊其意义是将顺序号为 2 的枚举元素赋予枚举变量 a＊/

相当于：

a=tue;

(2) 还应该说明的是枚举元素不是字符常量也不是字符串常量，使用时不加单、双引号。

习　　题

一、选择题

1. 若有如下定义，则下列对成员变量 a 的访问，不合法的是(　　　)。

```
struct AA{
    int a,b;
}st, * p=&st;
```

   A. （＊p）. a　　　　　B. ＊p. a　　　　　C. p—>a　　　　　D. st. a

2. 若有以下结构体的定义：

```
struct Student{
    int num;
    char name[8];
    double score;
}stu, * p=&stu,stu2;
```

下列语句中，(　　　)是错误的。

   A. stu. num＝10　　　　　　　　　　　　　B. stu＝"LiFeng"

C. p—>score＝87.5   D. stu2＝ stu1

3. 若有如下函数原型的定义：

```
void fun(Student * S,int n);
```

Student 是结构体类型名，stu 是结构体类型的变量，* p 是指向 stu 变量的指针，下列调用合法的是（   ）。

A. fun(stu,5)   B. fun(&stu,5)

C. fun(* p,5)   D. fun(Studentstu,5)

4. 若有以下程序代码：

```
#include <iostream.h>
void main()
{
    union BB{
        int n;   char c;
    }s;
    s.n=65;
    cout<<s.n<<"  "<<s.c<<endl;
}
```

则该程序的输出结果是（   ）。

A. 65 A   B. 65 65   C. A A   D. A 65

二、填空题

1. _____中的每一个元素必须是同一种数据类型，_____中允许将不同类型的数据组合成一种数据结构。

2. _____变量中，变量的地址和它的各成员地址是同一个地址。

3. 枚举变量的值是一个_____值。

4. 有如下结构体的定义：

```
struct AA{
int * a,b;
char  c;
};
```

则 sizeof(AA)的值是_____。

5. 有如下联合体的定义：

```
union DD{
    int d;
    double e;
    char f[6];
);
```

则 sizeof(DD)的值是_____。

三、阅读下面的程序,指出程序的输出结果。

1.

```cpp
#include <iostream.h>
struct score
{   int math,english,computer;float average;};
void main()
{
    struct score st;
    st.math=80;
    st.english=85;
    st.computer=90;
    st.average=float(st.math+st.english+st.computer)/3;
    cout<<"math:"<<st.math<<endl;
    cout<<"english:"<<st.english<<endl;
    cout<<"computer:"<<st.computer<<endl;
    cout<<"average:"<<st.average<<endl;
}
```

2.

```cpp
#include <iostream.h>
union type
{   short i;char ch;};
void main()
{
    union type data;
    data.i=0x5566;
    cout<<"data.i="<<hex<<data.i<<endl;
    data.ch='A';
    cout<<"data.ch="<<data.ch<<endl;
    cout<<"data.i="<<hex<<data.i<<endl;
}
```

四、定义结构体建立一个通讯录,内容包括姓名、电话、E-mail、工作单位 4 个成员。

五、对上题定义的结构体变量进行初始化并输出。

六、有 4 个学生,3 门课,要求编程实现:

(1) 求出每门课平均成绩。

(2) 求出每个学生的平均成绩,并按由低到高的顺序输出。

(3) 输出有不及格成绩的学生姓名。

七、输入 10 个学生的姓名、学号和成绩,将其中不及格者的姓名、学号和成绩输出。

八、定义一个结构变量(包括年、月、日)。计算该日在本年中是第几天。

第三篇

实　用　篇

第8章 类和对象

【学习目标】
- 掌握类和对象的概念,掌握类的定义、对象的定义和初始化。
- 理解类中成员的访问控制,理解公有、私有和保护成员的区别。
- 掌握构造函数和析构函数的含义与作用、定义方式和实现。
- 理解继承与派生的含义。
- 掌握派生类的定义方法和实现,理解派生类中构造函数的定义与调用。
- 理解公有继承下基类成员在派生类中的可见性,理解保护成员在继承中的作用,能够善于使用保护成员访问基类的非公开成员。
- 理解多态性的概念,掌握运算符重载函数的定义与使用方式,掌握虚函数的概念、定义和使用方法。

编写一个程序,与盖一栋大楼的道理一样,都要遵循一定的方法和规范。对于一个实际问题,如何设计程序呢?就程序设计方法的发展而言,主要经历了结构化程序设计和面向对象的程序设计两个阶段。在本章之前,我们学习的都是结构化的程序设计,本章要学习面向对象的程序设计。相对于结构化程序设计,面向对象程序设计直接以现实世界中的事物为中心来思考和解决问题,更接近于人类的思维习惯,是现代程序设计方法的主流。

8.1 从结构化程序设计到面向对象的程序设计

8.1.1 结构化程序设计(Structured Programming,SP)

现如今是一个组件化的时代。小到组装一台计算机,大到生产一架飞机,都已不是小打小闹、个人作坊式的工作了。想一想,如何组装一台计算机呢?只要分别购买主板、CPU、内存、硬盘等计算机必需的元器件,然后把它们组合连接起来就可以了。要生产一架飞机,也同样是在了解飞机的组成零件之后,再将这些零件分别包给不同的厂商来加工,最后再将这些零件组装成一架飞机。

遵循同样的思路来设计程序,就是结构化的程序设计方法。也就是首先要考虑全局总体目标,然后再考虑细节;把总体的程序功能目标分解为若干小目标,再进一步把小目标分解为更小、更具体的目标……我们把每个具体的目标制作为一个模块,可把模块看作是程序的零件,用一个模块实现一个子功能,将来把模块组装起来就构成了完整的程序。这被称为"自顶向下、逐步细化、分而治之、模块化"的思想,如图 8-1 所示。

模块一般是依据功能来划分的,所以也称为功能块,在 C++ 中一般对应一个函数。在编写程序时,用一个函数解决一个问题,或实现一个功能、一个操作,就是在制造程序的"零件"了。每个函数还应提供清晰、严格的调用接口,以便在组装完整的程序时,方便主函数调用来完成整体工作。

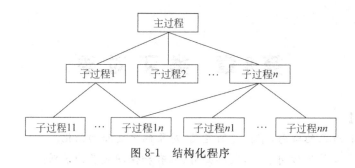

图 8-1 结构化程序

结构化程序设计还有一个原则，就是应限制使用 goto 语句。在结构化程序中，程序应由顺序结构、选择结构（分支结构）和循环结构 3 种基本结构组成，不得滥用 goto 语句。

结构化程序设计方法力求算法描述准确，对每一模块也容易进行程序正确性证明。然而它本质上面向"过程"，"操作"不稳定和多变，不能直接反映人类求解问题的思路；数据与处理数据的程序代码分离，不便于维护程序的一致性；程序代码可重用性差，除少数库函数外，每设计一个新程序，程序员几乎都要从零做起；即使重用代码，通常也要通过复用或再编辑的方式重新生成一份。而面向对象的程序设计方法就能很好地解决这些问题。

8.1.2 面向对象的程序设计（Object-Oriented Programming，OOP）

"对象"在这里是"事物"的意思。我们所生活的现实世界就是由一个个对象组成的，我们所见到的东西都可以看成是对象，如一辆汽车、一栋房屋、一部手机、一个学生、一篇论文、一台计算机、计算机游戏中的一个人物等都是对象，如图 8-2 所示。

图 8-2 现实世界中的对象

我们是从一个个对象的角度来看待世界的。如果在编写程序时也能从对象的角度来思考问题、解决问题，那编程的这个感觉就太好了！因此，面向对象的程序设计方法应运而生。

1. 对象和类的基本概念

1）对象（Object）

顾名思义，面向对象是以"对象"为核心的。在面向对象的程序设计中，不再将解决问题的方法分解为一步步的过程，而是分解为一个个的对象。程序中的任何一个对象都具有属性和方法，如图 8-3 所示。

对象 $\begin{cases} \text{属性（数据、状态）} \\ \text{方法（操作、行为）} \end{cases}$

图 8-3 对象的组成

（1）属性（Attribute），即对象所包含的数据，表示对象的状态，这类似于 C++ 结构体类型变量中的数据成员。

（2）方法（Method），也称为操作，即对象所能具有的行为、所能执行的功能，这类似于C++中的函数。

因而，可把对象简单地看作是在其中增加了一些函数的结构体变量，这些结构体变量不但包含数据（结构体的数据成员），还有函数，能通过函数执行一些功能。

例如，一个人是一个对象，他有姓名、年龄、身高、肤色、胖瘦等属性；而会跑会跳、会玩会闹，会哭会笑这些都是他具有的方法。一部手机是一个对象，其品牌、型号、大小、颜色、价格是它的属性；接打电话、收发短信乃至拍照、录像、玩游戏都是它的方法。计算机游戏中的一个小兵也是一个对象，它的等级、生命值、武力值、防御值、魅力值都是它的属性；而能在画面中移动、会进攻、被攻击后生命值会减少、生命值为0后会爆炸等都是方法。

2）类（Class）

什么是类呢？类，就是类型的类，"物以类聚，人以群分"，人们将同类事物归为一类。例如，张三、李四、王五同属人类；你的手机、我的手机、商场柜台上卖的手机同属手机这一类；计算机游戏中不断出现的一个个小兵同属小兵这一类。在面向对象程序设计中，把具有相似属性和方法的一组对象也归为**类（Class）**。

类只是一个抽象的概念，它并不代表某一个具体事物。例如，"人类"是个抽象的概念，但不指任何一个具体的人；而张三、李四、王校长、孙主任才是具体的人。"手机"也是个抽象的概念，它既不能打电话，也不能接电话；只有具体落实到某一部看得见摸得着的、实实在在的手机，才能使用。尽管"类"不代表具体事物，但"类"代表了同种事物的共性信息。只要提及"手机"这个概念，我们头脑中都会想象出一部手机的样子，而绝不会出现一幅长着两条腿可以走路的"人"的形象。

将同类事物的共性进行归纳、集中，就可以形成类，这一过程称为**抽象**。例如，C++中的数据类型实际就是对一批具体数据的抽象。又如一个三角形是一个对象，10个三角形是10个对象，它们尺寸可能不同，但都具有三角形的特点、符合三角形的数学定理等，在C++中，就可以将它们抽象为一种类型，称为三角形类。这使这10个三角形成为属于同一"类"的对象。因此，类是对象的抽象，而对象是类的实例（Instance）。

类和对象的关系也类似于设计图纸和具体事物之间的关系。例如，"汽车"类是一张设计图纸，它是不能跑起来的；但按照"汽车"这个类的图纸制造出一辆辆具体的汽车人们就能坐上去"兜风"了。这里一辆辆具体的汽车就是汽车类的实例。

2. 面向对象程序设计方法的特点

面向对象程序设计不再就事论事，不是编写一个函数解决一个问题，而是以对象为核心来编写程序，设计针对某一"类"问题的"通用"解决方法。

1）封装性（Encapsulation）

人们在用手机发微信时，只要点击屏幕上的"发送"按钮就可以了，而不必关心手机内部的电路是如何工作的。发送的内部工作细节实际上全被隐藏在手机壳内部，这就是"封装"。

在面向对象程序设计中的"对象"也有"封装性"，即不需用户关心的信息被隐藏在对象内部，使对象对外界仅提供一个简单的操作（例如，仅有一个发送操作）。在面向对象程序设计中，对象是一个封装体，在其中通过设置属性和方法的不同访问权限，将一些属性和方法"隐藏"在对象内部，并开放另一些属性和方法的权限以提供对外的接口。封装性使对象的内部细节与外界隔离,这有利于代码的安全,因为用户无法看到他不必看到的信息,也就避免了他去修改不该他修改的程序代码。封装性保证了对象中数据的可靠性,增强了对象的独立性,使一个定义完好的类能够作为一个独立的模块。

2）继承（Inheritance）

继承就是"子承父业"、"继承祖先优良传统"。在面向对象程序设计中,类与类之间也可以继承,它是使用已有的类作为基础建立新的类,新类将直接获得已有类的特性和功能,而不必将这些特性和功能再重复实现一遍。"青出于蓝而胜于蓝",继承后新类还应具有比原类更多的特性和功能。原有的类称父类或基类,新建立的类称子类或派生类。子类或派生类又可作为父类,从它派生出新的子类……这样一代代派生下去,形成一个派生树。

例如,"白马"类继承了"马"类的基本特征,又增加了新的特征（颜色）,"马"是父类,"白马"是子类。又如,"圆柱"类继承了"圆形"类的圆心坐标、半径的属性和求面积的方法,在此基础上,又增加了新的"圆柱高"属性和"求体积"方法,"圆形"类是父类,"圆柱"类是子类。再如,假设在计算机游戏的小兵类中已编程实现了小兵的生命值、武力值、防御值等属性,及开火、爆炸等方法,在设计大 BOSS 类时,继承自小兵类则大 BOSS 类就可直接拥有这些属性和方法,不必重新再实现一遍,在此基础上在大 BOSS 类中仅编程增加一些特技就可以了,小兵是父类,大 BOSS 类是子类。

通过继承,可大大提高编程效率,因为程序都不必重头编写,而至少有一部分（与父类相似的内容）可直接使用先前编写好的代码,然后仅对新特性编写少量代码即可！这就是"软件"重用的思想。

需要注意的是,类与类之间的继承应根据需要来做,并不是任何类都要继承。

3）消息（Message）

人与人之间的联系,古时候可以通过烽火台传递消息,现代社会可以通过电话、微信等传递消息。在面向对象程序设计中,一个对象与另一个对象间的联系也是通过消息（Message）进行通信。对象之间传递消息,实际上是执行了对象中的一个方法,即调用了对象中的一个函数。在面向对象的程序设计中,当一个对象需要另外一个对象提供服务时,就向对方发出一个消息,而收到消息的对象就会执行自己内部的一个函数来完成功能。

例如,某台空调是一个对象,相应的遥控器是一个对象,用户李先生也是一个对象。当李先生按下遥控器上的某个工作模式按钮时,李先生即向遥控器发送了消息。遥控器对按钮进行判断,然后转换为特定的无线信号发向空调,此时遥控器又向空调发送了消息。当空调接收到无线信号后,经过处理,切换到李先生所需要的工作模式上。

又如,在一般计算机游戏中都会有类似下面的一段代码:

```
if(小兵 1.中弹())小兵 1.生命值--;
if(小兵 1.生命值 <=0)小兵 1.爆炸();
```

这段代码当"小兵 2"向"小兵 1"开火时就会执行。其中"小兵 1.中弹"、"小兵 1.爆炸"都是小兵 2 向小兵 1 发送的"消息"。实际上"中弹()"、"爆炸()"都是小兵 1 的方法,也就是小兵 1 对象中的函数。向小兵 1 分别发送这两条消息,实际就是分别执行了这两个函数,在函数中完成了具体的功能。

4）多态性（Polymorphism）

多态性是指同一消息被不同类的对象接收时，可产生不同结果，这些不同的类一般要继承自同一父类。例如，汽车、火车、飞机三类都继承自"交通工具"类，它们都有"驾驶"的方法。对这三类的对象都可以执行"驾驶"（发送"驾驶"消息），但三类交通工具的驾驶方式不同，实际的执行效果也不同。又如"矩形"类和"圆"类都继承自"图形"类，它们都有"绘制"的方法，对这两类的对象都可以执行"绘制"（发送"绘制"消息），但具体绘制出的图形不同。再如在 Windows 系统中，双击一个文件对象（发送"双击"消息），则对不同类型的文件的效果也不同：如对可执行文件双击，则会执行此程序；而对文本文件双击，则会启动文本编辑器并打开该文件。多态性能增强程序的灵活性。

现将面向对象方法和结构化方法的特点进行对比，如表 8-1 所示。

表 8-1　面向对象方法和结构化程序设计方法的比较

	中心	数据和处理	代码可重用性	调试维护难度	程序出错可能性	思维方法	程序规模
结构化程序设计（SP）	面向数据或面向过程	数据和对数据的处理分开	代码可重用性低	困难，增加代码时较难保证数据和代码一致性	出错概率大	数学思维或计算机思维方法	适宜编写小规模程序
面向对象程序设计（OOP）	以对象为中心，程序由对象组成	将数据和对数据的处理封装在一起	代码可重用性高	容易，可保证数据和代码的一致性	大大降低出错可能性	人们认识世界习惯的方法	适宜多人合作开发大型程序

8.2　类和对象的定义

在 C++ 中，数据类型分为基本的数据类型和用户自定义的数据类型。基本的数据类型如 int、double、float、char 等，这些类型是 C++ 系统自带的，可直接拿来使用，例如，直接用于定义变量。而用户自定义的数据类型在 C++ 系统中并不自动包含，而需由我们首先定义这种类型，然后才能使用这种类型来定义变量。结构体就是一种自定义的数据类型。

在面向对象程序设计中，"类"也是一种自定义的数据类型。实际上"类"与结构体有很多相似的用法和特征，如也要首先定义好"类"这种数据类型，然后才能用该"类"的数据类型来定义变量——这种"类"类型的变量就是对象。

8.2.1　类的定义

1. 类定义的一般形式

在学习类的定义方法之前，先来复习如何定义结构体类型。例如：

```
struct  SRectangle
{  double width;
   double height;
};
```

以上定义了一个名为 SRectangle 的结构体类型,这样今后除可以使用 int、double、float、char 等基本的数据类型之外,还可以使用 SRectangle 这种数据类型。例如,用 SRectangle 这种数据类型定义一个变量:

```
SRectangle r;
```

这和定义一个普通变量(如 int a;)类似,只不过这里定义的变量不是 int 型而是 SRectangle 型。变量 r 中包含两个数据成员,可用".”运算符来使用这两个数据成员:

```
r.width=1.2;
cin>>r.height;
```

类似地,在面向对象程序设计中,下面语句定义了一个名为 Rectangle 的类:

```
class Rectangle
{   double width;
    double height;
    double area()
    { return width * height; }
};
```

与结构体的定义相比,除了将关键字 struct 换成了 class 外,还在{ }内的成员中多出了函数成员 area。因此,可将"类"看作是对结构体的扩充:类类型中不仅有数据成员,还有函数成员;数据成员就是类的属性,函数成员就是类的方法。

同样今后我们除可以使用 int、double、float、char、SRectangle 等数据类型之外,还可以使用 Rectangle 这种数据类型。例如,用 Rectangle 这种数据类型定义一个变量:

```
Rectangle rect1;
```

这和定义一个普通变量(如 int a;)类似,只不过变量的类型不是 int 而是 Rectangle,它是一种"类"类型的变量,也称为类的对象或类的实例。与结构体变量的用法类似,也可用".”运算符来访问 rect1 中的数据成员,或调用其中的函数成员:

```
rect1.width=1.2;
cin>>rect1.height;
rect1.area();                    //调用函数成员将执行函数,与调用普通函数类似
```

然而以上三条语句在执行时会出错,这是因为"类"类型中的数据成员和函数成员还有访问权限控制,默认的访问权限是 private(私有)。这里 width、height 和 area 成员都是 private 的访问权限,因此都不允许在类外被访问。如果将类的定义改为下面形式,则上述三条语句就都可以正确执行了:

```
class Rectangle
{
    public:
        double width;
        double height;
```

```
        double area()
        { return width * height; }
};
```

其中，"public:"指定了它下面的数据成员和函数成员都将具有 public(公有)的访问权限，允许在类外被访问。如果不写"public:"，则默认是 private 的，不允许在类外被访问。

如果将类的定义改为下面形式：

```
class Rectangle
{
    double width;
    public:
        double area()
        { return width * height; }
    private:
        double height;
};
```

说明函数成员 area 是公有的，允许在类外被访问；height 是 private 的，不允许在类外被访问；width 位于类成员的最开头，且前面没有访问权限的说明，默认也是 private 的，不允许在类外被访问。则上述三条语句中，"rect1.width=1.2;"和"cin＞＞rect1.height;"均错误，只有"rect1.area();"可正确执行。

归纳一下，在 C++ 中如何来定义一个类呢？

```
class 类名
{
    public:
    公有的数据或函数成员,允许类外被访问
    private:
    私有的数据或函数成员,不允许类外被访问
    protected:
    保护的数据或函数成员,不允许类外被访问(继承时与 private 有区别)
    private:
    允许多次出现 private 段(不允许类外被访问)
    protected:
    允许多次出现 protected 段(不允许类外被访问)
    public:
    允许多次出现公有段(允许类外被访问)
     ⋮
};
```

注意：类定义最后 } 外的分号(;)千万别忘掉！

class 是关键字，"类名"是类标识符，应符合 C++ 标识符的命名规则。习惯上一般将类名的第一个字母大写，以区别普通的变量名和对象名。

类成员的访问权限修饰符(也称为访问控制修饰符)共有 3 种：public、private、protected。public 表示允许在类外被访问，private 和 protected 都表示不允许在类外被访问。private 和 protected 的区别仅在类之间有继承关系时才能表现出来(在派生类中允许访问 protected 的成员但不能访问 private 的成员)。这里我们暂可认为 private 和 protected 的作用是相同的,都不允许在类外被访问。public、private、protected 段在类体内(即{ }内)允许多次出现,而且出现的先后顺序也随意。

注意: 无论 public、private、protected 都是限制"类外"的,而在类内均可访问本类的所有数据成员和函数成员,无论访问权限如何。例如,area 函数是类内的成员函数,在 area 函数内,无论如何都能使用自己类内的数据成员 width 和 height。

在面向对象程序设计中,一般对允许用户(类外)使用的数据成员和函数成员都设为 public,它们也称为接口;而对要隐藏在类内、不允许用户(类外)干预的数据成员和函数成员,一般将访问权限设为 private 的。

注意: 实际上也可用 struct 来定义类,也就是在 struct 的{ }内也可包含函数成员。它与用 class 定义类的区别:用 struct 定义类的成员的缺省访问权限是 public,而用 class 定义类的成员的缺省访问权限是 private。

【案例 8-1】 定义一个表示时间的类 Time,可以设置和显示时间。

```cpp
#include <iostream.h>
class Time
{   private:
        int hour;                        //数据成员用于保存小时
        int minute;                      //数据成员用于保存分钟
        int second;                      //数据成员用于保存秒
    public:
        void Set(int h, int m, int s)    //函数成员 Set 用于设置时间
        {   hour=h;
            minute=m;
            second=s;
        }
        void Display()                   //函数成员 Display 用于显示时间
        {   cout<<"现在的时间是:";
            cout<<hour <<":" <<minute <<":" <<second <<endl;
        }
};
main()
{
    Time t;
    t.Set(10, 20, 30);
    t.Display();
}
```

运行结果:

现在的时间是:10:20:30

以上程序首先定义了一个类类型 Time,然后在 main 函数中定义了该类型的一个对象 t(t 也就是该类型的变量)。由于 3 个数据成员 hour、minute、second 都是 private 的,在类外

不能被访问,也就是如果在 main 函数中写"t. hour＝10；t. minute＝20；cout＜＜t. second;"等都是错误的。但 Set、Display 函数都是 public 的,允许在类外被访问。在 main 函数中通过调用"t. Set(10,20,30);"即可实现修改这 3 个数据成员值的目的,通过调用"t. Display();"即可实现输出这 3 个数据成员值的目的。这里 Set、Display 就是类的接口。

　　为什么要绕个弯子,一定要把数据成员 hour、minute、second 设为 private,再通过 Set、Display 函数访问它们呢? 将数据成员 hour、minute、second 直接设为 public 并在类外访问不是很好吗? 如果将这 3 个数据成员设为 public,在类外就可以随意修改它们的值,这将不利于数据安全。而通过 Set 函数间接设置数据,用户就只能与 Set 函数打交道。还可在 Set 函数中增加语句对用户的数据进行合法性限制,使只允许合法的修改、拒绝不合法的修改。例如,可将类内的 Set 函数改为以下形式:

```
void Set(int h, int m, int s)              //函数成员 Set 用于设置时间
{    if(hour>=0 && hour<=23)hour=h;
     if(minute>=0 && minute<=59)minute=m;
     if(second>=0 && second<=59)second=s;
}
```

　　这样可保证 3 个数据成员 hour、minute、second 总被修改为正确的时间值,如果用户要设置非法值(如调用 t. Set(25,100,200);)就不能将时、分、秒分别改成 25、100、200,这就是通过接口 Set 设置值的好处。如果直接将 3 个数据成员设为 public 类型,则用户完全可以通过诸如"t. hour＝25；t. minute＝100；t. second＝200;"的语句随意篡改数据。

　　另一方面,通过 Display() 函数来输出时间,还可保证时间输出格式的一致性。而如果直接将数据成员 hour、minute、second 设为 public 类型,则用户就可随意用"cout＜＜t. hour；cout＜＜t. minute；cout＜＜t. second;"随意安排数据输出的格式,很难保证输出格式的一致性了。

　　在现实生活中,我们也经常遇到通过"接口"访问 private 成员的情况。例如,尽管现在多数商品都可以到自选超市购买了,但金银首饰类的商品仍需要有售货员。需要挑选哪款金银首饰,必须通过售货员从柜台里帮我们把首饰取出来,而不允许我们直接到柜台里随意乱取乱放。这也是为了保证贵重物品的安全和在柜台中摆放的整齐、规范,防止出错。这里金银首饰就是 private 的,要访问它们,必须通过售货员这个 public 的"接口"。

　　在定义类时,一般都将数据成员设为 private 或 protected 类型,将它们"封装"在类内,而将允许类外访问的函数成员设为 public 类型,也可将另一些不允许类外访问的函数成员设为 private 的,后者函数只能在类内被调用。

　　调用类的公有函数成员,还要注意必须首先定义一个该类的对象(变量),然后通过对象(变量)＋"."＋函数名的形式调用,而不能像普通函数那样直接调用。例如,下面调用 Set、Display 函数则是错误的:

```
Set(10, 20, 30);
Display();
```

　　这是类中的函数成员与普通函数的一个区别。另外,类中的函数成员和普通函数的作用域也不同,函数成员属于类内,其作用域是本类的作用域,而普通函数一般为全局作用域。

同变量、函数一样,类也有声明和定义之分。类的声明形式为"class 类名;",如上例对 Time 类的声明为"class Time;"。类的声明只表示类的存在,它不包含类体{ }和其中的成员,可出现多次。而写出类体{ }和其中成员的形式应称类的定义,类的定义列出了类包含的成员,只能出现一次。有些书中将类的定义也称为"类的声明"是不确切的。

2. 在类外实现成员函数

案例 8-1 将 Set 和 Display 函数的函数体和其中的执行语句也写到类内了,这称为**内联函数**。内联函数的执行效率会较低(一般只用于函数体较简短的函数)。在定义类时,还可以仅在类体的{ }内只写函数的声明,而把函数体和其中的执行语句写到类外。写出函数体和其中的执行语句称为**函数的实现**,后者也称为将"函数的实现"写到类外。

【案例 8-2】 定义一个复数类,在类外定义函数。

```cpp
#include <iostream.h>
class Complex
{   private:
        double rel, img;                    //rel、img 分别保存复数的实部、虚部
    public:
        void setValue(double x, double y);  //仅出现成员函数的声明
        void display();                     //仅出现成员函数的声明
};
void Complex::setValue(double x, double y)
{   rel=x;
    img=y;
}
void Complex::display()                     //成员函数的实现
{
    cout<<"The complex is:" <<rel <<"+" <<img <<"i" <<endl;
}
main()
{   Complex  c;                             //定义对象 c(c 是 Complex 类型的变量)
    c.setValue(1, 2);                       //修改数据成员 rel、img 的值
    c.display();                            //输出数据成员 rel、img 的值
}
```

运行结果:

```
The complex is:1+2i
```

程序首先定义了一个类类型 Complex,在 Complex 的类体{ }内只出现了成员函数 setValue 和 display 的声明,而两个函数的执行语句位于类外。如果将成员函数的执行语句写在类外,类外的函数一定要在首部加 Complex::(::为作用域限定符),以表示该函数是属于 Complex 这个类的成员函数。如果在函数名前不写 Complex::,那就是一个普通函数了(不再是类内的成员函数),谁来证明它是属于 Complex 类的函数呢?

归纳一下,如果将成员函数的实现写到类外,其在类外的一般形式如下:

函数类型 类名::成员函数名 (形参表)

```
{
    ...                                     //函数体
}
```

说明:将函数的实现写到类外,习惯上还将类的定义部分(如上例 class Complex〔 … 〕部分)放到一个头文件中(.h),而将后面出现在类外的函数实现部分放到另一个源程序文件中(.cpp)。这在开发多个文件组成的大型程序时经常用到,原则是:所有执行语句要被放在源程序文件中(.cpp),而类、类型、常量定义,全局变量、函数声明等要被放在头文件中(.h),不得在头文件中(.h)出现任何执行语句。

3. 定义类需要注意的其他问题

在定义类时还应注意以下问题。

(1)类是一种数据类型,就像设计图纸,它不占内存空间。因此不能在类体的数据成员定义语句中为数据成员赋初值,也不能用 extern、auto 或 register 修饰数据成员的存储类型。例如,以下类的定义是错误的:

```
class Date
{   int year=2016;                        //错误:不能在数据成员定义时赋初值
    int month=5;                          //错误:不能在数据成员定义时赋初值
    extern int day;                       //错误:不能在数据成员的定义中用 extern
    ...
};
```

要使用类,一般必须定义类的对象,对象才占用存储空间,必须通过对象才能访问其中的数据成员和函数成员。这类似于要依照设计图制造出具体的产品才能使用。

(2)类中数据成员的类型可以任意,也可以是类类型,但不能是自身类这种类类型。例如,以下类的定义是错误的:

```
class Date
{   Date dd;                              //错误:在 Date 类中的数据成员不能还是 Date 型
    ...
};
```

类 Date 中包含一个数据成员 dd,也是 Date 型;那么 dd 中也要包含一个数据成员 dd,这个 dd 又是 Date 型;后者 dd 又要包含一个 dd……就像那个永远也讲不完的故事"从前有座山,山里有座庙,庙里有个老和尚讲故事。讲的故事是'从前有座山,山里有座庙,庙里有个老和尚讲故事。讲的故事又是从前有座山……'",Date 里所包含的数据也是一个永远也写不完的无底洞,因而是错误的。

但是允许类中的数据成员是本类的指针基类型或引用类型,如以下类的定义正确:

```
class Date
{   Date * pd;                            //正确:Date 类中的数据成员可以指向 Date 型数据
    ...
};
```

数据成员 pd 是一个指针变量,它用于保存一个 Date 型对象(变量)的地址。pd 只占

4B,保存一个地址而已,故事到此结束,因而是正确的。

8.2.2　对象的定义

对象是类的实例,是"类"这种数据类型的变量。然而"类"这种数据类型不是 C++ 系统与生俱来的,必须由人们先定义"类",然后才能用已定义的"类"这种数据类型来定义对象(变量)。对象的定义与普通变量的定义是类似的,格式为

类名　对象名表;

"类名"是一个类的名字,"对象名表"可以包含一个或逗号分隔的多个对象名,也可以是对象数组名、指向对象的指针变量名或对象的引用名。例如:

```
Rectangle t1, t2, *pt2, t3[3];        //Rectangle 类已在 8.2.1 节定义
```

除这种首先定义类、然后再定义对象的方式外,还可以在定义类的同时定义对象,即在定义类的右花括号(})之后、分号(;)之前,定义对象,例如:

```
class Rectangle
{
    private:
        …
} t1, t2, *pt2, t3[3];
```

在定义了对象后,系统就为对象开辟了内存空间,以上两种方式的效果相同,其内存空间情况如图 8-4 所示。每个对象都按照"类"类型定义的那个"模板"创建,对象中所包含的数据成员和函数成员,就是定义类时"类"的那张设计图纸中所规定的那些数据成员和函数成员。每个对象包含各自的一份数据成员 width 和 height,互不干涉。然而函数成员在内存中只有一份副本,由该类的所有对象共用。注意 pt2 是一个指针变量,只占 4B,pt2 不是对象。如可执行语句"pt2=&t2;"使 pt2 指向 t2。

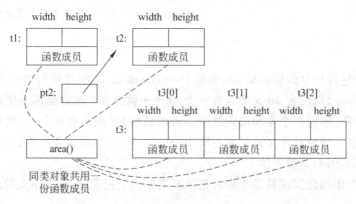

图 8-4　几个 Rectangle 类型对象的内存空间情况

通过对象访问其中的数据成员和函数成员,方法是使用"."通过对象变量访问它的公有成员,使用 —＞通过对象的指针访问它所指向的对象的公有成员。"."和 —＞实际没有本质上的区别,它们都是"的"的含义,只是应用场合不同:"."专用于变量(它前面一定是个对象

变量)，->专用于指针(它前面一定是个地址)。用法分别如下：

> 对象名.数据成员名；
> 对象名.函数成员名(实参表)；
> 对象指针名->数据成员名；
> 对象指针名->函数成员名(实参表)；
> (*对象指针名).数据成员名；
> (*对象指针名).函数成员名(实参表)；

当用同一个"类"类型定义多个不同的对象时，这些对象之间有什么关系呢？又怎样分别地使用每个对象呢？我们先用一个生活上的实例来说明。

例如，要定义一个"电视机"类，可用类似 C++ 的语言写为下面的形式：

```
class 电视机
{
    private:
        int   节目频道；
        int   音量大小；
    public:
        void 调台 (看哪个频道？)
        { 节目频道=看哪个频道； }
        void 调音量 (要调到多大？)
        { 音量大小=要调到多大； }
        视听画面 播放节目 ()
        { return   用"音量大小"播放"节目频道"的节目； }
};
```

注意：以上只是一个类型的定义，只是一张设计图纸，到现在为止还没有任何可用的"电视机"。要收看电视，必须用这个类型来定义变量，也就是要依照这张设计图纸去生产出具体的电视机。用类似 C++ 的语言编写 main 函数如下：

```
main()
{   电视机   我家的电视机；
    电视机   你家的电视机；
    我家的电视机.调台 (中央台)；
    你家的电视机.调台 (地方台)；
    我家的电视机.调音量 (50)；
    你家的电视机.调音量 (80)；
    cout<<我家的电视机.播放节目()；          //播放中央台节目,音量大小为 50
    cout<<你家的电视机.播放节目()；          //播放地方台节目,音量大小为 80
}
```

在 main 函数中"生产"了两台电视机，一台是"我家的电视机"，一台是"你家的电视机"，为这两台电视机开辟的内存空间情况可表示为图 8-5。

"我家的电视机.调台(中央台)；"和"你家的电视机.调台(地方台)；"应分别怎样执行呢？在类的定义中，"调台"函数是如下定义的：

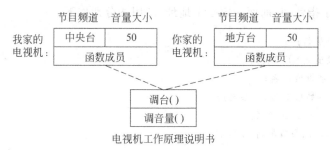

图 8-5 "电视机"类的两个对象的内存空间情况

```
void 调台 (看哪个频道?)
{ 节目频道=看哪个频道; }
```

这个函数是两台电视机共用的,可把函数的执行语句看作是"电视机工作原理说明书",它表示电视机工作的共同原理,对所有的电视机都按照这个方法来操作,然而对不同的电视机所操作的具体实物又不同。说明书里函数的执行语句是把"节目频道"成员的值赋值为形参的值,这里"节目频道"成员会随具体操作的实物对象不同而不同,具体来说就是"."运算符之前是哪个对象,就去为哪个对象的"节目频道"成员赋值。

例如,下面语句:

我家的电视机.调台 (中央台);

将执行电视机类的"调台"函数,按照"调台"函数的"说明书",做法是将"节目频道"成员赋值为形参的值。由于"."运算符之前是"我家的电视机",于是要把"我家的电视机"的"节目频道"成员的值改为"中央台"。以下语句:

你家的电视机.调台 (地方台);

也执行调台函数,但这次是把"你家的电视机"的"节目频道"成员的值改为"地方台",而"我家的电视机"仍然是"中央台"不受影响。

同理,如下语句:

我家的电视机.调音量 (50);
你家的电视机.调音量 (80);

分别将"我家的电视机"的音量调为 50,把"你家的电视机"的音量调为 80,两台电视机对象的"音量大小"成员的值分别被修改为 50 和 80,两者互不影响,参见图 8-5。

如下语句:

cout<<我家的电视机.播放节目();   //播放中央台节目,音量大小为 50

仍然按照类中的"说明书"来执行函数"播放节目",函数定义如下:

```
视听画面 播放节目()
{ return 用"音量大小"播放"节目频道"的节目; }
```

由于"."运算符之前是"我家的电视机",函数"播放节目"语句里的"音量大小"、"节目频道"均是指"我家的电视机"的"音量大小"、"节目频道",于是 return 返回的视听画面为中央台节目,音量为 50。

如下语句:

cout<<你家的电视机.播放节目();   //播放地方台节目,音量大小为 80

仍按照类中的"说明书"来执行函数,但这次函数语句里的"音量大小"、"节目频道"均是指"你家的电视机"的,于是 return 返回的视听画面为地方台节目,音量大小为 80。

【案例 8-3】 学生成绩类的定义和使用。

```cpp
#include <iostream.h>
class StudentScore
{   private:
        float math;                     //数学成绩
        float chinese;                  //语文成绩
        bool isScoreValid(float s)      //判断一个成绩是否合法
        {   return(s>=0 && s<=100)?true : false; }
    public:
        void setScores(float x, float y)
        {   if(isScoreValid(x))math=x;
            if(isScoreValid(y))chinese=y;
        }
        float getMath()
        {   return math; }
        float getChinese()
        {   return chinese;   }
};
main()
{   StudentScore zhang, li;
    zhang.setScores(95.0, 90.0);
    li.setScores(92.0, 88.0);
    cout<<zhang.getMath()<<" "<<zhang.getChinese()<<endl;
    cout<<li.getMath()<<" "<<li.getChinese()<<endl;
}
```

运行结果:

95 90
92 88

在 StudentScore 类中,有两个数据成员 math 和 chinese,分别用于保存一名学生的数学成绩和语文成绩。这两个数据成员都是 private 类型的,类外不能被访问。在类外需通过公有成员函数 setScores()设置它们的值,和 getMath()、getChinese()成员函数获取它们的值。

在 StudentScore 类中,还有一个 private 的成员函数 isScoreValid(),用于判断一个成绩是否合法(在 0~100 范围内),合法返回 true,否则返回 false。该函数仅在设置成绩值时由类内的 setScores()调用就可以了,而不需在类外由用户调用。

在 main 函数中,定义了该类的两个对象 zhang、li,它们各自有一套 math 和 chinese 的数据成员,互不干涉,但共用同一套"使用说明书"——类的成员函数。程序为 zhang、li 的 math 和 chinese 数据成员分别赋值了两套成绩,然后再将它们输出来。其执行过程仍是按照类中成员函数"说明书"描述的做法,只不过操作的具体对象不同:"."之前的对象是谁,就分别为谁的数据成员赋值或输出谁的值。

【案例 8-4】 含求面积功能的矩形类的定义和使用。

```cpp
#include <iostream.h>
class    Rectangle
{
    public:
        void setRect(double w, double h)
        {   width=w; height=h; }
        void printArea()
        {   cout <<"矩形 " <<width <<"×" <<height;
            cout <<" 面积为 " <<width * height <<endl;
        }
    private:
        double width;
        double height;
};
main()
{   Rectangle a, b;
    a.setRect(1.2, 2.0);
    b.setRect(1.8, 0.5);
    a.printArea();
    b.printArea();
}
```

运行结果:

矩形 1.2×2 面积为 2.4
矩形 1.8×0.5 面积为 0.9

程序定义了两个 Rectangle 类的对象 a 和 b,并分别设置了各自的长、宽和计算面积。

同类的两个对象可以彼此赋值,赋值的效果是对象中包含的所有数据成员全部复制(由于共用函数成员,函数成员不必复制)。如果在本例的 main 函数中再执行语句"b=a;",则对象 b 中的 width 将变为 1.2,height 将变为 2.0,如图 8-6 所示。如再执行"b.printArea();",则也会输出"矩形 1.2×2 面积为 2.4"。

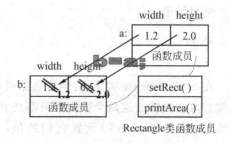

图 8-6 Rectangle 类的两个对象 a、b 的内存空间情况及执行"b=a;"的效果

8.3 构造函数和析构函数

世间万物,皆有生灭,对象也不例外,也有自己的生命周期。对象的生命期与变量的类似,在一个函数如 main 函数内定义的局部对象,具有局部的生命期:在定义时内存空间被开辟,到本函数的结束内存空间被释放。在函数外定义的全局对象,还具有全局的生命期:在程序开始运行时内存空间被开辟,到整个程序运行结束后才被释放。

每个对象都具有两个特殊的成员函数:构造函数和析构函数,分别对应对象的诞生和灭亡。在本对象被创建、其内存空间被开辟时,系统会自动执行它的构造函数;在本对象被销毁、其内存空间被释放时(当然是在即将被释放之前),系统会自动执行它的析构函数。注意构造函数并不是创建对象,析构函数也不是释放对象。构造函数和析构函数只是提供了一个"位置",用于安排在对象诞生和灭亡时要做的一些事。构造函数中的语句是对象诞生后做的第一件事,析构函数中的语句是对象灭亡前要做的最后一件事。

8.3.1 构造函数和析构函数的基本概念

1. 构造函数

构造函数也是对象的成员函数之一,函数名与类名相同;可有参数也可没有参数;但无返回值,函数名前不能写任何类型说明符,也不能写 void。其访问权限一般定义为 public。例如,在下面定义的 Rectangle 类中写出了其构造函数:

```
class Rectangle
{   public:
        Rectangle()                    //构造函数(本类的一个对象被创建时自动调用)
        { cout <<"一个矩形对象被创建" <<endl; }
        ...

};
```

类名为 Rectangle,因此在本类中成员函数名也为 Rectangle 的函数就是构造函数。在本例的构造函数中,有一条输出语句。则在程序运行过程中,一旦属于本类的一个对象被创建了,就会自动执行这个函数,屏幕上就会自动输出一行文字"一个矩形对象被创建"。好像在电视机的生产线上,每当按照设计图纸生产出来一台电视机,就会有人自动广播一句"一台电视机生产出来了!"。

如还有 main 函数如下:

```
main()
{   Rectangle a,b;
    ...
    cout <<"即将通过 new 创建一个对象……" <<endl;
    Rectangle * p=new Rectangle;
    ...
    delete p;
}
```

则程序的输出结果：

一个矩形对象被创建

一个矩形对象被创建

即将通过 new 创建一个对象……

一个矩形对象被创建

其中，前两行的"一个矩形对象被创建"文字分别是在创建对象 a 和对象 b 时自动执行了构造函数"广播"出来的。接下来执行 main 函数中的 cout 语句输出"即将通过 new 创建一个对象……"。然后执行语句"Rectangle ＊ p＝new Rectangle;"时，又创建了一个对象（尽管该对象没有名字，仅有它的地址被保存在指针变量 p 中），因此再次自动执行了构造函数又"广播"了一句"一个矩形对象被创建"。

构造函数有什么作用呢？除了像上例那样，可以在每创建一个对象时都能让人们收到一句"广播通知"外，构造函数更主要的用途是在构造函数中为刚刚诞生的对象的数据成员赋初值（初始化）。构造函数是对象诞生时会自动执行的第一件事，如果在这里给对象中所包含的数据成员赋值，就能保证对象在诞生时数据成员就具有了初值。由于构造函数可以有参数，构造函数还能重载，即在同一个类中包含多个构造函数，它们具有不同的参数，这又能为数据成员的初始化带来很大的灵活性。我们将在 8.3.2 节详细介绍如何通过构造函数为对象的数据成员进行初始化。

既可把构造函数的函数体写在类体内，也可写在类体外。如果在类的定义中没有写出构造函数（本节之前的程序例在类中都没有写出构造函数），则系统会自动生成一个无参、不执行任何操作的构造函数（在系统内部生成，不会修改代码），格式如下：

类名::类名()
{
}

无参数的且函数体为空不执行任何操作的构造函数，称默认的构造函数或缺省的构造函数。也就是说每个类都要有构造函数，如果我们没有写出构造函数，那么系统至少会自动生成一个默认的构造函数。但默认的构造函数只能有一个，如果我们自己写出了默认的构造函数，那么系统就不会再自动生成默认的构造函数了。

2. 析构函数

析构函数也是对象的成员函数之一，函数名也与类名相同，但还要在函数名前加上一个波浪线符号（～）。析构函数无参数，也无返回值，函数名前也不能写任何类型说明符，也不能写 void。其访问权限一般也定义为 public。例如，在下面定义的 Rectangle 类中写出了其析构函数：

```
class Rectangle
{   public:
        ~Rectangle()                    //析构函数(本类的一个对象被释放时自动调用)
        { cout <<"释放了一个矩形对象" <<endl; }
        …
};
```

类名为 Rectangle,因此在本类中成员函数名为波浪线符号(～)＋Rectangle 的函数就是析构函数。在本例的析构函数中,也有一条输出语句。则在程序运行过程中,一旦本类的一个对象要被释放,就会自动执行这个函数,于是在屏幕上就会自动输出一行文字"释放了一个矩形对象"。好像在电视机的废品回收站中,一旦有一台电视机被报废,就会在报废前的一刹那,有人自动广播一句"销毁了一台电视机了!"。

如有 main 函数如下:

```
main()
{   Rectangle a,b;
    Rectangle * p=new Rectangle;
     ⋮
    cout<<"即将执行 delete p…"<<endl;
    delete p;
    cout<<"delete p 执行结束。"<<endl;
}
```

运行结果为:

即将执行 delete p…
释放了一个矩形对象
delete p 执行结束
释放了一个矩形对象
释放了一个矩形对象

通过定义变量的方式所创建的对象,会在程序运行结束前被系统自动释放。而通过 new 创建的对象,必须由我们自己用 delete 才能释放它。执行"delete p;"时,就释放了通过 new 创建的、地址被保存在 p 中的那个对象。在释放前的一刹那,系统会自动执行其析构函数,于是输出了第 2 行的"释放了一个矩形对象"。输出结果中的最后两行文字"释放了一个矩形对象"是在 main 函数结束时,自动释放 b、a 对象时自动执行其析构函数的输出。其中倒数第 2 行的"释放了一个矩形对象"是释放 b 对象时的输出,最后一行是释放 a 对象时的输出。对象构造和析构的顺序一般是相反的,a 先构造后析构,b 后构造先析构。

构造函数是不能通过语句调用的,而只能由系统自动调用,如下面语句是错误的:"a. Rectangle();"。但析构函数既可由系统自动调用,也可由我们通过语句调用。例如,上例在 main 函数中还可通过如下语句调用对象 a 的析构函数:"a. ～Rectangle();",这样会执行一次析构函数。但需注意的是,执行析构函数并不释放对象 a,虽然执行对象 a 时一定会执行析构函数。可通过语句"a. ～Rectangle();"执行多次析构函数,然而无论如何当对象 a 被释放时,仍然会由系统自动再执行一次析构函数。也就是说,在任何时刻,均可广播一句"释放了一台电视机!",并可广播多次,但广播了并不一定代表释放,然而释放的时候一定要广播。

析构函数有什么作用呢? 除了像上例那样,可实现在每释放一个对象时都让我们收到一句"广播通知"外,更主要的用途是在对象被释放前,在析构函数中安排执行内存释放、清理、资源回收等工作。例如,当在对象内包含有通过 new 动态开辟空间的数据成员时,delete 这些数据成员的最佳时机就是在析构函数中,这既使得在使用过程中不会误删数据,又保证了在程序运行结束前一定不会忘了释放它们。8.3.2节将给出一个具体例子。

既可把析构函数的函数体写在类体内,也可写在类体外。如果在类的定义中没有写出析构函数(本节之前的程序例在类中都没有写出析构函数),则系统会自动生成一个不执行任何操作的析构函数(在系统内部生成,不会修改我们的代码),格式如下:

```
类名::~类名()
{
}
```

函数体为空不执行任何操作的析构函数,称为**默认的析构函数或缺省的析构函数**。一个类的析构函数只能有一个,如果我们写出了析构函数,系统则不再生成默认的析构函数。

现将构造函数和析构函数的特点总结于表 8-2。

表 8-2　构造函数和析构函数的比较

	函数名	返回值	参数	重载	个数	调用时机	访问权限
构造函数	与类名相同	无返回值,也不允许写 void	0 到多个	可重载	1 到多个	对象被创建时自动调用	一般为 public
析构函数	~类名		无参数	不可重载	1 个	对象被释放时自动调用,或通过语句调用	

8.3.2　对象的初始化

由于类是模板,不占用存储空间,所以在定义类时,不允许在类体内的数据成员定义语句中为数据成员赋初值。例如,下面类的定义是错误的:

```
class    Rectangle
{   private:
        double width=1.0;            //错误:不能在数据成员定义时赋初值
        double height=2.0;           //错误:不能在数据成员定义时赋初值
};
```

那么如何才能为对象中的数据成员赋值呢? 这主要可通过以下 3 种方式。

(1) 将数据成员访问权限设为 public,在类外就可直接为对象的数据成员赋值。但这不是一个好方法,因为要将数据成员的访问权限设为 private 才有利于数据的安全性。

(2) 通过调用类中有 public 访问权限的函数(接口),在函数中再为数据成员赋值,如案例 8-4 类中的 setRect 函数。但由于要调用函数,这种方式使用起来也不是很方便。

(3) 像定义变量的同时为变量赋初值那样(如 int a=5;),在定义对象的同时也可为对象内的数据成员赋初值,这需通过构造函数实现。这种方式只要定义对象就可以了,使用起来最方便,本节将详细讨论这种方式。

1. 通过构造函数初始化对象

在创建对象的同时为对象内的数据成员赋初值,也称为对象的初始化。要实现对象在被创建开始,其数据成员就能有初值,只要在类的构造函数中为数据成员赋值即可。例如:

```
class    Rectangle
```

```
{   public:
        Rectangle()                         //构造函数(本类的一个对象被创建时自动调用)
        { width=1.0;  height=2.0;  }
           ⋮
    private:
        double width;
        double height;
};
```

在构造函数中为 width 和 height 数据成员分别赋值为 1.0、2.0,这是对象在被创建开始就要做的第一件事。如有语句:

```
Rectangle a, b;
```

则对象 a、b 在被创建开始,其 width 和 height 就都分别具有了初值 1.0、2.0。

又如,执行以下语句:

```
Rectangle * p=new Rectangle;
```

这是通过动态存储分配的方式创建了 Rectangle 类的一个对象,这个对象在被创建开始,其中的 width 和 height 数据成员也分别都具有了初值 1.0、2.0。

通过构造函数,可实现为对象中的数据成员赋初值。然而只能实现为同类的所有对象赋相同的初值(如 1.0、2.0)。能否为同类的不同对象,分别赋不同的初值呢?

先来复习如何在定义一个普通变量的同时为变量赋初值:

```
int a=3, b=5;
```

则定义了两个变量 a、b,它们虽然都是 int 型,但初值不同,其初值分别为 3、5。

也可采用如下方式为变量赋初值,实现的效果相同:

```
int a(3), b(5);
```

为对象中的数据成员赋初值,可采用类似上面的第二种方式,这样就可为同类的不同对象赋不同的初值。要实现这个目的,需让构造函数包含参数。这样在定义对象时括号内的初值就会被作为实参,传递到对象被创建时系统自动调用的构造函数中。

【案例 8-5】 用带参数的构造函数为矩形类对象赋初值。

```
#include <iostream.h>
class    Rectangle
{   public:
        Rectangle(double w, double h)    //构造函数有两个参数
        {   width=w;  height=h;  }
        void printArea()
        {   cout <<"矩形 " <<width <<"×" <<height;
            cout <<" 面积为 " <<width * height <<endl;
        }
    private:
        double width;
```

```
        double height;
    };
    main()
    {   Rectangle a(1.2, 2.0), b(1.8, 0.5);
        a.printArea();
        b.printArea();
    }
```

运行结果:

矩形 1.2×2 面积为 2.4
矩形 1.8×0.5 面积为 0.9

在构造函数中有两个形参 w 和 h,当在 main 函数中执行语句:

```
Rectangle a(1.2, 2.0), b(1.8, 0.5);
```

会先后创建两个对象 a、b。在创建对象 a 时,自动调用其构造函数,将 1.2、2.0 分别传给形参 w、h,然后执行构造函数中的语句,使对象 a 的 width、height 分别被赋值为 1.2、2.0。这样对象 a 在被创建开始,其数据成员就分别被赋了初值 1.2、2.0。然后再创建对象 b,在创建对象 b 时也调用构造函数,将 1.8、0.5 分别传给构造函数的形参 w、h,然后执行构造函数中的语句,使对象 b 的 width、height 分别被赋值为 1.8、0.5。这样对象 b 在被创建开始,其数据成员也分别被赋了初值 1.8、0.5,且初值与对象 a 的不同。

然后分别调用两个对象的 printArea 函数,即可计算和输出各自对应的面积。相对于案例 8-4,案例 8-5 省略了调用 setRect 函数为数据成员赋值的过程,使用起来更方便。

总结一下:当要为对象中的多个数据成员赋初值时,需要在定义对象后的括号内写出逗号分隔的多个初值。一般形式为

类名 对象名 1(初值 11,初值 12,…),对象名 2(初值 21,初值 22,…),…;

在括号内写出的初值,实际是系统自动调用构造函数时的实参。因此括号内的初值要与构造函数的形参个数、顺序、类型一一对应。这样在创建对象开始系统就会自动调用构造函数,并将实参初值依次传递给构造函数的形参,然后通过执行构造函数中的语句赋值。

【案例 8-6】 在构造函数中用动态存储分配的方式分配内存空间。

```
#include <iostream.h>
#include <string.h>
class Person
{
    public:
        Person(char * st)              //构造函数
        {   name=new char[strlen(st)+1];  strcpy(name, st);
            cout<<"Constructor called. Len=" <<strlen(st)<<"\n";
        }
        ~Person()                      //析构函数
        {   cout<<"Destructor called. name=" <<name <<"\n";
            delete [] name;
```

```
        }
        void show()
        {    cout<<name<<endl;    }
    private:
        char * name;
};
void main()
{    Person s1("Zhang Ming");
    Person s2("Li da");
    s1.show();
    s2.show();
}
```

运行结果:

```
Constructor called. Len=10
Constructor called. Len=5
Zhang Ming
Li da
Destructor called. name=Li da
Destructor called. name=Zhang Ming
```

Person 类的数据成员 name 是一个指针变量,在未被赋值之前它指向内存中的随机位置,是不能使用的。在 Person 类的构造函数中,初始化 name 按实际需要大小动态分配 name 所指空间:形参 st 所指的字符串长度有多大,就动态分配这些大小+1 的空间(+1 为预留'\0'空间),并将此空间地址保存到 name 中。由于 name 所指空间是用 new 动态分配的,在程序运行结束后不会被自动释放,而必须通过 delete 释放。在析构函数中 delete 是最佳时机:程序运行结束时对象会被释放,对象被释放时自动执行析构函数就会 delete 它。

本例也再次说明一般对象构造与析构的顺序相反:s1 先构造后析构,s2 后构造先析构。

2. 通过重载的构造函数初始化对象

构造函数可包含参数,也可以重载。当在同一个类中定义多个构造函数,它们具有不同的参数时(参数个数不同或类型不同均可),就是构造函数的重载。重载构造函数,可使在定义对象时的括号内可给出多种不同形式的初值,为使用带来方便。

【案例 8-7】 通过重载的构造函数初始化对象。

```
#include <iostream.h>
class Date
{
    public:
        Date();                      //重载构造函数
        Date(int y);                 //重载构造函数
        Date(int y, int m);          //重载构造函数
        Date(int y, int m, int d);   //重载构造函数
        void print();
```

```
        private:
            int year, month, day;
    };
    Date::Date()
    {   year=1970;   month=day=1;
        cout<<"(无参构造函数已被调用)\n";
    }
    Date::Date(int y)
    {   year=y;   month=day=1;
        cout<<"(1 个参数的构造函数已被调用)\n";
    }
    Date::Date(int y, int m)
    {   year=y;   month=m; day=1;
        cout<<"(2 个参数的构造函数已被调用)\n";
    }
    Date::Date(int y, int m, int d)
    {   year=y;   month=m;   day=d;
        cout<<"(3 个参数的构造函数已被调用)\n";
    }
    void Date::print()
    {   cout<<year <<"年" <<month <<"月" <<day <<"日" <<endl;}
    void main()
    {   Date t, t1(2017);
        cout<<"默认日期是:"; t.print();
        cout<<"元旦是:"; t1.print();
        cout<<endl;

        Date t2(1949,10),t3(2017,1,28);
        cout<<"新中国成立于:"; t2.print();
        cout<<"春节是:"; t3.print();
    }
```

运行结果:

(无参构造函数已被调用)
(1 个参数的构造函数已被调用)
默认日期是:1970 年 1 月 1 日
元旦是:2017 年 1 月 1 日

(2 个参数的构造函数已被调用)
(3 个参数的构造函数已被调用)
新中国成立于:1949 年 10 月 1 日
春节是:2017 年 1 月 28 日

在 Date 类中包含了 4 个名为 Date 的成员函数,它们都是构造函数。它们的参数不同,
分别是:没有参数、1 个参数、2 个参数、3 个参数,这属于构造函数的重载。那么在创建该

类的一个对象时,应自动调用这 4 个构造函数中的哪一个呢？这决定于对象定义语句中括号内的初值情况。与普通函数重载的调用方式类似,系统会根据括号内的初值情况自动调用所匹配形参的构造函数。程序先后定义了 4 个对象,在创建对象时所调用的构造函数不同,这 4 个对象中数据成员的初值也不同,如图 8-7 所示。

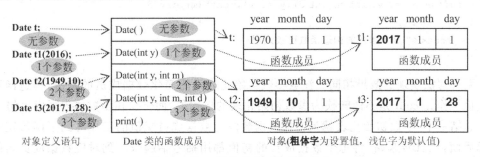

图 8-7　Date 类的几个对象的初始化

这样在定义该类的对象时,既可不给初值,也可给出 1～3 个初值,使用很方便。

注意:如果希望在创建对象时自动调用没有参数的构造函数,定义语句的对象名后不能再写括号,即应用语句"Date t;"而不能写为"Date t();",因为后者不再是定义对象而是一个名为 t 的函数的声明了。

3. 在构造函数中使用参数初始化表

使用构造函数初始化对象,还有一种特殊写法。例如,案例 8-5 的构造函数:

```
Rectangle(double w, double h)
{ width=w;  height=h;  }
```

还可写为

```
Rectangle(double w, double h):        width(w),height(h)
{  }
```

以上"width(w),height(h)"称为参数初始化表,即将数据成员的赋值语句转换为参数初始化表的形式,写到函数定义的首部,它与在函数体内执行语句"width＝w；height＝h；"的效果相同。但采用参数初始化表的方式可在函数体内省略对应的赋值语句,代码更简洁,这在包含较多数据成员的类中效果尤其明显。

又如案例 8-7 的 Date 类的以下 2 个构造函数:

```
Date::Date()
{   year=1970;  month=day=1;
    cout<<"(无参构造函数已被调用)\n";
}
Date::Date(int y, int m, int d)
{   year=y;  month=m;  day=d;
    cout<<"(3个参数的构造函数已被调用)\n";
}
```

还可以分别写为下面形式:

```
Date::Date():year(1970),month(1),day(1)
{
    cout<<"(无参构造函数已被调用)\n";
}
Date::Date(int y, int m, int d):year(y),month(m),day(d)
{
    cout<<"(3个参数的构造函数已被调用)\n";
}
```

两种写法实现的效果相同。注意参数初始化表只能简化数据成员的赋值,构造函数内的其他工作如 cout 是不能转换为参数初始化表的形式的,而仍要在函数体内写出语句。

总结一下,参数初始化表就是将构造函数内为数据成员赋值的工作写到了函数定义的首部后面,以冒号起始,将每个数据成员的初值都用括号括起来写到对应数据成员名的后面,并用逗号分隔各数据成员。其一般形式为

构造函数名(形参表):数据成员名 1(初值 1),数据成员名 2(初值 2),…
```
{
    //构造函数体
}
```

如果将()想象为怀抱物体的两只手臂,可将参数初始化表中的各项看作是每个数据成员怀抱着自己的初值,"手牵着手"(逗号)站成一排。又可将冒号(:)想象为"电源插头",通过这个插头把参数初始化表插到了构造函数的头部上。可将参数初始化表的写法总结为口诀如下:

成员初始化,

基类把名挂。

初值怀中抱,

牵手头上插。

其中口诀的第 2 句"基类把名挂"我们将在 8.3.3 节介绍继承时再说明它的含义。

【案例 8-8】 用参数初始化表初始化对象。

```
#include <iostream.h>
class Ellipse
{   private:
        double x,y,a,b;
    public:
        Ellipse();
        Ellipse(double,double,double,double);
        ~Ellipse();
        void print();
};
Ellipse::Ellipse():x(0),y(0),a(0),b(0)
{   cout<<"默认构造函数已被调用"<<endl;
}
Ellipse::Ellipse(double x1,double y1,double aa,double bb):
```

```
                          x(x1),y(y1),a(aa),b(bb)
{    cout<<"带参数的构造函数已被调用"<<endl;
}
Ellipse::~Ellipse()
{   cout <<"析构函数被调用,以下对象即将被释放:";
    cout <<"左上角顶点坐标=(" <<x <<"," <<y <<")";
    cout <<"   a=" <<a <<"   b=" <<b <<endl;
}
void Ellipse::print()
{   cout <<"左上角顶点坐标=(" <<x <<"," <<y <<")";
    cout <<"   a=" <<a <<"   b=" <<b <<endl;
}
void main()
{   Ellipse e1, e2(100,100,20,15);
    e1.print();
    e2.print();
    cout<<"***********************"<<endl;
}
```

运行结果:

默认构造函数已被调用
带参数的构造函数已被调用
左上角顶点坐标=(0,0)   a=0   b=0
左上角顶点坐标=(100,100)   a=20   b=15
****
析构函数被调用,以下对象即将被释放:左上角顶点坐标=(100,100)   a=20   b=15
析构函数被调用,以下对象即将被释放:左上角顶点坐标=(0,0)   a=0   b=0

Ellipse 类中也包含重载的两个构造函数,在 main 函数中创建 e1 对象时由于没有给出初值,将调用无参构造函数。在创建 e2 对象时由于给出了 4 个初值 e2(100,100,20,15)将调用具有 4 个形参的构造函数。e1、e2 都在被创建时就获得了初值。在 main 函数运行结束时,将释放 e1、e2 两个对象,而释放的顺序与创建的顺序相反:e2 后被创建先被释放,e1 首先被创建后被释放。

8.3.3 子对象

类中的数据成员可以是 int、double 等基本的数据类型,也可以是类类型。如果数据成员是另一个类的类型,这个数据成员就是一个对象,称子对象。如果一个对象包含子对象,则对它进行初始化时,还要对其中的子对象进行初始化,这也是通过构造函数完成的。

【案例 8-9】 用构造函数初始化子对象。

```
#include <iostream.h>
class Engine
{
    private:
```

```
            int num;
            int type;
        public:
            Engine(int s, int t):num(s),type(t)        //Engine 类的构造函数
            {   }
            int getNum(){ return num; }
            int getType(){ return type;}
    };
    class Jet
    {
        private:
            int dt;
            Engine eobj;                                //eobj 为子对象
        public:
            Jet(int n,int t,int d): eobj(n,t),dt(d)    //Jet 类构造函数
            {     }
            void printJet()
            {   cout << "Num=" <<eobj.getNum()<<endl;
                cout << "Type=" <<eobj.getType()<<endl;
                cout << "Data=" <<dt <<endl;
                //不能用 cout<<eobj.num; cout<<eobj.type;
                //因在 Engine 类外不能访问 Engine 类的 private 的成员
            }
    };
    main()
    {   Jet ja(1001,24,8192);                           //定义一个 Jet 类的对象,内含子对象
        ja.printJet();
    }
```

运行结果:

```
Num=1001
Type=24
Data=8192
```

在 Jet 类的构造函数中,通过初始化表方式完成了对子对象 eobj 的初始化。其写法与普通数据成员是类似的,仍是"初值怀中抱,牵手头上插"。只不过当对子对象的初始化需多个初值时,要在()内"抱"上多个初值,如 eobj(n, t)。注意参数初始化表中应写出的是子对象的名字(eobj),而不是子对象的类型(Engine),这与普通数据成员的写法是类似的。

Jet 类的构造函数还可写为以下形式:

```
Jet(int n,int t,int d): eobj(n, t)                  //Jet 类的构造函数
{   dt=t; }
```

即普通数据成员 dt 的初始化工作也可通过赋值语句完成。但子对象的初始化则必须通过参数初始化表完成。

8.3.4 复制构造函数

在基因时代,"克隆"这个词我们已经不陌生了。使用克隆技术可以从无到有地创建一个一模一样的生命体。例如,这里有一只羊,使用克隆技术可以从无到有地再创建一只羊,第二只羊与第一只羊一模一样。

克隆技术可不可以用于程序中的对象呢? 完全可以! 例如,我们这里已创建了一个 Rectangle 类的对象 a,则可使用克隆技术从无到有地再创建一个对象 a2,两个对象一模一样。由于同类的对象是共用函数成员的,因此这里所说的"一模一样"就是把 a 的各数据成员的值一一对应地复制到 a2 中就可以了。在程序中克隆对象的方法如下:

```
Rectangle a2(a);
```

对照之前创建对象的方法:

```
Rectangle a(1.2, 2.0)
```

实际将对象定义语句中括号内普通数据的初值改为了同类的另一个对象作为初值。不是用具体数据来初始化新对象,而是用已有的一个对象来初始化新对象。前者是调用普通的构造函数,后者是调用另一种特殊的构造函数——复制构造函数(Copy Constructor)。

复制构造函数也是构造函数,具有一般构造函数的特征,例如,其函数名与类名相同,也无返回值等。与普通构造函数的区别是,复制构造函数必须有一个参数,该参数必须是同类对象的一个引用类型。例如:

```
class  Rectangle
{   public:
        Rectangle(const Rectangle &r)          //复制构造函数
        { width=r.width; height=r.height; }
        ...
};
```

复制构造函数的参数一般约定加 const 修饰词,这使 r 在该函数内成为一个常量,可防止在函数内误修改 r 中的数据。r 前的 & 表示引用,这使 r 成为实参对象的一个别名,它和实参对象是同一个对象(而不为 r 开辟新空间)。复制构造函数的一般形式如下:

```
类名::类名(const 类名 & 引用名)
{
    //函数体
}
```

每个类都必须有一个复制构造函数。如果在定义类时没有写出复制构造函数,则系统会自动生成一个默认的复制构造函数(在系统内部生成,不会修改代码),其中的操作是一一对应地复制对象中的所有数据成员的值。上例写出的 Rectangle 类的复制构造函数实际和系统自动生成的完全一样,因此在上例中也可以不写出这样一个复制构造函数,便可达到同样的运行效果。

【案例 8-10】 用复制构造函数初始化对象。

```
#include <iostream.h>
class Complex
{
    public:
        Complex(double x, double y);          //2个参数的构造函数
        Complex(Complex & c);                 //复制构造函数
        void display();
    private:
        double rel, img;
};
Complex::Complex(double x, double y)          //2个参数的构造函数的实现
{   rel=x; img=y;
    cout<<"(构造函数被调用)"<<endl;
}
Complex::Complex(Complex & c)                 //复制构造函数的实现
{   rel=c.rel;   img=c.img;
    cout<<"(复制构造函数被调用)"<<endl;
}
void Complex::display()
{   cout<<"The complex is:" <<rel <<"+" <<img <<"i" <<endl;
}
void main()
{   Complex c1(6.8, 7.2);                     //用 2 个参数的构造函数初始化对象
    c1.display();
    Complex c2(c1);                           //用复制构造函数初始化对象
    c2.display();
}
```

运行结果：

```
(构造函数被调用)
The complex is:6.8+7.2i
(复制构造函数被调用)
The complex is:6.8+7.2i
```

　　首先创建了一个对象 c1，然后通过"克隆"技术又创建了一个与 c1 一模一样的对象 c2，后者是通过在定义语句中以 c1 作为初值初始化 c2 实现的，其原理是系统自动调用了复制构造函数。在本例中，如果不输出"（复制构造函数被调用）"这样一行字，也可不写出复制构造函数，系统自动生成的复制构造函数会自动执行"real＝c. real；imag＝c. imag；"。

　　除了当用一个已有对象去初始化同类的一个新对象时会调用复制构造函数外，还有两种情况系统会自动调用复制构造函数：当对象作为函数实参传递给函数形参时，以及当对象作为函数返回值时。因为这两种情况也有新对象被创建，需要将另一对象的数据成员完整地复制给新对象。

8.4 继承与派生

8.4.1 继承和派生的概念

在现实生活中,子女可以继承父辈的特征,而且"青出于蓝而胜于蓝",在原有基础上还能增加新特征,进一步发展。在面向对象程序设计中,也可以继承。然而首先要明确的是,面向对象中的继承是类与类之间的继承,而不是对象与对象之间的继承。面向对象中的继承是在已有类的基础上定义新的类,新类直接具有原类的属性和方法,这使在新类中不必再重复编程实现这些与原类相同的属性和方法了,大大减少重复劳动、提高编程效率。当然,新类允许在此基础上再增加一些新的属性和方法,以适应新的应用。继承是面向对象程序设计中支持代码复用的重要机制。原有的类称为父类或基类,通过继承建立的新类称为子类或派生类。从子类角度看,子类继承自父类;从父类角度看,父类派生出了子类。

例如,计算机游戏中的小兵是一类(一个个小兵都是以该类为模板制造出来的),在小兵类中定义了生命值、武力值等属性,以及攻击、爆炸等方法。在定义好小兵类后,再定义大BOSS 类时,只要继承小兵类,则大 BOSS 类就也拥有了生命值、武力值等属性以及攻击、爆炸等方法,不必重新再做一遍。在大 BOSS 类中只需编程实现"特技"的方法即可。这里小兵类是父类(基类),大 BOSS 类是子类(派生类),如图 8-8 所示。

(a) 小兵类和大BOSS类

(b) 平房类和楼房类

图 8-8　现实生活中继承的例子(箭头由子类指向父类)

又如,当把平房类定义好后,再定义楼房类时,只要继承自平房类就可拥有与平房类相似的平米数、地址等属性以及居住等方法,而不必重新再做一遍。在楼房类中仅需实现其新有的楼层数等属性以及乘坐电梯等方法,如图 8-8 所示。

父类(基类)和子类(派生类)是相对而言的,所派生出来的子类又可作为父类再继续派生出其他的新子类,如图 8-9 所示。这样一代一代派生下去,形成一个派生树。直接派生出其他某类的基类称为直接基类,而基类的基类或更高层的基类称为间接基类。例如,图 8-9(a)中的人类为大学生类的直接基类,为研究生类的间接基类。

从一个父类也可以派生出多个子类,例如,点类可作为父类派生出圆形类、长方形类等

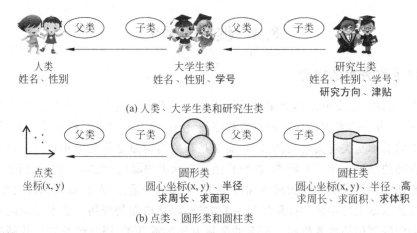

图 8-9　子类又可作为父类派生出新的子类(箭头由子类指向父类)

多个子类,如图 8-9(b)所示。

8.4.2　派生类的定义

如果有 AAA 类的定义如下:

```
class AAA
{   public:
        AAA(){ … }                              //构造函数
        ~AAA(){ … }                             //析构函数
        int a;
        int f1(){ … }
    protected:
        double b;
        void f2(){ … }
    private:
        float c;
        int f3(){ … }
};
```

现还希望再定义一个 BBB 类,BBB 类中有与 AAA 类相同的数据成员 a、b、c 和函数成员 f1、f2、f3,并比 AAA 类多出了数据成员 m 和函数成员 fun,这就可以通过继承来定义 BBB 类。定义方式如下:

```
class BBB: public AAA
{   public:
        int fun(){ … }
    private:
        int m;
};
```

其中,定义的类名 BBB 后增加了": public AAA",说明 BBB 类继承自 AAA 类,或称它是从 AAA 类派生出来的。public 代表继承方式为公有继承(继承方式将稍后讨论)。继承是一种拿来主义,BBB 类将把 AAA 类的所有数据成员和函数成员"拿来"归自己所有(AAA 类的构造函数和析构函数除外)。也就是说,虽然以上 BBB 类的定义中只写出了一个函数成员 fun 和一个数据成员 m,然而 BBB 类却实际具有 a、b、c、m 4 个数据成员和 f1、f2、f3、fun 4 个函数成员,其中前三者分别都是从 AAA 类继承过来的。

在公有继承(public)方式下,BBB 类中拥有的 a、f1 的访问权限仍是 public,b、f2 的访问权限仍是 protected,而 c、f3 的访问权限不再是 private,而是"隐藏"。隐藏是指类外不能访问这些成员,而且即使在 BBB 类的新增函数(如 fun 函数)内也不能访问。"隐藏"的数据成员和函数成员只能在从父类继承来的函数中才能访问(如 f1、f2 中)。现把该继承的分析过程以及 BBB 类中实际包括的所有成员列出,如图 8-10 所示。

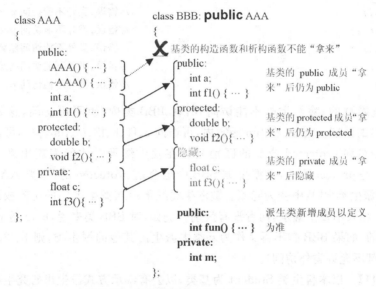

图 8-10　公有继承派生类成员的分析实例

注意图 8-10 右侧是继承后 BBB 类包含的所有成员及访问权限的分析,而不是 BBB 类的定义。在程序中定义 BBB 类要像上面那样,仅写出 BBB 的新增成员 fun 和 m 即可。

在定义这两个类后,就可以通过定义这两个类类型的对象来使用了。如有定义:

```
AAA bas;                                    //定义基类对象 bas
```

则以下语句均正确,因为是访问 bas 对象的公有成员:

```
bas.a=1;
bas.f1();
```

以下语句均错误,因为 bas 对象的保护成员和私有成员在类外均不可访问:

```
bas.b=1.0;                                  //错误,类外不能访问 protected 成员
bas.f2();                                   //错误,类外不能访问 protected 成员
bas.c=1.0;                                  //错误,类外不能访问 private 成员
bas.f3();                                   //错误,类外不能访问 private 成员
```

下面再定义一个 BBB 类的对象:

```
    BBB dev;                                //定义派生类对象 dev
```

则以下语句均正确,因为是访问 dev 对象的公有成员:

```
    dev.fun();
    dev.a=1;
    dev.f1();
```

其中,fun 函数是派生类新增的公有成员,a、f1 是从基类继承来的,且继承后也是公有
(public)的访问权限,也属于本类的公有成员。

以下语句均错误,因为 dev 对象的保护、私有和隐藏的成员在类外均不可访问:

```
    dev.b=1.0;                              //错误,类外不能访问 protected 成员
    dev.f2();                               //错误,类外不能访问 protected 成员
    dev.c=1.0;                              //错误,类外不能访问隐藏的成员
    dev.f3();                               //错误,类外不能访问隐藏的成员
    dev.m=1;                                //错误,类外不能访问 private 的成员
```

c 和 f3 是隐藏的,除了类外不能访问外,在 BBB 类内,也不可访问,这是与 private、
protected 成员的区别。例如,在 fun 函数内,可访问 a、f1、b、f2、m、fun,但不可访问 c 和 f3。

private 成员和 protected 成员的区别只有在发生继承时才能表现出来。例如,基类
AAA 的 b、f2 是 protected 的,在派生类 BBB 中也会是 protected 的;基类 AAA 的 c、f3 是
private 的,在派生类 BBB 中变为隐藏。被派生类继承后在派生类中的访问权限不同,这是
两者的区别。如果不发生继承,两者没有区别。例如,对 BBB 类来说,b、f2 是 protected 的,
m 是 private 的,如果 BBB 类不再又作为基类去派生出其他的派生类,则 b、f2、m 的访问权
限没有区别(都不允许类外访问)。

【案例 8-11】 以本科生类 Student 为基类,以公有继承方式派生出研究生类 Graduate。

```cpp
#include <iostream.h>
class Student                           //本科生类
{   public:
        Student(){ num=0; score=0.0; }
        void setNum(int n){ num=n; }
        void setScore(float s){ score=s; }
        void sDisp()
        { cout<<num<<"\t"<<score; }
    private:
        int num;                            //学号
        float score;                        //成绩
};
class Graduate: public Student          //研究生类(公有继承自本科生类)
{   public:
        Graduate(){ wage=0; }
        void setWage(float w){ wage=w; }
        void gDisp()
        {   //不能在这里访问 num、score,因为它们被隐藏
```

```
        //但可通过调用 sDisp 函数,通过 sDisp 函数间接访问 num、score
        sDisp();
        cout<<"\t" <<wage;
    }
    private:
        float wage;                              //津贴
};
main()
{   Graduate gg;                                 //gg 是派生类的对象
    gg.setNum(1001);
    gg.setScore(95.5);
    gg.setWage(1200.0);
    cout<<"sDisp 的结果:\n";  gg.sDisp();  cout<<endl;
    cout<<"gDisp 的结果:\n";  gg.gDisp();  cout<<endl;
}
```

运行结果:

```
sDisp 的结果:
1001    95.5
gDisp 的结果:
1001    95.5    1200
```

本程序定义了两个类,其中研究生类 Graduate 是从本科生类 Student 继承来的。这样,研究生类 Graduate 就不必重复再定义一遍"学号 num"、"成绩 score"的数据成员,而可直接把它们从基类"拿来"归自己所用。然后在研究生类 Graduate 中仅增加其新有的数据成员"津贴 wage"就可以了。

这样 Graduate 类就不仅包含新增成员 setWage、gDisp、wage,还包含从基类"拿来"的 setNum、setScore、sDisp 3 个函数成员和 num、score 两个数据成员(注意基类的构造函数 Student 不能拿来)。由于是公有继承(public)的继承方式,这 3 个函数成员被拿来后访问权限仍为 public,两个数据成员被拿来后变为隐藏。在 main 函数中可通过 Graduate 类的对象 gg,来调用这 3 个函数:

```
gg.setNum(1001); gg.setScore(95.5); gg.sDisp();
```

当然也可调用自己类新增的函数:

```
gg.setWage(1200.0); gg.gDisp();
```

Graduate 类的新增成员 wage 是 private 类型的,类外不能访问。从父类继承来的 num、score 是隐藏的,类外也不能访问。因此如果在 main 函数中执行下面语句是错误的:

```
gg.num=1001;  gg.score=95.5;  gg.wage=1200.0;  //都错误
```

父类的 sDisp()函数被"拿来"后成为子类 Graduate 的公有成员,因此在子类 Graduate 内也可调用 sDisp()函数(如在新增函数 gDisp 内调用 sDisp)。

父类的 num、score 被"拿来"后在子类中被"隐藏",因此在子类 Graduate 内不可直接访问 num、score,但通过调用 sDisp 函数可间接访问 num、score。这样 sDisp 函数成为了父、子类之间的"接口"。这类似于尽管子女可以继承父亲的物品,但父亲也有不对子女公开的隐秘物品(父类的 private 成员)。子女不能直接访问这些隐秘物品,但可通过父亲提供的"接口"(如 sDisp 函数)来间接访问它们。当子女问到父亲有关隐秘物品的情况时,父亲会在"接口"中以特有的方式"告诉"子女。

除 sDisp 函数外,setNum 和 setScore 函数也是父类和子类之间的"接口"。不但在类外不能直接修改 num、score 的值,在 Graduate 类内,也不能直接修改 num、score 的值(因为它们被隐藏),但可通过调用 setNum 函数和 setScore 函数来修改 num、score 的值。

8.4.3 继承方式

8.4.2 节介绍的公有继承(public)是继承方式的一种。除公有继承外,继承方式还有私有继承(private)、保护继承(protected)。要设置不同的继承方式,只要在派生类的定义中,在类名冒号(:)后、基类名前,写出继承方式的关键字即可。

如已定义 AAA 类,要以私有继承方式定义 BBB 类,可写为

```
class BBB: private AAA                          //private 可省略,即 class BBB:AAA
{    public:
         int fun(){ … }
     private:
         int m;
};
```

要以保护继承方式定义 BBB 类,可写为

```
class BBB: protected AAA
{    public:
         int fun(){ … }
     private:
         int m;
};
```

如果在冒号(:)后不写出继承方式的关键字,则默认是私有继承(private)。

无论是何种继承方式,基类的所有"数据+函数"将全被"拿来"作为派生类自己的"数据+函数"(基类的构造函数和析构函数除外),不同的继承方式控制的是基类成员被"拿来"到派生类中后,在派生类中的访问权限。

(1) 公有继承下(public),基类的 private 成员被"拿来"后在派生类中被隐藏,public 和 protected 的成员被"拿来"后在派生类中仍保持为 public 和 protected。

(2) 私有继承下(private),基类的 private 成员被"拿来"后在派生类中被隐藏,public 和 protected 的成员被"拿来"后在派生类中全变为 private。

(3) 保护继承下(protected),基类的 private 成员被"拿来"后在派生类中被隐藏,public 和 protected 的成员被"拿来"后在派生类中全变为 protected。

现将这 3 种不同继承方式下的基类成员在派生类中的访问权限总结于表 8-3。

表 8-3 不同继承方式下,不同访问权限的基类成员在派生类中的访问权限

基类成员\n继承方式	基类 public 的成员	基类 protected 的成员	基类 private 的成员
公有继承(public)	public	protected	隐藏\n(不可直接访问)
私有继承(private)	private		
保护继承(protected)	protected		

上例以私有继承和保护继承定义 BBB 类后,BBB 类包含的所有成员及访问属性分析分别如图 8-11 和图 8-12 所示。

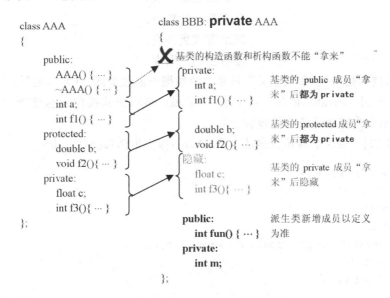

图 8-11 私有继承派生类成员的分析实例

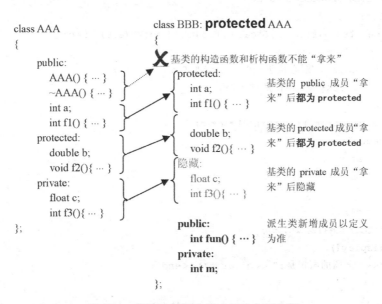

图 8-12 保护继承派生类成员的分析实例

　　不同继承方式下的访问权限变化并不难记,可把继承方式想象为"包装纸"。当用包装纸包裹了一件物品后,物品看上去就是包装纸的颜色了。私有继承方式(private)就是用 private 的包装纸去包裹基类成员,因此基类成员看上去就是私有的(private)。保护继承方式(protected)就是用 protected 的包装纸去包裹基类成员,因此基类成员看上去就是保护的(protected)。公有继承方式(public),包装纸是透明的,则基类成员仍显现原本的颜色: public 的基类成员在派生类中还是 public 的,protected 的基类成员在派生类中还是 protected 的。这里只要注意两个例外:一是构造函数和析构函数不能继承;二是基类中 private 的成员无论如何在派生类中都变为"隐藏"。可将这一规律总结为口诀记忆如下:

数据函数取到底,

私有隐蔽除构析。

继承方式裹外皮,

唯有公鸡透明衣。

　　这是说,继承是一种"拿来主义",将基类的数据＋函数全部"拿来",但"构析"(构造函数和析构函数)除外、private(私有)的"拿来"后隐藏。继承方式类似于包装纸,"公鸡"与"公继"谐音,只有公有继承是透明的包装。

【案例 8-12】 以保护继承方式从点类(Point)派生出圆形类(Circle)。

```cpp
#include <iostream.h>
#define PI 3.14159
class Point
{   public:
        setXY(float px, float py){ x=px; y=py; }
    protected:
        float x, y;
};
class Circle: protected Point
{   public:
        setCircle(float a,float b,float c){ setXY(a,b); r=c; }
        void display()
        {   cout<<"圆心位于:(" <<x <<"," <<y <<")";
            cout<<"\t 半径是:" <<r;
        }
        double area(){ return PI * r * r; }
    protected:
        float r;
};
main()
{   Circle c1;
    c1.setCircle(12, 20, 5);
    c1.display();
    cout<<"\t 圆的面积是:" <<c1.area()<<endl;
}
```

运行结果:

圆心位于:(12,20)　　半径是:5　　圆的面积是:78.5397

本例通过保护继承,以 Point 类为基类又定义了 Circle 类。则 Circle 类中也包含 x、y 和 setXY,它们的访问权限都变为 protected。因此在 Circle 类内均可访问,但在 Circle 类外不可访问。本例在 Point 类中把 x、y 定义为 protected 而不是 private,其好处就是:使 x、y 能够在派生类内访问。

由于 x、y、setXY 在 Circle 类中也都是 protected 的,可以 Circle 为父类进一步派生出下一代的子类。例如,从 Circle 类再派生出 Cylinder(圆柱)类:

```
class Cylinder: protected Circle
{
    ...
};
```

则在 Cylinder 类中,x、y、setXY、display 仍是 protected 的,可在 Cylinder 类内访问,但类外不能访问。从 Cylinder 类还可继续派生出子类……这样既限制了类外对成员的访问,提高了数据安全性,又方便了在类内的使用,并有助于下层子类的权限控制。

8.4.4　派生类的构造函数和析构函数

派生类的数据成员由两部分组成。

(1) 从基类继承来的数据成员。

(2) 在派生类中新定义的数据成员。

在对派生类对象初始化时,应对其中含有的这两部分数据成员均进行初始化。由于基类的构造函数和析构函数不能被继承,因而从基类中继承来的那些数据成员的初始化,仍要靠"调用"基类的构造函数完成。构造函数不允许我们通过语句调用,但基类构造函数还有一种"调用"方法,是在派生类的构造函数中,通过参数初始化表完成。

也就是说,在派生类构造函数的参数初始化表中,还要包含基类的初始化。其写法与普通数据成员的初始化类似,仍是"初值怀中抱,牵手头上插",不过()前应写"基类的类名"。注意这与子对象初始化的写法不同,子对象的初始化()前写出的是子对象名而不是类型名(参见 8.3.3 节)。

【案例 8-13】 以公有继承方式从点类(Point)派生出圆形类(Circle),并通过构造函数初始化对象。

```
#include <iostream.h>
#define PI 3.14159
class Point
{   public:
        void display(){cout<<"点位于:(" <<x <<"," <<y <<")";}
        Point(float px, float py){ x=px; y=py; }   //基类构造函数
        Point(){x=0; y=0; }                         //重载的基类构造函数
    protected:
        float x, y;
};
```

```
class Circle: public Point
{   public:
        Circle(float a,float b,float c):Point(a,b),r(c){ }
                                                //派生类构造函数
        Circle():Point(),r(0){ }                //重载的派生类构造函数
        void display()
        {   cout<<"圆心位于:(" <<x <<"," <<y <<")";
            cout<<"\t 半径是:" <<r;
        }
        double area(){ return PI * r * r; }
    protected:
        float r;
};
main()
{   Circle c0, c1(12, 20, 5);
    c0.display();
    cout<<"\t 圆的面积是:" <<c0.area()<<endl;
    c1.display();
    cout<<"\t 圆的面积是:" <<c1.area()<<endl;
}
```

运行结果：

圆心位于:(0,0)   半径是:0   圆的面积是:0
圆心位于:(12,20)半径是:5   圆的面积是:78.5397

本例在派生类构造函数 Circle 中,通过参数初始化表的方式初始化从基类继承来的 x、y。其中,在参数初始化表中要写上基类的类名＋(基类部分的成员初值),即 Point(a,b)。这就是在前面介绍的口诀中"成员初始化,基类把名挂"的含义,只有基类是"挂上"类(类型)的名字,其他(子对象、普通数据成员)均是写出成员(变量)的名字。

在同一类中,不能包含名字相同、参数也相同的两个成员函数。但是,在类的继承层次上,派生类可与基类的成员函数同名、同参数。本例基类 Point 有成员函数 display,在派生类 Circle 中也有成员函数 display,两者同名、同参数。这时后者将覆盖前者,无论在 Circle 类内还是类外,当调用 display 时都是调用后者。例如,在类外用"c1. display();"是调用 Circle 类中新增的 display()。注意必须同名且同参数的函数才能覆盖,如仅函数名相同而参数不同则是重载,将依据调用时的实参情况选择匹配参数的函数来调用。

如果仍想调用从基类继承来的 display 还可不可以呢? 可以! 但要加上基类名和"::"限定是基类的函数,例如,在类外执行语句"c1. Point::display();"将输出"点位于:(12, 20)"。

在 Circle 类内如需调用基类的 display,也应写"Point::display();"例,将 Circle 类内的 display()函数改为

```
void display()
{   Point::display();                           //调用基类的 display 函数
    cout<<"\t 半径是:" <<r;
```

```
    }
```

则在 main 函数中调用

```
c1.display();
```

输出结果：

点位于:(12,20)　　半径是:5

其中，"点位于：(12,20)"部分是调用基类的 display 函数输出的。

现在总结一下，派生类的构造函数一般要承担以下的初始化工作：①从基类继承过来的数据成员的初始化；②派生类包含的子对象的初始化；③派生类自己新增的普通数据成员的初始化。派生类的构造函数一般形式为

```
派生类名(总参数表):基类名(参数表1),子对象名(参数表2),…,成员名(参数表n)
{
    //函数体
}
```

其中，"总参数表"中的参数，一般要被"派发"到后面"参数初始化表"中的各项。因此"总参数表"中的参数个数通常是：基类构造函数的参数个数、子对象构造函数的参数个数，以及派生类中新增数据成员的个数之和。

派生类的构造函数尽管要承担以上提到的三部分的初始化工作，但实际在派生类的构造函数内，只直接负责自己新增的普通数据成员的初始化。而对于从基类继承来的数据成员，以及子对象中的数据成员，均需通过调用基类的构造函数，以及子对象的构造函数来完成初始化。构造函数的调用顺序如下。

（1）调用基类的构造函数。

（2）如果派生类中还包含子对象，再调用子对象的构造函数。

（3）最后完成自己新增的普通数据成员的初始化，执行构造函数的函数体。

而派生类的析构函数调用顺序通常与此相反，即：

（1）执行派生类自己的析构函数的函数体。

（2）如果派生类中还包含子对象，再调用子对象的析构函数。

（3）调用基类的析构函数。

这种调用顺序并不难理解。设想我们是怎样组装一台计算机的呢？如图 8-13 所示，首

图 8-13　派生类构造函数和析构函数的调用顺序与组装和拆卸计算机的过程一致

先要有一块主板，这是组装计算机的基础，是"基类"。然后把 CPU、内存、显卡、硬盘、光驱等元器件连接到主板上，这些元器件类似于"子对象"。最后再选择一款我们自己喜欢的特定外形、颜色的机箱，这类似于派生类新增的数据成员。这正体现了构造函数的调用顺序。而拆卸一台计算机的过程就与析构函数的调用顺序一致：先拆卸机箱（派生类新增的数据成员），再拔除 CPU、硬盘、光驱等元器件（子对象），最后取下主板（基类）。

【案例 8-14】 包含子对象的派生类的构造和析构。

```cpp
#include <iostream.h>
class Sub
{   public:
        Sub(int x):s(x)                          //Sub 类构造函数
        { cout <<"(Sub 类构造, s=" <<s <<")\n";  }
        ~Sub()                                   //Sub 类析构函数
        { cout <<"(Sub 类析构, s=" <<s <<")\n";  }
        int getS(){ return s; }
    private:
        int s;
};
class Base
{   public:
        Base(int y):b(y)                         //基类构造函数
        { cout <<"(Base 类构造, b=" <<b <<")\n";   }
        ~Base()                                  //基类析构函数
        { cout <<"(Base 类析构, b=" <<b <<")\n";   }
        int getB(){ return b; }
    private:
        int b;
};
class Derived: public Base
{   public:
        Derived(int m,int n,                     //派生类构造函数
                  int q,int r): Base(m),sb(n),bas(q),d(r)
        { cout <<"(Derived 类构造, d=" <<d <<")\n"; }
        ~Derived()                               //派生类析构函数
        { cout <<"(Derived 类析构, d=" <<d <<")\n"; }
        void display()
        {   cout <<"从基类继承的数据 b=" <<getB()<<endl;
            cout <<"子对象的数据 sb.s=" <<sb.getS()<<endl;
            cout <<"子对象的数据 bas.b=" <<bas.getB()<<endl;
            cout <<"派生类新增数据 d=" <<d <<endl;
        }
    private:
        Sub sb;                                  //子对象 1(Sub 类类型)
        Base bas;                                //子对象 2(Base 类类型)
        int d;
```

```
};
main()
{   Derived u(1000, 100, 10, 1);
    cout<<endl;
    Derived v(2000, 200, 20, 2);
    cout<<endl;
    u.display();  cout<<endl;
    v.display();  cout<<endl;
}
```

运行结果：

```
(Base 类构造, b=1000)
(Sub 类构造, s=100)
(Base 类构造, b=10)
(Derived 类构造, d=1)

(Base 类构造, b=2000)
(Sub 类构造, s=200)
(Base 类构造, b=20)
(Derived 类构造, d=2)

从基类继承的数据 b=1000
子对象的数据 sb.s=100
子对象的数据 bas.b=10
派生类新增数据 d=1

从基类继承的数据 b=2000
子对象的数据 sb.s=200
子对象的数据 bas.b=20
派生类新增数据 d=2

(Derived 类析构, d=2)
(Base 类析构, b=20)
(Sub 类析构, s=200)
(Base 类析构, b=2000)
(Derived 类析构, d=1)
(Base 类析构, b=10)
(Sub 类析构, s=100)
(Base 类析构, b=1000)
```

Derived 类含有两个子对象：sb 和 bas。其中，sb 是 Sub 类型的，bas 是 Base 类型的。而 Derived 类又继承自 Base 类。因此这里 Base 类有两个用途：一是作为 Derived 的基类，二是作为 Derived 类中的一个子对象 bas 的类型。在 Derived 类的构造函数中，对基类的初始化写为 Base(m)（写类型名），对子对象的初始化写为 bas(q)（写对象名）。

从输出结果可以看出，在创建对象 u 时，先后两次输出了"Base 类构造"；在程序运行结束前,释放 u 对象时,也先后两次输出了"Base 类析构"。其中输出的数据 b＝10 时对应的是子对象的构造和析构,输出数据 b＝1000 时对应的是基类的构造和析构。创建和释放对象 v 的情况类似。可见构造和析构的顺序一般相反:对象 u 先构造后析构,对象 v 后构造先析构。在每一对象内部,又按照"基类→子对象→构造函数体"的顺序构造,按照"析构函数体→子对象→基类"的顺序析构。当含多个子对象时,子对象之间是按照子对象定义的顺序进行构造,按相反的顺序析构。

8.4.5 多继承

以上介绍的是一个派生类只继承自一个直接基类,称为单继承。单继承的一个派生类只有一个基类,派生类将从该单个基类中继承其属性和方法。一个派生类也可以同时具有多个基类,称为多继承,这时派生类将同时得到多个基类的属性和方法。

生活中多继承的例子如图 8-14 所示。马和驴交配产生的骡子就同时继承马和驴两个基类,骡子将兼有马的特征和驴的特征,在此基础上还增加了骡子的新特征。数学系本科生类继承自"数学系类"和"本科生"类两个基类,将兼有"数学系类"的特征(如本系专业课)和"本科生"类的特征(如姓名、性别、学号),且在此基础上还增加了新特征(如本系本科团日活动)。

(a) 马类、驴类和骡子类

(b) 数学系类、本科生类和数学系本科生类

图 8-14　生活中多继承的例子

1. 多继承派生类的定义

在 C++ 中如何定义一个多继承的类呢? 如已定义了 A 类、B 类和 C 类,现在希望定义一个 D 类,D 类同时继承自 A、B、C 3 个类。可将 D 类的定义写为

```
class D: public A, private B, protected C
{                                                    //类 D 新增的数据成员和函数成员
};
```

类 D 由 A、B、C 三类共同派生，以 public 方式继承了类 A，以 private 方式继承了类 B，以 protected 方式继承了类 C。类 D 将 A、B、C 三类中的所有数据和函数成员均"拿来"归自己所有（构造函数和析构函数除外），且分别按各自不同继承方式的规则改变"拿来"后的数据和函数的访问权限。多继承是单继承的扩展，派生类与每个基类之间的关系仍可看作是一个单继承。

【案例 8-15】 多继承的简单实例。

```
#include <iostream.h>
class A
{    public:
        void printA(){ cout<<"Hello "; }
};
class B
{    public:
        void printB(){ cout<<"C++";    }
};
class C: public A, public B
{    public:
        void printC(){ cout<<"World!\n";      }
};
void main()
{    C obj;
    obj.printA();                              //调用从基类 A 继承来的 printA
    obj.printB();                              //调用从基类 B 继承来的 printB
    obj.printC();                              //调用类 C 新增的 printC
}
```

运行结果：

```
Hello C++World!
```

类 C 公有继承了类 A 和类 B，也将具有 printA 和 printB 成员函数。且按照公有继承的规则，这两个成员函数在类 C 中的访问权限也是 public。在此基础上，类 C 又新增了一个成员函数 printC，访问权限也是 public。因此在类外，通过类 C 的对象 obj 可调用 printA、printB、printC 3 个成员函数，输出结果分别是由这 3 个成员函数的输出拼接而成。

在多继承类的定义中，每一个"继承方式"只限定紧随其后的基类（省略"继承方式"则默认为 private）。如将本程序类 C 的定义中，类 B 前的 public 省略如下：

```
class C: public A, B
{
    ...
};
```

则类 C 将以 public 方式继承类 A,以 private 方式继承类 B(并不能同时以 public 继承 A、B)。这样 printB 函数在继承后的类 C 中将变为 private 的访问属性,无法在类外调用,main 函数中的语句"obj. printB();"将出错。

2. 多继承派生类的构造函数和析构函数

在多继承的派生类中,构造函数的形式与单继承情况基本相同,在参数初始化表中也是"基类把名挂"。只是由于继承自多个基类,需同时包含多个基类的类名。

构造函数的调用顺序仍是按照"基类→子对象→构造函数体"的顺序,多个基类的构造函数的调用顺序是按照定义派生类时基类名称出现的顺序(从左到右)。如上一小节多继承自 A、B、C 3 个类的类 D 的构造函数的调用顺序是"类 A→类 B→类 C→类 D 的子对象→类 D 构造函数体"。析构顺序与此相反,是"类 D 析构函数函数体→类 D 的子对象→类 C→类 B→类 A"。如有多个子对象,子对象之间构造的顺序仍是子对象定义的顺序,析构的顺序与此相反。

【案例 8-16】 多继承派生类的构造函数和析构函数的调用顺序。

```
#include <iostream.h>
class Base1
{    private:
        int a1;
    public:
        Base1(int i)
        { a1=i; cout<<"Constructor Base1, a1=" <<a1 <<endl;}
        ~Base1(){cout<<"Destructor Base1, a1=" <<a1 <<endl; }
};
class Base2
{    private:
        int a2;
    public:
        Base2(int j=0)                        //Base2 类的构造函数的参数有默认值
        { a2=j; cout<<"Constructor Base2, a2=" <<a2 <<endl;}
        ~Base2(){cout<<"Destructor Base2, a2=" <<a2 <<endl; }
};
class Base3
{    private:
        int a3;
    public:
        Base3(int k=0)                        //Base3 类的构造函数的参数有默认值
        { a3=k; cout<<"Constructor Base3, a3=" <<a3 <<endl;}
        ~Base3(){cout<<"Destructor Base3, a3=" <<a3 <<endl; }
};
class Derived: public Base3, public Base1, public Base2
{
    private:
        int d;
        Base1 obj1;                           //派生类中的子对象
```

```
        Base2 obj2;                          //派生类中的子对象
    public:
        Derived(int i, int j, int m, int n, int r)
                :obj2(n), obj1(m), Base2(i), Base1(j)
        {   d=r;
            cout<<"Constructor Derived, d=" <<d <<endl;
        }
        ~Derived(){cout<<"Destructor Derived, d=" <<d <<endl;}
    };
void main()
{
    Derived obj(100, 200, 1, 2, 50);
}
```

运行结果：

```
Constructor Base3, a3=0
Constructor Base1, a1=200
Constructor Base2, a2=100
Constructor Base1, a1=1
Constructor Base2, a2=2
Constructor Derived, d=50
Destructor Derived, d=50
Destructor Base2, a2=2
Destructor Base1, a1=1
Destructor Base2, a2=100
Destructor Base1, a1=200
Destructor Base3, a3=0
```

以上输出结果中，输出数据是 1 或 2 的都是对应子对象的构造和析构，输出数据是 100、200、0 的都是对应基类的构造和析构。

Derived 类公有继承自 Base3、Base1、Base2 类（注意 Derived 类定义时的 3 个基类名的出现顺序），在 Derived 类的构造函数中调用基类构造函数的顺序是 Base3、Base1、Base2。

Base2 和 Base3 的构造函数的参数都有默认值 0。这样对 Base2 和 Base3 的构造，就可以有 3 种方式：一是写出"Base2(实参值)"或"Base3(实参值)"；二是写出 Base() 或 Base3()；三是不写出这个内容。后两者都将使用默认值 0 作为实参值。在 Derived 类的构造函数的参数初始化表中，就省略了"，Base3(0)"，程序中写作：

```
Derived(int i, int j, int m, int n, int r)
        :obj2(n), obj1(m), Base2(i), Base1(j)
{   …
```

在该参数初始化表中，是按照"Base2(i)，Base1(j)"的顺序写出的，然而这并不影响基类构造函数的调用顺序。基类构造函数的调用顺序只取决于定义派生类时基类类名的出现顺序(Base3、Base1、Base2)，而在参数初始化表中各项顺序可任意排列。

8.4.6 基类对象与派生类对象的转换

在 8.2.2 节我们学习了同类的两个对象可以彼此赋值,赋值的效果是对象中包含的所有数据成员全部复制。例如,已定义 Rectangle 类,再定义 Rectangle 类的两个对象如下:

```
Rectangle a(1.2, 2.0), b;
```

则执行语句:

```
b=a;
```

后对象 b 中 width 的值将变为 1.2,同时 height 的值将变为 2.0。

那么不同类的两个对象间是否也可以彼此赋值呢? 在同一继承家族的基类对象和派生类对象之间,答案是肯定的。

我们知道,不同数据类型的数据有些能够转换,例如,可把一个 int 型的数据赋值给一个 double 型的变量,这时该 int 型数据会先被自动转换为 double 型后再赋值。这种不同类型数据之间的自动转换和赋值,称为赋值兼容。基类对象和派生类对象之间也有赋值兼容,可把一个派生类对象赋值给一个基类的对象变量,这时该派生类对象将首先被转换为“只保留从基类继承过来的部分、切去派生类新增成员部分”再赋值,有“大材小用”的味道。但注意反过来是不行的,不能把一个基类对象赋值给一个派生类的对象变量。

以 8.4.4 节的案例 8-13 为例,该程序定义了 Point 类,又从 Point 类以公有继承方式派生出了 Circle 类。如果在 main 函数中执行以下语句:

```
Point pt(15, 25);                  //定义一个 Point 类的对象变量
Circle ce(60, 80, 10);             //定义一个 Circle 类的对象变量
pt.display(); cout<<endl;
ce.display(); cout<<endl;
Point * pp;                        //定义一个基类型为 Point 的指针变量
pp=&pt;                            //让指针变量 pp 指向对象 pt
pp ->display();                    //通过 pp 调用成员函数,指针应用->,不能用"."
```

运行结果:

```
点位于:(15,25)
圆心位于:(60,80)   半径是:10
点位于:(15,25)
```

对象 pt 和 ce 所包含的成员情况如图 8-15 所示。Circle 类有同名、同参数的 display 函数成员,它将覆盖基类的 display 函数,于是“ce.display();”当然执行派生类的 display 函数。然而基类的 display 函数也是可以被调用的,如需调用基类的 display 函数应写为“ce.Point::display();”。

如果执行语句:

```
pt=ce;
pt.display();
```

将在赋值时舍弃 ce 中的派生类新增数据(r),而仅将从基类继承来的数据(x、y)赋值给 pt。

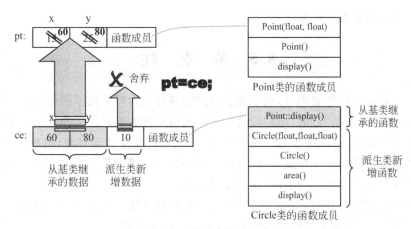

图 8-15　对象 pt、ce 包含的成员及执行"pt＝ce;"的效果

pt 中的 x、y 的值分别将变为 60、80,如图 8-15 所示。pt 是 Point 类的对象,因此"pt.display
();"仍执行 Point 类的 display 函数。输出结果为

点位于:(60,80)

注意:如果执行下面语句是错误的:

```
ce=pt;                          //错误
```

不能把基类对象赋值给派生类对象,因为基类不包含新增成员,在赋值过程中无法确定
这些新增成员的值。

面向对象中的赋值兼容规则可以这样来记:派生类对象比较"大",因为包含了新增成
员,相对来说,基类对象则比较"小"。在程序中不能把"小"的对象放到"大"的空间里,而只
能把"大"的切去一部分放到"小"的空间里。注意这与我们生活中的经验不同,对象间的赋
值兼容并不是"海纳百川",而是"大材小用"。

基类对象可以被赋值为派生类对象,基类的指针也可被赋值为派生类对象的地址。在
通过"Point ＊pp;"定义了基类的指针变量 pp 后,如果再执行语句:

```
pp=&ce;                         //让指针变量 pp 指向对象 ce
pp ->display();                 //通过 pp 调用成员函数,指针用->,不能用"."
```

则输出结果为

点位于:(60,80)

指针变量 pp 的类型本来是 Point ＊类型,本是用于保存 Point 类型对象的地址的,现在
却用它保存派生类 Circle 对象的地址(ce 的地址),这也是可以的。然而这使 pp 并没有指
向完整的 ce 对象,pp 仅指向了 ce 对象中从基类继承来的部分(pp 仅指向了图 8-15 中阴影
部分的成员),pp 所指部分只包含从基类继承来的 display 函数,不包含新增的 display 函
数。因此,执行"pp－>display();"仍调用的是从基类继承来的 display 函数。

既然让 pp 指向了派生类对象,那么通过"pp－>display();"能否调用派生类新增的
display 函数呢? 答案也是可以的,然而要把基类的 display 函数定义为"虚函数"才能实现,

我们将在 8.5 节讨论这个问题。

8.5　多　态　性

多态性是指发出同样的消息,被不同类型的对象接收后可导致不同的行为。例如,春节晚会的导演在宣布"开始"之后,不同职责的工作人员要开始不同的工作:歌手要开始演唱,舞蹈演员要开始跳舞,音响师要打开声音效果,灯光师要变换背景灯光,机械师则要操控舞台上的起落架配合演出……导演宣布"开始"是发出一个"消息",同样的这个消息被不同的工作人员接收到后产生的行为不同,这就是多态性。

在面向对象程序设计中,发送"消息"就是对类成员函数的调用,实现不同的行为就是所调用的函数不同,在函数中执行的语句不同,完成的功能不同。

8.5.1　多态性的类型

多态性分为两种类型:**静态多态性**(又称为**重载多态**、**编译时多态**)和**动态多态性**(又称为**包含多态**、**运行时多态**)。

我们学习过的**函数重载**就属于静态多态性:不同的函数有相同的函数名,只是参数不同。在调用函数时,依据实参的不同情况选择调用不同的函数,这就是一种多态性。除函数重载外,**运算符重载**也属于静态多态性:例如,使用同样的加号(+),即可以实现整型数的加法运算,又可以实现浮点数的加法运算,如果是浮点数和整型数相加,还能自动先将整数转换为浮点数……。同样的消息——相加(+),被不同类型的数据接收后,采用不同的运算方式,这也是一种多态性。运算符的运算实际也是调用了参数类型不同的函数,因而运算符重载本质上也是函数重载。在面向对象程序设计中,还允许人们自己在类中编写运算符重载的函数,赋予运算符另外的含义。例如,在类中定义了对加号的重载函数后,还可赋予加号新功能,允许类类型的两个对象相加(关于运算符重载本书就不展开介绍了,有兴趣的读者可参考其他书籍深入学习)。

无论是函数重载还是运算符重载,在程序被编译时编译系统就能决定要调用哪个函数,因为根据实参的情况就能选择对应形参的函数。这种确定具体调用哪个函数的过程称为**绑定**(binding,或称为**联编**)。静态多态性的绑定工作在编译阶段就能确定,称为**静态绑定**或**早期绑定**,此时所呈现出的多态性也称为**编译时的多态性**。

动态多态性主要体现在基类、派生类层次结构上的多态。基类和派生类都可有相同函数名、相同参数的函数成员,类外的一条函数调用语句在编译阶段不能确定要调用哪个函数,要等到程序运行时才能确定要调用该继承层次上的哪个函数。这种在程序运行时才能确定调用哪个函数,称为**动态绑定**或**后期绑定**,此时所呈现出的多态性也称为**运行时的多态性**。

动态多态性主要是通过虚函数实现的,虚函数是用 virtual 定义的类的成员函数。

8.5.2　运算符重载

除少数运算符(如赋值=、取地址 &)外,一般运算符(如+、-、*、/等)只能用于基本数据类型的数据运算(如 int、double、char 等),而不能直接用于类类型的对象。然而,C++

允许人们自己在类中编写运算符重载的函数,使运算符也可用于本类的对象。

例如,已定义了复数类 Complex 的 3 个对象如下:

```
Complex u(10, 20), v(5,-4), s;
```

希望在程序中通过以下语句来计算 u 和 v 的和,并将结果存入 s 中:

```
s=u+v;
```

就必须在 Complex 类中编写重载运算符"+"的函数,否则以上语句的用法是错误的。

【**案例 8-17**】 在复数类 Complex 中重载运算符"+"和"!＝"。

```cpp
#include <iostream.h>
class Complex
{   private:
        double real, imag;                //real、imag 分别保存复数的实部、虚部
    public:
        Complex(){ real=0; imag=0;}
        Complex(double r, double i){ real=r; imag=i; }
        void display()
        {   cout<<"(" <<real;
            if(imag>0)cout<<"+" <<imag <<"i)";
            else if(imag <0)cout<<imag <<"i)";
        }

        //通过成员函数重载运算符"+"
        Complex operator + (const Complex &x)
        {   Complex temp;
            temp.real=real+x.real;
            temp.imag=imag+x.imag;
            return temp;
        }

        //通过友元函数重载运算符"!="
        friend bool operator != (const Complex &x,const Complex &y);
};
bool operator != (const Complex &x,const Complex &y)
{   bool bl;
    bl = (x.real !=y.real)||(x.imag !=y.imag);
    return bl;
}
void main()
{   Complex u(10, 20), v(5,-4), s;
    s=u+v;                                //使用重载的运算符"+"
    u.display();   cout<<"+";
    v.display();   cout<<"=";
    s.display();   cout<<endl;
```

```
        bool b;
        b = (u!=v);                              //使用重载的运算符"!="
        u.display();   cout<<" !=";
        v.display();   cout<<" is ";
        cout <<(b ? "True" : "False")<<"." <<endl;
    }
```

运行结果：

```
(10+20i)+(5-4i)=(15+16i)
(10+20i)!=(5-4i)is True.
```

重载运算符有两种形式,重载为类的成员函数和重载为类的友元函数。本程序对"＋"和"！＝"的重载分别采用了这两种方式。两种方式的函数名都是"operator 运算符",其中operator 是关键字,是重载运算符的标志。

（1）若重载为类的成员函数,对双目运算符仅需要一个形参,例如,对"＋"的重载为

```
Complex operator + (const Complex &x);
```

在运算时,该形参 x 将作为运算符右侧的值,运算符左侧的值是调用函数的对象本身。即"s＝u＋v;"将被编译器解释为"s＝u. operator＋(v);"的形式式,其中将"operator＋"部分看作函数名。因此,重载为类的成员函数时,形参总比运算数个数少一个。当重载单目运算符时,就没有形参了(后置＋＋、－－除外)。

（2）若重载为类的友元函数,对双目运算符就需有两个形参：

```
friend bool operator != (const Complex &x,const Complex &y);
```

友元函数不是一个类的成员函数,它可以是一个类外的普通函数或是其他类的函数。类外的普通函数或是其他类的函数本来是不能访问类内的 private 或 protected 成员的,但如果这个函数在类内被声明为是本类的"友元",它就可以任意访问本类的 private 或 protected 成员。这如同有一家人声明了"某人是我家的朋友",则这个人就也可使用家中的物品,尽管他不是本家的家庭成员。声明一个函数是友元函数,只要在函数前加上 friend 关键字就可以了。

声明一个函数是本类的"友元",必须在本类中声明,而不是在类外由这个函数声明。道理显而易见,外面随便一个陌生人说他是某家的"朋友"并不算数,必须在本家庭内承认他是"朋友"才允许他进入家中使用家中的物品。

正因友元函数位于类外,不再有"调用函数的对象"本身的数据,因此通过友元函数重载运算符时,要给出两个形参分别表示将来运算时双目运算符左、右侧的值。如"b ＝(u！＝v);"将被编译器解释为"b＝operator！＝(u，v);",其中将"operator！＝"部分看作函数名。

无论是成员函数还是友元函数,本例还都将形参定义为"引用"的形式(＆),即定义变量的别名,这样调用时形参和实参就是同一个变量。如果不使用引用(＆),调用时将为形参对象开辟新空间,并将实参对象的所有数据成员复制到形参中,内存开销是比较大的。本例还将形参定义为常引用(const)的形式,即在函数内将形参看作是常量,这就不能在函数内通

过这个引用名修改实参的值,防止在函数内误修改参与运算的数据而导致错误。

一般情况下,单目运算符常使用成员函数的形式重载,而双目运算符常使用友元函数的形式重载。当需要重载的运算符具有可交换性时,选择重载为友元函数更适宜。

在 C++ 中重载运算符还需注意以下问题。

(1) 重载的运算符必须是 C++ 中已存在的运算符,不能自己创造新的运算符。

(2) 重载运算符不能改变运算符的运算数个数、不能改变运算符的优先级和结合性。

(3) 以下 5 种运算符是不能被重载的:sizeof(长度运算符)、"."(成员访问运算符)、".*"(指向成员的指针运算符)、::(作用域运算符)、"?:"(条件运算符)。

(4) 重载运算符的函数不能含有默认值。

8.5.3 虚函数

1. 虚函数

虚函数必须是基类中的成员函数,普通函数不能是虚函数。在类的定义中,成员函数前加上关键字 virtual 即可将成员函数定义为虚函数。格式为

```
virtual 函数类型 虚函数名(形参列表)
{
    函数体;
}
```

当把基类中的某个成员函数定义为虚函数后,就可在派生类中重新定义这个函数。也就是说在派生类中也可以有与此虚函数的名称、参数都相同的成员函数。

我们继续 8.4.6 节的话题,当用基类的指针变量 pp 指向派生类对象时,用"pp->display();"会调用基类的 display 函数,虽然指向的是派生类对象但却不能调用派生类的 display 函数。如果将基类的 display 函数定义为虚函数,调用的就是派生类的 display 函数了。

【案例 8-18】 改写案例 8-13,将基类 Point 的成员函数 display 定义为虚函数。

```
#include <iostream.h>
#define PI 3.14159
class Point
{   public:
        virtual void display()              //将函数 display 定义为虚函数
        {cout<<"点位于:(" <<x <<"," <<y <<")";}
        Point(float px, float py){ x=px; y=py; }   //基类构造函数
        Point(){ x=0; y=0; }              //重载的基类构造函数
    protected:
        float x, y;
};
class Circle: public Point
{   public:
        Circle(float a,float b,float c):Point(a,b),r(c)
        {}                                //派生类构造函数
```

```
        Circle():Point(),r(0){ }              //重载的派生类构造函数
        void display()
        {   cout<<"圆心位于:("<<x<<","<<y<<")";
            cout<<"\t半径是:"<<r;
        }
        double area(){ return PI * r * r; }
    protected:
        float r;
};
main()
{   Point pt(15, 25), * pp;              //定义一个基类对象 pt 和一个指针变量 pp
    Circle ce(60, 80, 10);              //定义一个派生类对象 ce
    pp=&pt; pp->display();              //让 pp 指向基类对象并通过 pp 调用函数
    cout<<endl;
    pp=&ce; pp->display();              //让 pp 指向派生类对象并通过 pp 调用函数
    cout<<endl;
}
```

运行结果：

点位于:(15,25)
圆心位于:(60,80)   半径是:10

程序第二行的输出结果是调用了派生类的 display 函数的输出结果。本程序和案例 8-13 相比，除了 main 函数不同外，只有一处不同：在 Point 类的 display 函数的定义之前加了 virtual，即将 display 函数定义为虚函数。C++ 规定，如果基类的一个成员函数被定义为虚函数，则其派生类中的同名成员函数都自动成为虚函数，而无论派生类的同名函数前加或不加 virtual。如本例 Circle 类的 display 函数也是虚函数，它的定义前面加或不加 virtual 均可。

虚函数表示使用动态绑定，即对于类似"pp->display();"这样通过指针变量调用该函数的语句，要在程序运行过程中动态确定要调用派生层次上的哪个 display 函数。是调用基类的？还是调用派生类的？这决定于在程序运行中 pp 目前正指向着什么类型的对象：pp 指向基类对象时就调用基类的 display 函数，pp 指向派生类对象时就调用派生类的 display 函数。

还可从 Circle 类继续派生出下一层派生类，如圆柱体类 Cylinder，从 Cylinder 类还可继续派生；也可同时从 Point 类再直接派生出另一分支，如派生出三角形类 Triangle……形成整个派生的层次结构，每个派生类都有不同功能的 display 函数。那么只要定义一个基类的指针变量 Point * pp，则对于同样的调用语句"pp->display();"，系统就可在整个派生层次结构上，在程序运行中动态决定要调用哪个类的 display 函数：程序运行中 pp 正指向着类族上哪个类的对象，就调用哪个类的 display 函数，呈现多态。

除通过基类的指针变量可调用派生类函数实现多态外，也可通过基类的引用调用派生类的函数实现多态。例如：

```
Point & ref=ce;                    //ref 是基类的引用,却使它引用了派生类的对象
```

```
ref.display();
```

运行结果为

```
圆心位于:(60,80)        半径是:10
```

ref 是 ce 中基类部分的别名,但由于 display 函数是虚函数,仍可通过 ref 调用派生类新增的 display 函数。如果 display 函数不是虚函数,那么就要调用从基类继承来的 display 函数了。

下面通过一个多继承中使用虚函数的例子,来进一步理解基类的成员函数被加了 virtual 和没有被加 virtual 的区别。

【案例 8-19】 在两个基类的多继承中,一个基类使用虚函数,一个基类使用非虚函数。

```
#include <iostream.h>
class Base1                                    //定义基类 Base1
{   public:
        virtual void fun(){cout<<"Base1"<<endl;} //基类用虚函数
};
class Base2                                    //定义基类 Base2
{   public:
        void fun(){ cout<<"Base2"<<endl; }       //基类用非虚函数
};
class Derived: public Base1, public Base2       //多继承
{   public:
        void fun(){ cout<<"Derived"<<endl; }     //派生类函数
};
void main()
{   Base1 bs1, * p1; Base2 bs2, * p2; Derived dv;
    p1=&bs1; p1->fun();                         //调用基类 Base1 的 fun 函数
   p1=&dv;   p1->fun();                         //调用派生类的 fun 函数

    p2=&bs2;   p2->fun();                       //调用基类 Base2 的 fun 函数
    p2=&dv;    p2->fun();                       //仍调用基类 Base2 的 fun 函数
}
```

运行结果:

```
Base1
Derived
Base2
Base2
```

Derived 类公有继承自 Base1 和 Base2 两个基类。两个基类和 Derived 类都有 fun 函数。

(1) 基类 Base1 的 fun 函数是虚函数,因此通过基类 Base1 的指针变量"p1→fun();"是动态绑定,既可以调用基类的 fun 函数也可以调用派生类的 fun 函数,这决定于 p1 在程序运行过程中目前所指向的是什么类型的变量。

(2) 基类 Base2 的 fun 函数是普通成员函数,因此通过基类 Base2 的指针变量"p2－>fun();"是静态绑定,p2 基类型是什么类型的指针变量,就一定调用什么类中的 fun 函数。这里指针变量 p2 的基类型显然是 Base2 类型的(因为定义是 Base2 * p2;),因此"p2－>fun();"一定调用基类的 fun 函数,而不管程序运行过程中 p2 正指向的是什么类型的变量。

在使用虚函数时,还应注意以下问题。

(1) 如果使用虚函数,派生类一般应采用以公有继承方式从基类派生的。

(2) 若虚函数在类外实现,只需在类体内的函数声明部分加 virtual,类外实现部分不要再加 virtual。

(3) 要在派生类中覆盖基类的虚函数,不仅函数名要与基类的虚函数相同,整个函数原型(包括返回值类型、函数名、参数个数、参数类型)都要相同。否则,如若仅函数名相同而参数不同,将被视为普通的函数重载,将丢失虚函数多态的特性。如若仅返回值不同(函数名和参数都相同)将发生编译错误。

(4) 如果在派生类中没有定义与基类虚函数原型相同的一个函数,则将简单地继承基类的虚函数。

(5) 类的构造函数不可被定义为虚函数;而析构函数可被定义为虚函数,且通常被定义为虚函数。程序中常用 new 创建派生类对象,并将其地址赋给一个基类指针,如果析构函数是虚函数,就能在 delete 时调用派生类的析构函数(否则只会调用基类的析构函数)。

2. 纯虚函数和抽象类

不知读者注意到没有,前面介绍的"虚函数"尽管称其为"虚",但也是个有血有肉、实实在在的函数,它有自己的函数体和执行语句,并且也是可以被调用的(当基类指针变量指向基类对象时,通过该指针变量就能调用它)。

本节我们再介绍一种"纯虚函数",它才真正体现了"虚"的含义。"纯虚函数"也是虚函数,可用于实现多态。但它没有函数体、没有执行语句,也不能被调用。在基类中定义纯虚函数的形式为

virtual 函数类型 虚函数名称(形参列表)=0;

纯虚函数与虚函数在定义形式上都有 virtual,不同之处在于纯虚函数在最后还有"=0",且没有函数体。注意"=0"并不表示函数返回值为 0,而是一个"纯虚函数"的标志。

这样的一个没有函数体和执行语句的"空壳"函数有什么用呢? 它的作用只有在派生类中才能体现。在派生类中一般会定义一个与此函数原型相同的函数,并包含函数体和执行语句,在派生类中去实现它的功能。那么不在基类写"空壳"函数,而直接在派生类中定义有功能的函数不是很好吗? 那样的话不能实现多态性。

如果一个类包含了一个或多个纯虚函数,该类就称为**抽象类**。抽象类是不能用于创建对象的,一般抽象类常被用作基类,用于派生出其他类。在抽象类中包含纯虚函数,就是告诉编译系统:"看好,这里留个函数,它的函数名、参数、返回值是这样的,但先不写出函数体。其函数体和功能要留待在派生类中再定义。"而在派生类中定义函数功能时,就要按照刚才在基类中的纯虚函数所规定的那种"函数名、参数、返回值"的样子来定义。因此有人讲抽象类的作用就是为派生类提供了一个基本框架和公共的接口形式。

下面以一个交通工具的例子来说明:

```
class 交通工具
{   public:
        virtual void 驾驶()=0;                              //纯虚函数
};
class 汽车: public 交通工具
{   public:
        void 驾驶(){ 在公路上跑; }                          //汽车类重定义"驾驶"函数
};
class 火车: public 交通工具
{   public:
        void 驾驶(){ 在铁路上跑; }                          //火车类重定义"驾驶"函数
};
class 飞机: public 交通工具
{   public:
        void 驾驶(){ 在天上飞; }                            //飞机类重定义"驾驶"函数
};
```

交通工具类是一个基类,从它可以派生出汽车类,也可以派生出火车类和飞机类。交通工具类包含了一个纯虚函数"驾驶()",因此交通工具类是一个抽象类,它不能用于创建对象,或称它不能被实例化。设想如何用交通工具类这张设计图纸,来生产一辆交通工具呢?这是办不到的。只能生产汽车、火车、飞机等具体类型的交通工具,而无法生产一辆泛泛所讲的交通工具。

尽管交通工具类不能被实例化,然而交通工具类却有它的作用:它提供了对于所有交通工具的一个基本框架和公共的接口形式,即所有交通工具都要有"驾驶"这个方法。无论是汽车、火车、飞机,是交通工具吗,是交通工具,就要从我这里继承。继承后,你的派生类中,就要实现"驾驶"这个函数,去实现具体的功能。

在交通工具类的纯虚函数"驾驶()"中还规定了该函数的样子(函数原型):名字为"驾驶"、无返回值、无参数。在汽车类、火车类、飞机类的派生类中,实现函数功能时,在函数中可以分别执行不同的语句、实现不同的功能;但必须都要按照"纯虚函数"所规定的这种"样子"(函数原型)来定义派生类自己的"驾驶()"函数。

抽象类不能被实例化,即不能定义一个抽象类类型的对象,但是却可以定义一个抽象类的指针变量。该指针变量将来还可指向派生类的对象,按照多态性的规则,通过"该指针变量—>驾驶()"就可调用派生类的函数了。该指针变量指向哪个类的对象,就调用哪个类的"驾驶()"函数,这样呈现出了多态性。例如:

```
汽车 car; 火车 train; 飞机 plane;                    //创建派生类的 3 个对象
交通工具 *p;                                        //定义基类(抽象类)的指针变量
p=&car;    p ->驾驶();                              //执行 car 对象的驾驶函数
p=&train;  p ->驾驶();                              //执行 train 对象的驾驶函数
p=&plane;  p ->驾驶();                              //执行 plane 对象的驾驶函数
```

【案例 8-20】 定义抽象类 Shape,含有求面积的纯虚函数 area 和求周长的纯虚函数 perimeter。然后从 Shape 分别派生出 3 个类:圆类 Circle、圆内接正方形类 InSquare、圆外切正方形类 ExSquare,在 3 个派生类中分别实现求面积函数 area 和求周长函数 perimeter

的具体功能。

```
#include <iostream.h>
class Shape                                      //抽象类(将来做基类)
{   protected:
        double r;                                //圆的半径
    public:
        Shape(double x){ r=x; }                  //Shape 类的构造函数
        virtual void area()=0;                   //定义纯虚函数
        virtual void perimeter()=0;              //定义纯虚函数
};
class Circle: public Shape                       //定义圆形派生类
{   public:
        Circle(double x): Shape(x){  }           //圆形类的构造函数
        void area()                              //重定义函数 area
        { cout<<"圆面积是:"<<3.14*r*r<<endl; }
        void perimeter()                         //重定义函数 perimeter
        { cout<<"圆周长是:"<<2*3.14*r<<endl;}
};
class InSquare: public Shape                     //定义内接正方形派生类
{   public:
        InSquare(double x): Shape(x){}           //内接正方形类的构造函数
        void area()                              //重定义函数 area
        { cout<<"内接正方形的面积是:"<<2*r*r<<endl; }
        void perimeter()                         //重定义函数 perimeter
        { cout<<"内接正方形的周长是:"<<4*1.414*r<<endl; }
};
class ExSquare: public Shape                     //定义外切正方形派生类
{ public:
        ExSquare(double x): Shape(x){}           //外切正方形类的构造函数
        void area()                              //重定义函数 area
        { cout<<"外切正方形的面积是:"<<4*r*r<<endl; }
        void perimeter()                         //重定义函数 perimeter
        { cout<<"外切正方形的周长是:"<<8*r<<endl;     }
};
main()
{   Circle cl(10);        InSquare ins(10);        ExSquare exs(10);
    Shape * p;
    p=&cl;  p->area(); p->perimeter();           //调用 Circle 类的函数
    p=&ins; p->area(); p->perimeter();           //调用 InSquare 类的函数
    p=&exs; p->area(); p->perimeter();           //调用 ExSquare 类的函数
}
```

运行结果:

圆面积是:314

圆周长是:62.8

内接正方形的面积是:200

内接正方形的周长是:56.56

外切正方形的面积是:400

外切正方形的周长是:80

在本例中,Shape 是一个抽象类,其中的纯虚函数 area 和 perimeter 只是用来提供派生类使用的公共接口。在派生类中,则根据它们自身的需要,具体地定义这两个函数的功能。尽管在 3 个派生类中这两个函数实现的功能都不相同,但在 3 个派生类中这两个函数的原型(函数名、参数、返回值类型)都必须是纯虚函数规定的那种"样子"。

也可以通过基类的引用调用派生类的函数,例如:

```
Shape & sr=ins;                    //sr 是基类的引用,却使它引用了派生类的对象
sr.area(); sr.perimeter();              //调用 InSquare 类的函数
```

运行结果:

内接正方形的面积是:200

内接正方形的周长是:56.56

抽象类做基类派生出派生类时,如果在派生类中没有对所有的纯虚函数进行重定义,则此派生类仍然是抽象类,不能被实例化。但还可从它继续派生出下一层的派生类……直到某一层的派生类对所有的纯虚函数都进行了重定义,那一层的派生类才能被实例化。

习　题

一、选择题

1. 对以下类的说明,错误的地方是(　　　)。

```
class Sample
{
    int   n=3;
    Sample();
    public:
    Sample(int value);
    ~Sample();
}
```

　　A. int　n=3;　　　　　　　　　　　B. Sample();

　　C. Sample(int value);　　　　　　　D. ~Sample();

2. 有关类和对象的说法不正确的是(　　　)。

　　A. 对象是类的实例　　　　　　　　B. 一个类只有一个对象

　　C. 任何一个对象只能属于一个类　　D. 类是抽象的,对象是具体的

3. 有关构造函数的说法不正确的是(　　　)。

　　A. 构造函数名和类名相同　　　　　B. 构造函数可有返回类型

    C. 构造函数可有多个　　　　　　　　D. 构造函数都是由系统自动调用的

4. 有关析构函数的说法不正确的是(　　)。

    A. 析构函数有且只有一个

    B. 析构函数可有形参

    C. 在析构函数中可完成"在对象被撤销时收回先前分配的内存空间"的工作

    D. 析构函数无任何返回类型

5. 关于静态数据成员,下列说法错误的是(　　)。

    A. 静态数据必须初始化

    B. 静态数据的初始化是在构造函数中进行的

    C. 说明静态数据成员时前面要加 static

    D. 引用静态数据成员时,要在静态数据成员名前加<类名>和作用域运算符

6. 关于友元函数的描述,正确的是(　　)。

    A. 友元函数的实现必须在类的内部定义

    B. 友元函数是类的成员函数

    C. 友元函数破坏了类的封装性和隐藏性

    D. 友元函数不能访问类的私有成员

7. 一个类的友元函数和友元类可以访问该类的(　　)。

    A. 私有成员　　　　B. 保护成员　　　　C. 公有成员　　　　D. 所有成员

8. 下面描述中,表达正确的是(　　)。

    A. 公有继承时基类中的 public 成员在派生类中仍是 public 类型的

    B. 保护继承时基类中的 public 成员在派生类中仍是 public 类型的

    C. 私有继承时基类中的 protected 成员在派生类中仍是 protected 类型的

    D. 私有继承时基类中的 public 成员在派生类中是 public 类型的

9. 可以用 p. a 的形式访问派生类对象 p 的基类成员 a,则 a 是(　　)。

    A. 私有继承下的公有成员　　　　　　B. 公有继承下的私有成员

    C. 公有继承下的保护成员　　　　　　D. 公有继承下的公有成员

10. 如果是类 B 在类 A 的基础上构造,那么就称(　　)。

    A. 类 A 为基类或父类,类 B 为超类或子类

    B. 类 A 为基类、父类或超类,类 B 为派生类或子类

    C. 类 A 为派生类,类 B 为基类

    D. 类 A 为派生类或子类,类 B 为基类、父类或超类

11. C++的继承性允许派生类继承基类的(　　)。

    A. 部分特性,并允许增加新的特性或重定义基类的特性

    B. 部分特性,但不允许增加新的特性或重定义基类的特性

    C. 所有特性,并允许增加新的特性或重定义基类的特性

    D. 所有特性,但不允许增加新的特性或重定义基类的特性

12. 派生类的成员函数可以直接访问基类的(　　)成员。

    A. 所有　　　　　　B. 公有和保护　　　　C. 保护和私有　　　　D. 私有

13. 对于公有继承,基类的公有和保护成员在派生类中将(　　)成员。

A. 全部变成公有　　　　　　　　　B. 全部变成保护

C. 全部变成私有　　　　　　　　　D. 仍然相应保持为公有和保护

14. 对于公有继承,基类中的私有成员在派生类中将(　　)。

A. 能够直接使用成员名访问　　　　B. 能够通过成员运算符访问

C. 仍然是基类的私有成员　　　　　D. 变为派生类的私有成员

15. 当保护继承时,基类的(　　)在派生类中成为保护成员,在类作用域外不能够通过派生类的对象来直接访问该成员。

A. 任何成员　　　　　　　　　　　B. 公有成员和保护成员

C. 保护成员和私有成员　　　　　　D. 私有成员

16. 在定义一个派生类时,若不使用保留字显式地规定采用何种继承方式,则默认为(　　)方式。

A. 私有继承　　　B. 非私有继承　　　C. 保护继承　　　D. 公有继承

17. 建立包含有类对象成员的派生类对象时,自动调用构造函数的执行顺序依次为(　　)的构造函数。

A. 自己所属类、对象成员所属类、基类

B. 对象成员所属类、基类、自己所属类

C. 基类、对象成员所属类、自己所属类

D. 基类、自己所属类、对象成员所属类

18. 当派生类中有和基类一样名字的成员时,一般来说,(　　)。

A. 将产生二义性　　　　　　　　　B. 派生类的同名成员将覆盖基类的成员

C. 是不能允许的　　　　　　　　　D. 基类的同名成员将覆盖派生类的成员

19. C++ 中的虚基类机制可以保证:(　　)。

A. 限定基类只通过一条路径派生出派生类

B. 允许基类通过多条路径派生出派生类,派生类也就能多次继承该基类

C. 当一个类多次间接从基类派生以后,派生类对象能保留多份间接基类的成员

D. 当一个类多次间接从基类派生以后,其基类只被一次继承

20. 下列对派生类的描述中错误的说法是(　　)。

A. 派生类至少有一个基类

B. 派生类可作为另一个派生类的基类

C. 派生类除了包含它直接定义的成员外,还包含其基类的成员

D. 派生类所继承的基类成员的访问权限保持不变

21. 派生类的对象对其基类中(　　)可直接访问。

A. 公有继承的公有成员　　　　　　B. 公有继承的私有成员

C. 公有继承的保护成员　　　　　　D. 私有继承的公有成员

22. 下列关于运算符重载的说法错误的是(　　)。

A. 运算符重载保持原有的结合性和优先级

B. 可以对 C++ 中的所有运算符进行重载

C. 运算符重载不能改变操作数的个数

D. 在运算符重载的函数中不能使用缺省的参数值

23. 为了区别单目运算符的前置和后置运算,在后置运算符进行重载时,额外添加一个参数,其类型是(　　)。

    A. void　　　　　　　B. char　　　　　　　C. float　　　　　　　D. int

24. 已知类 A 有一个带 double 型参数的构造函数,且将运算符"+"重载为友元函数,要是语句序列:

```
A x(2.5),y(3.6),z(0);
z=x+y;
```

能够正常运行,运算符函数 operator+ 应在类中声明为(　　)。

    A. friend A operator++(A,A);　　　　　　B. frient A operator++(int,A &,);

    C. friend A operator++(A,A &,);　　　　　D. friend A operator++(A &,A);

25. 下列叙述正确的是(　　)。

    A. 重载不能改变运算符的结合性　　　B. 重载可以改变运算符的优先级

    C. 所有的 C++ 运算符都可以被重载　　D. 运算符重载用于定义新的运算符

26. 下列运算符能被重载的是(　　)。

    A. ::　　　　　　　　B. ?:　　　　　　　　C. .　　　　　　　　D. %

27. 下列不能正确重载运算符的成员函数原型是(　　)。

    A. B operator !(int x);　　　　　　　B. B operator +(int x)

    C. B operator +(B b);　　　　　　　D. B operator −(B &b);

28. 下列能正确重载运算符的友元函数原型是(　　)。

    A. friend B opterator ?:();　　　　　　B. friend B opterator +(int x);

    C. friend B opterator+(B b);　　　　　D. friend B opterator +(B b,B a);

二、填空题

1. 类中的数据有 3 种访问权限,它们是_____、_____、_____。

2. 一个类的友元函数可访问该类的_____成员。

3. 已知一个类 S,假定它有 3 个公有成员:float a,int i,int funl(int),则指向类 S 的指针 p 访问其成员的方法分别为_____、_____、_____。

4. 若类 Sample 中只有如下几个数据成员:const float f,const char c,则其构造函数应定义为_____。

5. 多态性是指发出_____的消息被不同类型的对象接收时会导致完全不同的行为。所谓消息是指对类成员函数的调用,不同的行为是指在不同的类中有不同的实现,即调用的_____不同。

6. 多态的实现可以划分为两类:编译时的多态和运行时的多态。_____绑定是指绑定工作出现在编译阶段,用对象名或者类名来限定要调用的函数。_____绑定是指绑定工作在程序运行时执行,在程序运行时才确定将要调用的函数。

7. C++ 中并没有定义操作符对用户自定义对象操作的含义,所以一般情况下是不能对这些对象进行操作的。如果要用 C++ 的操作符对对象进行操作,就必须针对相应的类来定义这些操作符的含义,在 C++ 中,这是通过_____机制来实现的。

8. 关键字_____引入了重载运算符函数定义。不能重载的 C++ 运算符是"."、

"．＊"、"？："、_____和_____。

9．一般情况下,单目运算符的重载使用_____,而双目运算符的重载使用_____。

三、简答题

1．理解继承与派生的定义。什么叫单继承? 什么叫多继承?

2．描述定义派生类对象时,构造函数的调用执行过程。

四、阅读程序,写出运行结果。

1.

```cpp
#include <iostream.h>
class S
{
    int x;
    public:
        void setx(int i)
        {
            x=i;
        }
        int putx()
        {
            return x;
        }
};
void main()
{
    S * p, sample [4];
    sample[0].setx(1);
    sample[1].setx(2);
    sample[2].setx(3);
    sample[3].setx(4);
    for(int  i=0 ;  i<4 ; i++)
    {
        p=sample+i;
        cout<<p->putx()<<"   ";
    }
    cout<<endl;
}
```

2.

```cpp
#nclude <iostream.h>
class Student
{   public:
        Student(int n, float s):num(n),score(s){   }
        void change(int n, float s){num=n;score=s; }
        void display(){cout<<num<<"   "<<score<<endl;}
```

```
    private:
        int num;
        float score;
};
int main()
{   Student stud(101,78.5);
    stud. display();
    stud.change(101, 80.5);
    stud. display();
    return 0;
}
```

3.

```
#include <iostream.h>
class A
{
    public:
        A()
        {i=j=0;}
        A(int x,int y)
        {i=x;j=y;}
        void display()
        {cout<<"i="<<i<<"j="<<j<<endl;    }
        private:
            int   i,j;
};
void main()
{
    A s1,s2(2,3);
    s1.display();
    s2.display();
}
```

4.

```
#include <iostream.h>
class A
{   public:
        A();
        ~A();
        void display();
    private:
        int   i;
};
A::A()
{
```

```
    i=0;
    cout<<"default constructor cassed.\n";
}
A::~A()
{ cout<<"destructor cassed.\n";}
void A::display()
{ cout<<"i="<<i<<endl;}
void main()
{
    A a;
    a.display();
}
```

5.

```
#include<iostream.h>
class CWorm
{
    protected:
        void * m_hImage;
        bool LoadBmp(const char * pszBmpName)
            {return m_hImage!=NULL;}
    public:
        virtual void Draw()
            {cout<<"CWorm::Draw()"<<endl;}
};
class CAnt:public CWorm
{
    public:
        void Draw()
        {cout<<"CAnt::Draw()"<<endl;}
};
class CSpider:public CWorm
{
    public:
        void Draw()
            {cout<<"CSpider::Draw()"<<endl;}
};
void main()
{
    CWorm * pWorm;
    CAnt ant;
    CSpider spider;
    pWorm=&ant;
    pWorm->Draw();
    pWorm=&spider;
```

```
        pWorm->Draw();
        CWorm &wormAlias=ant;
        wormAlias.Draw();
        CWorm worm;
        worm=ant;
        worm.Draw();
    }
```

6.

```
#include <iostream.h>
Class CWorm
{
    public:
        virtual void Draw()
            {cout<<"CWorm::Draw()"<<endl;}
        virtual  ~CWorm()
            {cout<<"CWorm::~CWorm()"<<endl;}
};
class CAnt:public CWorm
{
    public:
    void Draw()
        {cout<<"CAnt::Draw()"<<endl;}
~CAnt()
{ cout<<"CAnt::~CAnt()"<<endl;}
};
void main()
{
    CWorm * pWorm=new CAnt;
    pWorm->Draw();
    delete pWorm;
}
```

7.

```
#include <iostream.h>
class CWorm
{
    public:
        virtual void Draw()=0;
};
class CAnt:public CWorm
{
    public:
        void Draw()
            {cout<<"Cant::Draw()"<<endl;}
```

```
};
void main()
{
    CWorm * pWorm;
    pWorm=new CAnt;
    pWorm->Draw();
    delete pWorm;
}
```

五、运行下列程序。分析该程序中关于"+"的运算符重载可以用成员函数实现吗？为什么？

```
#include  <iostream. h>
class AB
{
    int a,b;
    public:
    AB(int x=0,int y=0)
        { a=x;b=y; }
        friend AB operator+ (AB ob, int x);          //友元函数
        friend AB operator+ (int x,AB ob);           //友元函数
    void print();
};
AB operator+ (AB ob, int x)                          //定义友元运算符函数
{   AB temp;
    temp. a=ob. a+x;
    temp. b=ob. b+x;
    return temp;
}
AB operator+ (int x,AB ob)                           //定义友元运算符函数
{   AB temp;
    temp. a=x+ob.a;
    temp. b=x+ob.b;
    return temp;
}
void AB: :print()
  {cout<<"a="<<a<<"  b="<<b<<endl; }
main()
{   AB ob1(30,40), ob2;
    ob2=ob1+30;
    ob2.print();
    ob2=50+ob1;
    ob2.print();
    return 0;
}
```

六、写出下列程序的运行结果，并说明 g 函数的参数 d 是否可以不用指针类型。

```cpp
#include <iostream. h>
class Display{
    public:
        virtual void init()   =0;
        virtual void write(char* pStr)   =0;
};                    // -------------------------------------------
class Monochrome : public Display{
        virtual void init();                //overlapped
        virtual void write(char* pStr);     //overlapped
};                    //-------------------------------------------
class ColorAdapter : public Display{
    public:
        virtual void write(char* pStr);     //overlapped
};                    //-------------------------------------
class SVGA : public ColorAdapter{
    public:
        virtual void init();                //overlapped
};                    //-------------------------------------
void Monochrome::init(){}
//---------------------------------------
void Monochrome::write(char* pStr){
        std: :cout<<"Monochrome: "<<pStr;
}                    //---------------------------------------
void ColorAdapter::write(char* pStr){
        std: :cout<<"ColorAdapter: "<<pStr;
}                    //---------------------------------------
void SVGA: :init(){}
//---------------------------------------
void g(Display* d){
        d->init();
        d->write("hello. \n");
}                    //---------------------------------------
int main(){
        Monochrome mc;
        SVGA svga;
        g(&mc);
        g(&svga);
}
```

七、编写程序

1. 设计一个教师类，其属性有编号、性别、职称、部门等，其中，部门要求是一个"部门"类的内嵌子对象，部门类要求有编号、名称、负责人等。要求用成员函数实现教师信息的录入和显示。要求设计出的类包含构造函数、内联成员函数、带默认值的成员函数等。

2. 声明一个点类和直线类,编写一程序,求一点到直线的距离。

3. 设计一个立方体类 Box,它能计算并输出立方体的体积和表面积。

4. 定义 3 个类：circle(圆)、area(面积)、perimeter(周长)。其中,circle 是一个抽象基类,其中的输出函数是纯虚函数;其他两个类是它的派生类,输出函数分别定义为输出圆面积和圆的周长。在主程序中分别定义 area、perimeter 各一个对象和指向 circle 对象的一个指针(或引用),然后用该指针依次指向派生类的对象并输出。

第9章 C++输入输出流

【学习目标】

- 理解 C++ 输入输出基本流类体系、文件流类体系的概念。
- 掌握流对象的概念。
- 掌握两种类型文件的概念(字符型文件、二进制文件)。
- 会用文件流对象实现对文件的打开、读/写、关闭等操作。

无论是上网查询一种商品的价格,还是在线观看一场 NBA 球赛;无论是打开 QQ 与在线好友小聊几句,还是打开播放器听听喜爱歌星的最新专辑;从利用教学软件学习的学霸到上网冲浪的网虫,从办公室的白领到擅长各色游戏的玩家……只要使用计算机就必然在不停地做两件事:输入和输出。键盘、鼠标的输入,显示器的输出,用句流行话说"那是必需的"。试想:如果被剥夺了键盘、鼠标和显示器,对一台只留有主机的计算机,还能用它做什么事情?

本章介绍如何通过 C++ 语言编程控制输入和输出,以及控制文件的读写,因为文件的读写和键盘显示器的输入输出是一种编程模式。

9.1 I/O 流和流类库

输入(Input)和输出(Output),简称 I/O,是以计算机为主体的概念。如图 9-1 所示,把某些东西送入计算机内部,是输入;有某些东西从计算机里面出来,是输出。比如张三昨晚用计算机看了一场电影,情节都进入张三的大脑被他记住了,这是输入还是输出呢? 输出! 虽然电影情节进入了张三的大脑,但它是从计算机里面出来的,以计算机为主体来讲是输出。

能够实现输入和输出的方式有很多,在 C++ 中主要包含 3 种:①来自键盘的输入和向显示器的输出,键盘和显示器是标准的输入输出设备,通过它们进行的输入输出也称标准

图 9-1 输入与输出

I/O;②对文件的输入输出,称文件 I/O;③对内存中字符串内容的输入输出,称字符串 I/O。本章将重点讨论前两种方式。

如何通过 C++ 语言编写程序实现输入和输出呢? C++ 语言并没有输入输出语句,但是针对输入输出,C++ 提供了许多类,称**流类**(stream class)。这些类组成了庞大的类库,称**输入输出流类库**,简称 I/O 流类库。以这些类库中的类为类型创建的对象就称**流对象**。这些类和对象封装了输入输出操作的底层细节,使人们在编程时不必再为这些细节操心了。在

程序中只要直接使用这些流类和流对象,就能方便地完成各种输入输出操作。

为什么称为"流"呢? 无论是输入还是输出,都是在对一连串的数据进行操作,这批数据在计算机内部被转换为二进制并连续起来就是一长串的 0101……的二进制串,C++ 形象地将之称为"流"。

向屏幕输出时,要输出的数据一个接一个地流向屏幕,形成"输出流"。这犹如生产车间的传送带,数据被一个接一个地"传送"到显示器上,如图 9-2 所示。要输出数据,只要把它通过流插入运算符(<<)"搬到"传送带上就可以了。类似地,数据的输入也是在负责输入的"传送带"上形成"输入流",工人会依次将传送带上的货物搬下来然后送到要进一步加工的车间(变量)中去。要把从键盘输入的数据送到程序的变量中,只要通过流提取运算符(>>)从传送带上把所输入的数据"搬下来"就可以了。

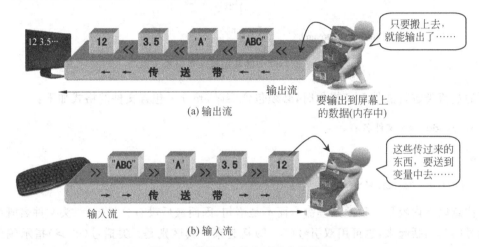

(a) 输出流

(b) 输入流

图 9-2　可把输入输出流比作传送带

流插入运算符(<<)和流提取运算符(>>)的方向不要搞反,<<用于输出,>>用于输入。记住键盘、显示器永远在传送带的"左边"。向显示器输出是数据流向显示器,是从右向左流动,箭头指向左(<<)。键盘输入是数据从左向右流动,箭头指向右(>>)。

在 C++ 中,"流"的概念不仅用于标准输入输出设备(键盘、显示器)的输入输出,也同样用于对文件的读写。只不过在读写文件时,输入输出的终端不是键盘和显示器,而都是文件。

C++ 系统提供了流类库。通过流类库中的类和对象,将键盘、显示器的输入输出,文件的读写,以及字符串的读写都统一起来,使程序设计人员可以通过同一种编程模式既能控制键盘、显示器的输入输出,也能控制文件的读写乃至字符串的读写,大大简化了编程的复杂度。

C++ 系统的流类库非常庞大,图 9-3 列出了其中常用的流类及继承关系。类名中以 i 表示"输入",o 表示"输出",io 则表示"既有输入也有输出",f 表示"文件"。图中虚线以上的类的定义被包含在 iostream.h 文件中,虚线以下的类的定义被包含在 fstream.h 文件中。然而 fstream.h 文件又包含了 iostream.h 文件,因此在包含了 fstream.h 的程序中,可以不必再包含 iostream.h。

当在程序中要通过流类进行标准 I/O 操作时,应包含头文件 iostream.h 或 fstream.h。

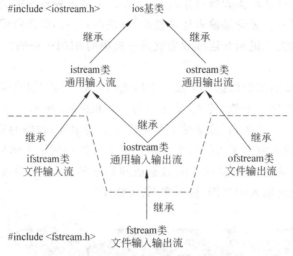

图 9-3　流类库中的常用流类及继承关系

当要通过流类进行文件 I/O 操作时,必须包含 fstream.h。包含文件的格式如下:

```
#include  <头文件名>
```

或

```
#include  "头文件名"
```

注意以上内容是一种预处理命令而不是语句,因而最后没有分号(;)。头文件名既可用尖括号(<>)括起来,也可用双引号(" ")括起来。其区别是:尖括号(<>)指示编译系统到系统目录中找头文件,双引号(" ")指示编译系统先到用户目录(一般与源程序为同一目录)中找头文件,如没有找到再到系统目录中找头文件。一般来说,对于用户自己编写的头文件应用双引号(" "),对于系统头文件用两种符号均可。

C++ 系统在编译之前,会将 #include 指定的头文件中的全部内容嵌入到该命令的位置,然后再编译整个文件。它和以下人工操作的效果是相同的:人工打开对应的头文件,将头文件中的内容全部复制,再粘贴到程序中 #include 的这个位置。然而,使用 #include 命令而不通过人工复制、粘贴,由编译系统帮我们嵌入内容,可大大节省人工劳动。

以下文件包含命令:

```
#include  <iostream.h>
```

是 C 语言的传统写法,C++ 新标准规定的写法如下:

```
#include  <iostream>
using namespace std;
```

即头文件名省略了".h",但要在次行增加"using namespace std;"语句,其含义是"使用标准的命名空间"。命名空间(namespace)是为了解决复杂程序中的元素命名冲突问题引入的概念。std 表示标准命名空间,其中定义了标准 C++ 库的所有标识符。

在 C++ 新标准规定的写法中,对 C++ 的头文件名只省略".h"即可。但对传统 C 语言

的头文件,除省略".h"外,还要在文件名前加 c。例如,math.h 应写为 cmath。如以下包含命令的传统写法:

```
#include <iostream.h>
#include <math.h>
#include <stdio.h>
#include <string.h>
```

用 C++ 新标准的方式写出是:

```
#include <iostream>
#include <cmath>
#include <cstdio>
#include <cstring>
using namespace std;
```

对于初学者,不必深究 C++ 语言如何发展、旧标准如何更新、新标准如何制定,那不是初学者要考虑的问题。初学者应把主要精力放在掌握基本概念和基本程序设计方法上。在熟练掌握基本知识后,再去学习标准。但随着学习的深入,尤其在编写大型程序时,应提倡使用新标准的方法。

9.2 标准设备的输入输出

9.2.1 标准输入输出流

1. 标准输入输出流对象

C++ 的 I/O 流类库不仅提供了很多类,还预先定义了一些类的对象,其中常用的有 4 个流对象:cout、cerr、clog、cin,它们都是在 iostream.h 中定义的,其含义如表 9-1 所示。

表 9-1　C++ 预定义的常用标准输入输出流对象

流对象	名 称 由 来	所属类	含义	功　　能
cout	console output 的缩写	ostream	标准输出流	向显示器输出,也可被重定向输出到磁盘文件。有缓冲区,不能立即输出,当缓冲区满或遇 endl 才成批输出
cerr	console error 的缩写	ostream	标准错误流	只能向显示器输出,不能被重定向输出到文件。无缓冲区,将立即输出,用于及时输出出错信息
clog	console log 的缩写	ostream	标准错误流	与 cerr 作用相同,向显示器输出出错信息,但 clog 有缓冲区,不能立即输出,当缓冲区满或遇 endl 才成批输出
cin	console input 的缩写	istream	标准输入流	从键盘输入数据,有缓冲区,必须按 Enter 键才能将该行送入缓冲区,形成输入流,>>才能提取数据

其中,c 表示 console(控制台),out 表示输出,因此万不可把 cout 错误地认为是英文单词 count(计数)。cout、cerr、clog 都是 ostream 流类的对象,cin 是 istream 流类的对象。在 C++ 系统中已预先定义好了这些对象,即在系统中已通过类似下面的语句定义了对象:

```
ostream cout;
ostream cerr;
```

```
ostream clog;
istream cin;
```

因此 cout、cerr、clog、cin 本质上都是变量,只不过它们不是 int、double 等基本类型的变量,而是类类型的变量。注意以上语句是 C++ 系统预先定义好的,我们自己不要再写到程序中。而且 C++ 系统已经预先把它们定义为全局的,只要在程序中包含头文件 iostream.h 就可直接使用这 4 个全局对象了:当进行键盘输入时使用 cin,当进行显示器输出时使用 cout,当进行错误信息输出时使用 cerr 或 clog。

2. 流插入和流提取运算符

在系统定义的流类中,还预先实现了运算符重载。

(1) 运算符"<<"本来是位运算中的按位左移运算,现在流类中将它重载和赋予了新的含义。当该运算符用于流对象时,不再实现"按位左移",而是实现数据的输出。因此运算符"<<"在流类中被称为**流插入运算符**。类似图 9-2(a),它实现的就是把一个要输出的数据"插入"到"传送带"的流中,将来要被输出。对"<<"的重载函数的返回值,仍是个输出流对象,所以在程序中可级联使用"<<",例如"cout<<a<<12<<3.5;"。

(2) 运算符">>"本来是位运算中的按位右移运算,现在流类中将它重载和赋予了新的含义。当该运算符用于流对象时,不再实现"按位右移",而是实现数据的输入。因此运算符">>"在流类中被称为**流提取运算符**。类似图 9-2(b),它实现的就是把一个从键盘输入的数据从"传送带"的流中"提取"下来,并送到程序的某个变量中去。对">>"的重载函数的返回值,仍是个输入流对象,所以在程序中可级联使用">>",例如"cin>>a>>b>>c;"。

其中 cin 使用">>",cout、cerr 和 clog 使用"<<"。通过运算符重载,为我们编程使用提供了方便。

【案例 9-1】 使用流插入(<<)和流提取(>>)运算符输入输出。

```
#include <iostream.h>
void main()
{
    //整型数据的输入输出
    int year, month, day;
    cout <<"Please input year,month,day: ";
    cin>>year>>month>>day;
    cout <<"The date is: ";
    cout <<year <<"-" <<month <<"-" <<day <<endl;
    //字符型数据的输入输出
    char ch;
    cout <<"Please type in characters: ";
    for(int i=0; i<5; i++)
    {    cin>>ch;
        cout <<ch;
    }
    cout<<endl;
    //默认以十六进制形式输出地址
```

```
    int * p=&day;
    cout<<"&day:" <<&day <<"\tday:" <<day <<endl;
    cout<<"p:" <<p <<"\t&p:" <<&p <<"\t * p:" << * p <<endl;
}
```

运行结果：

```
Please input year,month,day: 2016 9 30↙
The date is: 2016-9-30
Please type in characters: 0 12 ab↙
012ab
&day:0x0012FF74    day:30
p:0x0012FF74    &p:0x0012FF68    * p:30
```

在使用 cin 输入数据时，用户（用户就是运行程序的人）要通过输入空格、Tab 符或回车来表示多个数据之间的间隔，如本例在输入年、月、日时，是以空格作为间隔的。

cin 不能读入空格、Tab 符、换行符这 3 种字符，这在输入字符型或字符串型数据时尤其明显。如上例在 for 循环中，循环体被执行 5 次（i=0 ～ 5），因而实际执行了 5 遍"cin＞＞ch;"和"cout＞＞ch;"。每执行一遍，在"cin＞＞ch;"处读取一个字符到 ch，在"cout＞＞ch;"处输出了刚读取的那个字符。这样读取一个、输出一个，共处理 5 个字符。在用户输入的"0 12 ab"中，尽管包含一些空格，但也被 cin 跳过不能被读入。要读入空格、Tab 符、换行符，需通过后面介绍的流成员函数实现。

在输入数据时，用户一定要按下 Enter 键表示本次输入结束。在用户按下 Enter 键时，系统实际是将本行输入的内容先送入缓冲区，然后再从缓冲区中一个一个地将数据读入变量。

什么是"缓冲区"呢？可把"缓冲区"比作家里临时存放剩饭剩菜的"冰箱"。用户通过键盘输入内容、按 Enter 键结束就是"做饭"的过程，而一个变量获得一个数据就是"吃饭"的过程。

如果冰箱里没有"剩饭"可吃就要去"做饭"，也就是程序会暂停去要求用户输入一些数据。本例程序在开始运行时，以及 for 循环第一次执行"cin＞＞ch;"时，都没有"剩饭"可吃，因此分别两次要求用户输入，如图 9-4(a)所示。

有时候饭做得多了吃不了，就会将"剩饭"放入冰箱暂时保存起来以备后用，本着节约的原则，下顿应先从冰箱里拿出剩饭来吃，只有将剩饭吃净后再做新饭。上例程序在运行时用户输入了两次：分别是"2016 9 30"和"0 12 ab"。如果在第一次多输入一些内容，如输入"2016 9 30 0 12 ab"会怎样呢？运行效果如下所示：

```
Please input year,month,day: 2016 9 30 0 12 ab↙
The date is: 2016-9-30
Please type in characters: 012ab        //本行 012ab 是程序输出的内容，而非用户的输入
&day:0x0012FF74    day:30
p:0x0012FF74    &p:0x0012FF68    * p:30
```

用户仅输入了一次。在 for 循环的"cin＞＞ch;"处并没有再次要求用户输入，这就是"缓冲区"的效果。用户"做的饭"是"2016 9 30 0 12 ab"，被 year、month、day 3 个人将"2016

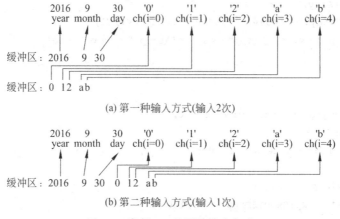

(a) 第一种输入方式(输入2次)

(b) 第二种输入方式(输入1次)

图 9-4 案例 9-1 的两种输入方式

9 30"3 个数吃掉后,剩下的"0 12 ab"内容跑到哪里去了呢？这些内容并没有消失,而是被放入内存的"冰箱"——缓冲区中。在 for 循环执行"cin>>ch;"时,看到"冰箱"中还有剩饭,就不再要求用户再次输入了,而拿剩饭来吃:吃一个字符、输出一个字符,重复 5 次,将"0 12 ab"内容"吃"完(忽略其中的空格),如图 9-4(b)所示。

由此可见,不能保证执行到 cin 语句处程序就会暂停等待用户输入,cin 是从缓冲区中读取数据的,而不是直接从键盘的输入中读取数据。执行到 cin 处会不会暂停,取决于当时缓冲区是否非空,这又取决于用户上一次的输入情况。如果用户上一次输入内容较多,缓冲区还有"剩饭",本次的 cin 就不会暂停。另外,程序运行结束后,缓冲区即被清空,所剩内容不能带到下次再运行的程序中。所以程序刚开始运行时缓冲区一定是空的,也就是第一次执行 cin 一定会暂停等待用户输入(设 cin 之前没有其他方式输入数据)。

请读者思考:如果在第一次输入数据时,输入"2016 9 30 0 12 a"(日期后多输入 4 个字符),运行效果会怎样？for 循环的循环体要被执行 5 次,前 4 次的 cin 都有字符"吃",但第 5 次的 cin 就没有吃的了。因此,用户还是会输入第 2 次。但第 2 次输入是在前 4 次循环执行结束后发生的,而前 4 次"cout>>ch;"执行完说明屏幕上已输出了前 4 个字符"012a"。读者可上机实际体验一下,第 2 次的输入是在屏幕上"012a"内容之后进行的。输入后,第 2 次输入的第一个字符还会被再显示一遍(这是第 5 次循环的"cout>>ch;"的作用)。

运算符"<<"还有一种特殊用法,当用于 char * 类型的地址时,例如:

```
cout <<地址;                      //地址是一个 char 型字符的地址
cout <<一维数组名;                 //数组是 char 型的一维数组,数组名为首地址
```

并不是表示输出地址,而是表示输出一个字符串,即从该地址开始自动一个一个地输出字符,直到'\0'为止('\0'不输出,不自动换行)。

类似地,运算符">>"当用于 char * 类型的地址时,例如:

```
cin>>地址;                        //地址是一个 char 型字符的地址
cin>>一维数组名                    //数组是 char 型的一维数组,数组名为首地址
```

也不是表示输入一个地址,而是表示输入一个字符串。当从键盘输入一个字符串时,最后一定要输入回车结束,但不输入'\0',cin 将之存入该地址开始的一段内存空间('\n'不存入),并

自动在最后添加'\0'。如果所输入的字符串中含有空格或 Tab 符,只能读入空格或 Tab 符之前的部分(不读空格或 Tab 符本身)。该地址开始的一段内存空间应提前被开辟准备好并足够大。

【案例 9-2】 使用流插入(<<)和流提取(>>)运算符输入输出字符串。

```
#include <iostream.h>
main()
{    char nm[10], * ph;
    ph=new char [20];
    cout<<"请输入您的姓名(不超过 9 个字符):";
    cin>>nm;
    cout<<"请输入您使用的手机名称(不超过 19 个字符):";
    cin>>ph;
    cout<<"您好!" <<nm <<endl;
    cout<<"您使用" <<ph <<"的手机。" <<endl;
    delete []ph;
}
```

程序的运行结果:

请输入您的姓名(不超过 9 个字符):Sunny↙
请输入您使用的手机名称(不超过 19 个字符):iPhone↙
您好!Sunny
您使用 iPhone 的手机。

本例 nm 和 ph 都是一个 char * 类型的地址,"cin>>nm;"和"cin>>ph;"并不是输入地址,而是输入一个字符串存入此地址开始的一段内存空间。"cout<<nm;"和"cout<<ph;"也不是输出地址而是输出一个字符串(即从该地址开始自动一个一个字符地输出直到'\0'为止)。

3. 流类的成员函数

通过 C++ 提供的流类和流对象,有两种实现输入输出的方法:①通过流插入(<<)和流提取(>>)运算符;②通过流类的成员函数。前面介绍了前者的方法,下面介绍后者的方法。同样这些成员函数已由系统在流类中定义好了,可直接调用。但要注意它们都是类的成员函数,要通过流类的对象来调用,而不能像普通函数那样直接调用。

通过 C++ 提供的流类和流对象,对标准 I/O(键盘、显示器)的输入输出与对文件的读写,其操作方式是统一的。以下介绍的函数同样可用于对文件的读写。

1) put 函数

put 函数是 ostream 类的成员函数,用于输出一个字符。其原型是:

```
ostream & put(char ch);
```

put 函数一次只能输出一个字符,例如,通过 cout 对象调用 put 函数:

```
cout.put('A');
```

屏幕上将输出一个字符'A',这与语句"cout<<'A';"等效。

由于 put 函数的返回值仍然是一个 ostream 类的对象（的引用），因此可继续用"."再调用该类的成员函数。如连续地调用 put 函数：

```
cout.put('V').put('C').put('+').put('+').put('\n');
```

则输出结果为

```
VC++
```

put 函数不仅可以由流对象 cout 调用，也可由 ostream 类的其他流对象调用。在9.3 节讨论文件时，还会讨论通过文件的流对象调用 put 函数向文件写入字符。

2）write 函数

write 函数是 ostream 类的成员函数，用于输出一段内存空间中的内容。其原型是：

```
ostream & write(const char * buf, int size);
```

buf 参数是一个地址，函数将输出此地址空间开始的、共 size 个字符的内容。例如：

```
char str[ ]="iPhone";
cout.write(str, sizeof(str)-1);       //str 是数组起始地址
```

输出结果为

```
iPhone
```

str 数组保存了一个含 6 个字符的字符串，但占 7B（含最后的'\0'）。sizeof(str)求数组长度为 7，因此应用 sizeof(str)－1 表示要输出的字符个数（输出 6 个字符，不输出'\0'）。

要输出的内容不仅限于字符或字符串，可以是任意类型的数据。但要注意如果不是字符或字符串，其首地址要先被强制转换为 char ＊或 const char ＊类型的地址，才能传递给write 函数。

3）get 函数

get 函数是 istream 类的成员函数，用于输入一个或若干个字符，与通过流提取运算符（＞＞）输入不同，get 函数可读入空格、Tab 符、回车符。它有 3 种用法（重载）。

① int get();

输入一个字符，函数返回值为所读字符的 ASCII 码。当用于读取文件时，若读到文件结束，函数返回符号常量 EOF 的值（在一般编译系统中值为－1）。例如：

```
char ch;
ch=cin.get();
```

则从键盘输入一个字符存入变量 ch 中。

② istream & get(char & ch);

输入一个字符，将之赋值给字符变量 ch。如果读取成功，函数返回非 0 值；如果失败或遇到文件结束（当用于读取文件），函数返回 0。例如：

```
char ch;
cin.get(ch);
```

则也实现从键盘输入一个字符存入变量 ch 中。

③ istream & get(char * buf, int size, char delim='\n');

输入一个字符串,存入 buf 所指的一段内存空间(如果 buf 是数组首地址则存入该数组),并在最后自动添加一个'\0'。满足以下 3 个条件之一即结束读取:或者读取了 size-1 个字符(保留最后一个空间存'\0'),或者遇到了指定的终止字符 delim(终止字符本身不读入,默认终止字符为'\n'),或者遇到文件结束(当用于读取文件时)。get 函数不读终止字符本身,但也不会跳过终止字符,使该终止字符成为下次读取内容的第一个字符。

成功函数返回非 0 值;失败或遇到文件结束(当用于读取文件时),函数返回 0。例如:

```
char s[80];
cin.get(s, 80);
```

则实现的功能是从键盘输入一个字符串(最多含 79 个字符)存入数组 s 中。当输入的字符满 79 个或不满 79 个但遇到'\n'(用户按下 Enter 键)结束(但不读'\n')。

【案例 9-3】　通过流对象 cin 调用成员函数 get 从键盘输入若干字符。

```
#include <iostream.h>
void main()
{   char s[7];
    int i;
    for(i=0; i<6; i++)
        s[i]=cin.get();
    s[i]='\0';
    cout <<s <<endl;
}
```

运行结果:

```
BMW Z4↙
BMW Z4
```

通过 cin 调用 get 函数将字符一个一个地读入(一次读入一个字符),并分别存入数组 s 的每一个空间,最后通过"s[i]='\0';"人工增加了一个'\0'字符。这样就在数组 s 中构造了一个字符串,最后用"cout<<s;"将此字符串输出(s 是数组首地址,注意"cout<<s;"不是输出地址而是输出从此地址开始的一个字符串)。

for 循环的循环体共被执行 6 次。第 1 次执行"s[i]=cin.get();"时(i=0),缓冲区为空,就要求用户输入。用户输入了"BMW Z4<回车>",但"s[i]=cin.get();(i=0)"只能读取第一个字符'B',其余内容"MW Z4<回车>"作为"剩饭"被放入"冰箱"——缓冲区,只有 s[0]被赋值为'B'。在第 2 次执行"s[i]=cin.get();(i=1)"时,由于此时缓冲区还有内容,不再要求用户输入,而从缓冲区里将'M'吃掉,其余内容"W Z4<回车>"仍位于缓冲区,s[1]被赋值为'M'……这样将字符一个一个地读入数组,如图 9-5 所示。其中的空格字符也被读入,被赋值到 s[3]中。get 函数可读取空格、Tab、换行符,这是和">>"运算符

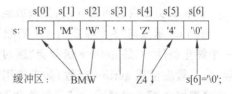

图 9-5　案例 9-3 的字符输入和数组空间

的不同。

实际上最后缓冲区中还有一个换行符'\n'没有被读出,然而在程序运行结束后缓冲区就被清空,这个字符就被丢掉了。读者可将"char s[7];"改为"char s[8];",再将 for 循环的 i<6 改为 i<7,然后再次运行程序输入"BMW Z4<回车>"观察效果。则最后的换行符'\n'也将被读入数组 s 的 s[6]空间。当输出 s 时将得到 2 个换行:第 1 个是数组 s[6]中的字符'\n'的作用,第 2 个是 endl 的作用。

【案例 9-4】 通过流对象 cin 调用成员函数 get 从键盘输入字符串。

```cpp
#include <iostream.h>
void main()
{   char x[80];
    cin.get(x, 80, '#');
    cout <<x <<endl;
}
```

运行结果:

```
iPhone 6S↙
iPhone 7#↙
iPhone 6S
iPhone 7
```

本例通过语句"cin.get(x, 80, '#');"输入一个字符串,终止字符被设置为'#',因此只有在字符串中输入了#字符或输入满 79 个字符才能结束,而按下 Enter 键并不能结束。因此输入第一行"iPhone 6S"后,还要继续输入。第二次输入了含有#字符的"iPhone 7#"可以结束。数组 x 的内容是"iPhone 6S"+"\n"+"iPhone 7"+"\0"(含空格但不含#)。

4) getline 函数

getline 函数是 istream 类的成员函数,用于输入一个字符串,可读入空格、Tab 符、回车符。其原型如下:

```cpp
istream & getline(char * buf, int size, char delim='\n');
```

其功能是:输入一个字符串,存入 buf 所指的一段内存空间(如果 buf 是数组首地址则存入该数组),并在最后自动添加一个'\0'字符。满足以下 4 个条件之一即结束读取:或者读取了 size−1 个字符(保留最后一个空间存'\0');或者遇到了指定的终止字符 delim;或者遇到了行结束符('\n');或者遇到文件结束(当用于读取文件时)。终止字符和行结束符'\n'本身均不被读入,但会被"跳过",使下次读取时不会再读到它们。

读取成功函数返回非 0 值;失败或遇到文件结束,返回 0。

getline 函数与"3 个参数的 get 函数"的用法很类似,区别有二:一是 getline 函数多出一个终止条件,二是 getline 函数会"跳过"终止字符,而 get 函数不会。因此,当读取多行内容时,一般应使用 getline 函数;如果使用 get 函数读取多行内容,往往会出错。

【案例 9-5】 通过">>"运算符和调用成员函数 getline 输入字符串。

```cpp
#include <iostream.h>
void main()
```

```
{    char x[80], y[80];
     cin>>x;
     cin.getline(y, 80);
     cout <<x <<endl;
     cout <<y <<endl;
}
```

运行结果：

```
How are you?↙
How
 are you?
```

本例先后通过"＞＞"运算符和调用成员函数 getline 输入字符串，前者遇到空格、Tab、换行符会结束输入（不能输入空格、Tab、换行符本身）。用户输入"How are you？＜回车＞"后，"cin＞＞x；"只能读取空格之前的部分"How"将其存入数组 x 中，剩余内容" are you？＜回车＞"又被放入"冰箱"——缓冲区。当执行到语句"cin. getline(y, 80)；"时，由于缓冲区中还有内容，不要求用户再次输入，而从缓冲区中读取内容，并可读空格，一直到\n'结束，于是将" are you？"部分存入数组 y 中，并将'\n'绕过。这一过程可表示为图 9-6 所示。

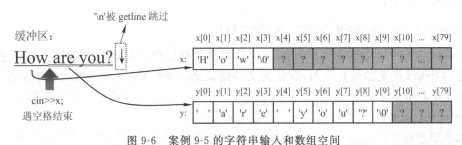

图 9-6　案例 9-5 的字符串输入和数组空间

5）read 函数

read 是 istream 类的成员函数，用于输入若干字节，存入一段内存空间。其原型如下：

```
istream & read(char * buf, int size);
```

buf 参数是一个地址，函数将输入 size 个字节或 size 个字符的内容（当用于读取文件时，若中途遇到文件结束实际读取可能少于 size 个字节，可用成员函数 gcount 来获取上次 read 实际读取的字节数），存入此地址开始的一段内存空间（含空格、Tab、换行符在内，不自动添加\0'）。例如，以下语句从键盘输入 9 个字符存入数组 ch 的 ch[0]～ch[8]空间中：

```
char ch[10];
cin.read(ch,9);                 //ch 是数组的起始地址
```

read 函数不自动添加'\0'，以上语句执行结束后数组 ch 中保存的并不是一个字符串，还需执行语句：

```
ch[9]='\0';
```

才能使数组 ch 中的内容成为一个字符串。

读入的内容不仅限于字符或字符串,可以是任意类型的数据。如果该内存空间不是用于保存字符或字符串的,其首地址要先被强制转换为 char ＊ 类型的地址,才能传给 read 函数。

6）gcount 函数

函数原型如下:

```
int gcount();
```

该函数无参数,功能是返回上一次读取的字符个数。

7）peek 函数

函数原型如下:

```
int peek()
```

peek 函数的功能是探查输入流中当前读取位置处的字符,即下次即将要读取的那个字符。返回该字符的 ASCII 码,当用于读取文件时若遇到文件结束符返回 EOF（−1）。探查并不读走,不移动读取位置,下次读取的第一个字符仍是该字符。

8）ignore 函数

函数原型如下:

```
istream & ignore(int n=1, int delim=EOF);
```

ignore 函数的功能是略过 *n* 个字符（把读取位置指针向后移动 *n* 个字符）,如在移动过程中遇到 delim 指定的终止字符,默认为文件结束则不再后移,即或者移动 *n* 个字符,或者移到终止字符处。

9）putback 函数

函数原型如下:

```
istream & putback(char ch);
```

putback 函数的功能是退回一个字符到输入流的缓冲区中,以后读取数据时还可以读到这个字符。

4. 使用 I/O 流类进行输入输出格式控制

在输入输出时,系统根据数据类型采用默认的格式:例如,默认以十进制形式输入整数、以 6 位有效数字输出浮点数等。如果默认的格式不能满足要求,还可通过格式控制符来设定格式。格式控制符如表 9-2 所示。

表 9-2 I/O 流的常用输入输出格式控制符

控　制　符	作　　　用	用　于
endl	输出一个换行符（\n'）并刷新输出流	输出
ends	输出一个空字符（\0'）	输出
dec	以十进制形式输入输出整数（可省略,默认以十进制）	输入输出
oct	以八进制形式输入输出整数	输入输出

续表

控 制 符	作 用	用 于
hex	以十六进制形式输入输出整数	输入输出
setbase(8 或 10 或 16)*	参数为 8、10、16 的 setbase 分别等同于 oct、dec、hex	输入输出
setw(int 型量)	设置数据的输出宽度范围,如宽度不够冲破限制原样输出,如有空位将以填充字符填充	输出
setprecision(int 型量)	以一般小数形式输出时,设置有效数字位数;以定点形式(fixed)或指数形式(scientific)输出时,设置小数位数	输出
setfill(char 型量)	设置输出数据不足指定宽度时的空位填充字符,默认为空格	输出
setiosflags(格式常量)	设置格式常量对应的格式状态为有效,格式常量见表 9-3	输入输出
resetiosflags(格式常量)	清除格式常量对应的格式状态,格式常量见表 9-3	输入输出

注: * 所标识的表示有些编译器不支持 setbase。

其中不带参数的格式控制符是在 iostream.h 头文件中定义的,带参数的格式控制符是在 iomanip.h 头文件中定义的。因此要使用带参数的格式控制符,还需包含 iomanip.h。

在使用时,将这些控制符当做普通数据一样,写在"<<"或">>"后面即可。例如:

```
int a=123;
cout <<setw(6)<<setfill('#')<<a <<endl;
```

输出结果:

```
###123
```

又如:

```
cin>>oct>>a;                        //以八进制形式输入整数
```

注意:格式控制符 endl 只能用于输出,不能用于输入。有些初学者常犯下面的错误:

```
cin>>a>>endl;                       //错误,cin 不必换行也不能用 endl
```

setiosflags 和 resetiosflags 的控制符的参数是一些预定义的常量,这些常量分别表示一种格式状态。setiosflags 和 resetiosflags 分别用于设置相应的格式状态为有效和无效。在使用这些常量时,要在常量名前加上类名 ios 和域运算符(::)。这些常量如表 9-3 所示。

表 9-3 I/O 流常用输入输出格式控制常量

常 量	作 用	用 于
ios::dec	以十进制形式输入输出整数(可省略,默认以十进制)	输入输出
ios::oct	以八进制形式输入输出整数	输入输出
ios::hex	以十六进制形式输入输出整数	输入输出
ios::basefield	3 种进制常量的按位或组合,即 ios::dec | ios::oct | ios::hex	输入输出
ios::skipws	跳过输入数据的前导空格	输入
ios::fixed	以定点格式(即小数形式)输出浮点数	输出

续表

常　量	作　用	用　于
ios::scientific	以科学计数法（即指数形式）输出浮点数	输出
ios::left	输出数据在设定的宽度范围内左对齐，右边空位以填充字符填充	输出
ios::right	输出数据在设定的宽度范围内右对齐，左边空位以填充字符填充	输出
ios::internal	输出数据的符号在设定的宽度范围内左对齐，数值部分右对齐，中间空位以填充字符填充	输出
ios::uppercase*	以十六进制输出时字母用大写，以科学计数法输出时 E 用大写	输出
ios::showbase	输出进制标识：八进制数前输出 0，十六进制数前输出 0x 或 0X	输出
ios::showpos	输出正数的"＋"号	输出
ios::showpoint	浮点数强制输出小数点（小数部分为 0 也输出）	输出

注：＊所标识的表示没有常量 ios::lowercase，要设置为小写，取消大写格式即可，如"resetiosflags(ios::uppercase);"。

【案例 9-6】 用格式控制符控制输出格式。

```
#include <iostream.h>
#include <iomanip.h>
void main(void)
{    double e=2.7182818284, d=28;
     int n=30;
     cout <<setprecision(4)<<setw(10)<<e <<endl;
     cout <<"***************\n";
     cout <<setiosflags(ios::fixed);            //设置以小数形式输出
     cout <<setprecision(4)<<setw(10)<<e <<endl;
     cout <<d <<endl;                           //setw(10)不再有效
     cout <<"***************\n";
     cout <<resetiosflags(ios::fixed);          //取消小数形式
     cout <<setiosflags(ios::scientific);       //设置科学计数法
     cout <<setprecision(8)<<e <<endl;
     cout <<d <<endl;
     cout <<"***************\n";

     cout <<setiosflags(ios::showbase | ios::uppercase);
     cout <<n <<endl;
     cout <<resetiosflags(ios::dec)<<resetiosflags(ios::oct)
            <<setiosflags(ios::hex)<<n  <<endl;
     cout <<resetiosflags(ios::basefield)
            <<setiosflags(ios::oct)<<n  <<endl;
}
```

运行结果：

```
2.718
```

```
****************
    2.7183
28.0000
****************
2.71828183e+000
2.80000000e+001
****************
30
0X1E
036
```

控制符 setw(宽度)只对其后紧随的第一个输出项有效。如果要使输出的多个数据都使用同一宽度,不能只调用一次 setw(宽度),而应在每一数据的输出之前均调用一次 setw(宽度)。程序中第一次和第二次输出 e 时均给出了 setw(10),因此两次输出 e 都会占 10 个格的宽度;而输出 d 时没有再给出 setw(10),输出 d 不再有 10 个格的宽度设置。

对互相排斥的格式,应先取消现有格式,再设置新格式。例如,ios∶∶scientific(科学计数法)和 ios∶∶fixed(定点小数)互相排斥,因此要设置 ios∶∶scientific,应在之前先用 resetiosflags 取消 ios∶∶fixed。又如 ios∶∶dec(十进制)、ios∶∶oct(八进制)、ios∶∶hex(十六进制)互相排斥,因此在设置一种进制之前,应先取消其他两种的进制格式,可多次用 resetiosflags 每次在参数中给出一种进制常量逐一取消,也可用 resetiosflags(ios∶∶basefield)一次性取消 3 种进制的格式。

在 setiosflags 和 resetiosflags 的参数中,除可给出一种常量外,也可同时给出多种常量,常量之间以按位或运算(|)组合,例如:

```
cout <<setiosflags(ios::showbase | ios::uppercase);
```

与下面两次调用 setiosflags 等效:

```
cout <<setiosflags(ios::showbase)
        <<setiosflags(ios::uppercase);
```

除使用格式控制符外,还可用 I/O 流类的成员函数设置格式,如表 9-4 所示。这些成员函数是在 iostream.h 中定义的,因此使用它们只需包含 iostream.h,不必包含 iomanip.h。

表 9-4 控制输入输出格式的常用流类成员函数

成员函数	功　能	作用相同的控制符
setf(格式常量)	设置格式常量对应的格式状态为有效,格式常量见表 9-3	setiosflags(格式常量)
unsetf(格式常量)	清除格式常量对应的格式状态,格式常量见表 9-3	resetiosflags(格式常量)
precision(int 型量)	以一般小数形式输出时,设置有效数字位数;以定点形式(fixed)或指数形式(scientific)输出时,设置小数位数	setprecision(int 型量)
width(int 型量)	设置数据的输出宽度范围,如宽度不够冲破限制原样输出,如有空位将以填充字符填充	setw(int 型量)
fill(char 型量)	设置输出数据不足指定宽度时的空位填充字符,默认为空格	setfill(char 型量)

下面是使用这些成员函数的一些例子：

```
cout.setf(ios::showpoint | ios::showpos);    //以后将输出小数点且正数输出"+"
cout.setf(ios::scientific);                  //以后将用科学计数法输出浮点数
cout.unsetf(ios::scientific);                //以后将取消科学计数法
cout.setf(ios::fixed);                       //以后将用定点小数形式输出浮点数
```

9.2.2 标准输入输出函数库

在 C++ 中，除可使用流类和流对象实现标准设备（键盘和显示器）的输入输出外，还可使用传统 C 语言的输入输出函数库来实现。要调用这些函数，需包含头文件 stdio.h。注意这些函数都是系统定义的普通函数，而不是类的成员函数，因此可直接被调用，而不必通过任何类的对象来调用。

1. 使格式输出函数——printf 函数

1) printf 函数的最简单用法

在 printf 函数中给出一个""的字符串参数，屏幕上就会原样输出该字符串，例如：

```
printf("a");
```

屏幕上将原样输出：

```
a
```

又如：

```
printf("hi,你好!\n我在学习 C++\n");
```

屏幕上将原样输出：

```
hi,你好!
我在学习 C++
```

这是 printf 函数的最简单用法。

2) printf 函数的一般使用形式

printf 函数除可用于直接输出字符串外，还有很丰富的功能。printf 函数也称为格式输出函数，f 即格式（format）之意。它可以按照格式，一次输出任意多的、任意类型的数据，而不仅限于输出字符串。printf 的完整使用形式如下：

```
printf("格式控制字符串", 数据 1, 数据 2, 数据 3…);
```

原来""的字符串只是 printf 函数的第一个参数，称为格式控制字符串（有的书中也称为"转换控制字符串"）。第二个及以后的参数都是将要输出的数据，数据可以是任意类型的变量、常量、表达式，也可有任意多个。printf 函数的这种用法类似于如下的 cout 语句：

```
cout <<数据 1 <<数据 2 <<数据 3 <<…;
```

有些读者可能会问：在 printf 中输出，直接通过各参数给出要输出的数据不就可以了吗，为什么要在第一个参数中多出那么一个"格式控制字符串"，不是很多余吗？"格式控制字符串"不仅不是多余，而且是 printf 函数的最重要的一个参数，它起到决定整个输出内容及后续所有数据的"格式控制"的作用。在 cout 中,通过不同的数据类型来自动决定默认格式或是通过"格式控制符或成员函数"来设置格式,而在 printf 函数中的格式设置,全是交给这个"格式控制字符串"来做的。先来看下面的例子。

假设有变量:

```
int a=65;                          //a 值为十进制 65,八进制 101,十六进制 41
```

执行下面语句可以输出变量 a 的值:

```
printf("%d", a);                   //屏幕输出:65,%d 表示以十进制整数的格式输出
```

为什么输出 65 而不原样输出%d 呢? 在 printf 的"格式控制字符串"中,%是一种特殊的内容,它是用于"指挥"后面数据输出格式的,而不是原样输出的。可把%比作马路上指挥车辆的"交通警察",而 a 就是被指挥的车辆。d 相当于交警的一个手势,C++ 语言的"交规"规定:d 表示十进制整数方式,于是屏幕上以十进制显示 a 的值 65。

printf 中的%与"求百分数"没有丝毫关系,更不是"除法求余数";printf 中的%只是一个标志符号而已,仅用于控制数据的输出格式。这是 C++ 语言中很常见的同一符号多用现象,同一符号在不同场合含义完全不同,读者一定不要混淆。

"车辆"a 受"格式控制字符串"中"交警"的指挥,如果交警的"手势"不同,a 这辆车的行进方式也就不同,输出的内容也就不同,又如执行下面语句:

```
printf("%c", a);                   //屏幕输出:A ,%c 表示以字符的格式输出
```

这次交警的手势为 c,C++ 语言的"交规"规定:c 表示字符方式,屏幕上将显示 65 所对应的字符,即 ASCII 码为 65 的字符为 A。

交警的手势还有很多,又如:

```
printf("%o", a);                   //屏幕输出:101,%o 表示以八进制的格式输出
printf("%#o", a);                  //屏幕输出:0101,多了 #表示要输出前缀 0
printf("%x", a);                   //屏幕输出:41,%x 表示以十六进制的格式输出
printf("%#x", a);                  //屏幕输出:0x41,多了 #表示要输出前缀 0x
```

通过上面的几个例子可以看出,变量 a 的值是 65,这是一直没有改变的。但输出的结果迥异:有的输出 65,有的输出 A,有的输出 41……这就是在"格式控制字符串"中通过%的这位"交警"指挥的结果。注意交警改变的只是变量 a 的输出格式,始终并没有改变变量 a 的值。

好了,至此介绍了 printf 函数的"格式控制字符串"的两种用法,现在小结一下。

(1) 在"格式控制字符串"中的一般内容将原样输出到屏幕上,这样的内容称为**非格式字符串**。

(2) 在"格式控制字符串"中的%内容不会原样输出到屏幕上,它起到的是类似"交警"的作用,用于指挥后面数据的输出格式,称为**格式字符串**。

为什么"格式控制字符串"有这样两种用法呢? 试想马路上包括几种人呢? 两种:车辆和交警。类似地,printf 的"格式控制字符串"也包含两种内容:**非格式字符串**和**格式字符串**。前者似车辆,将原样输出;后者似交警,将指挥后面数据的输出而本身不输出。

前面介绍的例子,都是在"格式控制字符串"分别包含一种内容的例子。下面再给出一

个在"格式控制字符串"中同时包含两种内容的例子：

```
printf("我现有%d元", a);
```

屏幕上的输出结果如下：

我现有 65 元

"我现有"和"元"均是普通车辆，原样输出；%d 是交警，指挥 a 的输出格式，%d 本身不输出，输出的还是 a；换句话说是以 a 的值 65 替换%d 输出的，原理如图 9-7 所示。

在用数据替换%时，应按照%后的字母规定的"手势"替换，常用"手势"如表 9-5 所示。

图 9-7　printf 函数的工作原理

表 9-5　printf 函数的常用格式字符串

格式字符串	含　义
%d 或 %i	以有符号十进制整数格式输出（正数不输出 ＋ ）
%o (O,不是零)	以无符号八进制整数格式输出（不输出前缀 0）
%x 或 %X	以无符号十六进制整数格式输出（不输出前缀 0x）
%u	以无符号十进制整数的格式输出
%ld	以有符号长整型十进制整数的格式输出
%lo	以无符号长整型八进制整数格式输出（不输出前缀 0）
%lx 或 %lX	以无符号长整型十六进制整数格式输出（不输出前缀 0x）
%lu	以无符号长整型十进制整数的格式输出
%f 或 %lf	以小数格式输出单、双精度浮点数：1.234567 的格式
%e 或 %E	以指数格式输出单、双精度浮点数：1.234567e±123 的格式
%g 或 %G	自动选择以%f 或%e 中较短的输出宽度输出单、双精度浮点数
%c	以字符格式输出单个字符（一次只能输出一个字符）
%p	输出地址值
%s	输出字符串

printf 函数的用法看似复杂，实际原理很简单，归纳起来就是：把第一个参数的" "中的内容原封不动地"抄"在屏幕上就可以了，但其中若遇到带%的"警察"则不要原样抄，而要以后面的数据替换它；替换时按照%所规定的相应格式"手势"做替换即可。

现将 printf 函数的用法总结口诀记忆如下：

格式字串控全体，

数据替换百分比。

字符 c 整数 d，

小数 f 指数 e，

欧(o)八叉(x)六 u 无号，

字串 s 要牢记。

间数全宽点小数，
负号表示左对齐。

这是说"格式控制字符串"决定整个要输出的内容，其中％部分要以后面的数据替换，其他原样输出。中间 4 句为主要的具体格式控制规则，最后两句的含义将稍后介绍。

马路上是一位交警指挥所有车辆；而 printf 比较"奢侈"，是一位交警仅指挥一辆车，似乎每辆车都有"私人警察"。因此后面有多少个数据要输出，"格式控制字符串"中就应该有多少个％内容，输出时按顺序用后面的每个数据一一替换对应的％内容。例如：

```
char a='C';
char b='V';
printf("%c%c++", b, a);               //屏幕输出:VC++
```

这里有 2 个％c，后面对应地也有 2 个数据。应以 b、a 的值分别替换 2 个％c，如图 9-8 (a)所示。注意％c 表示以字符格式输出，b、a 的值分别要被输出为 V、C。

请对比下面语句的输出结果：

```
printf("%c%d++", b, a);               //屏幕输出:V67++,C 的 ASCII 码为 67
```

以 b 的值替换％c 仍输出 V。而以 a 的值替换％d 就不能输出 C 了，而应输出其对应的 ASCII 码 67，因％d 规定的是以十进制整数输出，不是以字符输出，原理如图 9-8(b)所示。

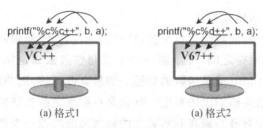

图 9-8　printf 的％c、％d 控制不同的输出格式

注意：d、o、x、u、c、s、f、e、g 等字符，如用在％后面就是格式控制符号，否则就是普通字符将原样输出。当"格式控制字符串"中的符号较多时，要注意区分哪些是格式控制符号，哪些是普通字符。例如：

```
int c=1, d=2;
printf("c=%dd=%d", c, d);             //屏幕输出:c=1d=2
```

其中，％后的第一个 d 为格式控制符号，第二个 d 就是普通字符了，因此将原样输出一个 d。

printf 还可输出表达式的值，这时应以表达式的值替换％的内容，例如：

```
printf("a * 10=%d", a * 10);          //屏幕输出:a * 10-650
printf("a+10=%d", a * 10);            //屏幕输出:a+10=650
```

后者输出 a＋10＝650，等式根本不成立。这说明 printf 函数只会遵照规则"机械地"输出，它并不关心在屏幕上究竟显示的是什么，也没有检验屏幕上所显示内容的功能。

当在同一 printf 中包含多个表达式时，这些表达式的求值顺序在不同编译系统中是不同的，可能最左边表达式先被计算，也可能最右边表达式先被计算。例如，"int i＝5；printf

("%d %d", i＋＋, i);"在不同的编译系统下运行结果不同,编程时应避免类似的写法。

用 printf 输出字符串时,格式控制符应写为%s。需要注意的是,%s 是 printf 中的唯一一个特例。前面介绍的各种数据的输出,%内容所控制的数据均是普通数据,而%s 控制的却是"地址",其用法为

```
printf("%s", 地址);
```

printf 函数将从这个"地址"开始,一个一个地取出每个字符并输出,直到'\0'为止('\0'不输出)。因此,如果这个地址是字符串首地址,就从头输出字符串;如果是字符串中间某个字符的地址,就要从中间输出字符串的后半部分了。例如:

```
char s[]="iPhone";  char * ps=s;
printf("%s\n", s);                  //屏幕输出:iPhone
printf("%s\n", ps);                 //屏幕输出:iPhone
printf("%s\n", s+1);                //屏幕输出:Phone(s+1 是串中 P 的地址)
printf("%s\n", &s[2]);              //屏幕输出:hone(&s[2]是串中 h 的地址)
ps=ps+2;                            //ps 指向字符串中的 h
printf("%s\n", ps+3);              //屏幕输出:e(现 ps+3 是串中 e 的地址)
printf("%c\n", s[0]);              //屏幕输出:i(%c 对应一个普通字符不是地址)
printf("%c\n", ps[2]);            //屏幕输出:n(%c 对应一个普通字符不是地址)
```

3) printf 函数的高级格式控制

现在讨论前面口诀中"间数全宽点小数,负号表示左对齐"两句的含义。

在%和表示格式的字符之间,可添加一个十进制整数来划定输出的宽度范围,类似于 cout 的 setw 控制符或 width 成员函数的功能。如果宽度不够,则冲破划定限制,原样输出。如果宽度较大,将补空格凑够划定的宽度。默认是在数据之前补空格的(数据右对齐);要在数据之后补空格(数据左对齐),需在表示宽度的整数之前增加一个负号(—)。例如:

```
int a=123;
printf("%d\n",a);                  //屏幕输出:123
printf("%2d\n",a);                 //屏幕输出:123(2 格不够,原样输出)
printf("%4d,\n",a);               //屏幕输出: 123,(划定 4 格,前补 1 空格右对齐)
printf("%-4d,\n",a);              //屏幕输出:123 ,(划定 4 格,后补 1 空格左对齐)
```

在输出实型数时,应指定格式为%f(小数形式)或%e(指数形式)。printf 当遇到%f 或%e 时就会"发疯":对于任何精度的小数,都坚持输出 6 位小数位;对于指数形式,还要坚持输出 3 位指数,并且即使指数是正数,也要输出它前面的＋。例如:

```
float b=123.45;
printf("%f\n",b);                  //屏幕输出:123.450000
printf("%e %E\n",b,b);            //屏幕输出:1.234500e+002 1.234500E+002
```

如何避免这种"疯狂"行为呢? 在%和 f(e)之间添加一个小数以强制 printf 四舍五入,小数点后的数字是四舍五入要保留的小数位数。如%6.2f 表示四舍五入保留 2 位小数;6 仍表示输出宽度范围,但这个范围是包含整数部分、小数点、小数部分的总宽度(小数点也占一格)。例如:

```
float b=1.238;
printf("%f\n",b);                    //屏幕输出:1.238000
printf("%2f\n",b);                   //屏幕输出:1.238000(2格不够,原样输出)
printf("%6.2f,\n",b);                //屏幕输出:  1.24,(前补2空格,共占6格)
printf("%-6.2f,\n",b);               //屏幕输出:1.24  ,(后补2空格,共占6格)
printf("%6.0f,\n",b);                //屏幕输出:     1,(前补5空格,共占6格)
```

"间数全宽点小数"中的"点小数"如用于%s还有一个特殊功能,可截取字符串的部分字符输出,小数点后的数字就是要截取的字符个数。例如:

```
char t[10]="abcdefg";
printf("%.3s\n", t);                 //屏幕输出:abc  (截取t的前3个字符输出)
printf("%5.4s\n", t);                //屏幕输出:  abcd(前补1空格,共5个格)
```

%有特殊含义,若要在屏幕上输出%本身,不能用"print("%");,"而应用连续的两个%%表示一个普通的%,例如:

```
printf("我喝100%%的苹果汁");          //屏幕输出:我喝100%的苹果汁
```

这和转义字符中用\\来表示一个普通的斜杠字符(\)的方式很类似。

每个数据都必须有一个私人交警,即%的个数应与数据的个数一致。如不一致,将以交警(%)的个数为准,例如:

```
int a=6, b=8;
printf("%d\n", a, b);                //只输出6。少个%d,b被忽略
printf("%d,%d", a);                  //输出6,-1。多输出了无意义的-1
printf("%%d", a);                    //输出%d,%%表示普通%,d是普通字符,a被忽略
```

这更体现了口诀中"格式字串控全体"中"控全体"的含义,说明"格式控制字符串"在printf函数中的重要地位。

2. 格式输入函数——scanf函数

1) scanf函数的一般形式

scanf函数也称格式输入函数,f即格式(format)之意。它的使用形式与printf函数类似,也是以"格式控制字符串"为第一个参数,但以变量的地址为后续参数:

scanf("格式控制字符串",变量1的地址,变量2的地址,变量3的地址……);

它与以下cin语句的功能相似:

cin>>变量名1>>变量名2>>变量名3;

注意两者写法的不同,在cin语句中写的是"变量名",而在scanf函数中写的是"变量的地址"。因此如果要为变量输入数据,应在scanf中写"&变量名":

scanf("格式控制字符串", &变量1, &变量2, &变量3……);

如果通过指针变量的方式,为指针变量所指的空间输入数据,应直接写"指针变量名":

scanf("格式控制字符串", 指针变量1, 指针变量2, 指针变量3……);

再次强调 scanf 的第二个及以后的参数必须是地址,这种用法与 printf、cout、cin 都不同。

为什么在 scanf 函数中要使用变量的地址呢? 如果把程序中的变量比作网上购物者的家,程序运行后用户从键盘输入的数据就是各种商品。网上购物的过程类似把用户输入的数据赋值给变量的过程,而 scanf 函数就是充当这一过程的"快递员",它负责把商品送到顾客家中。快递员送货时需要的是顾客的家,还是顾客家的地址呢? 当然是地址!

scanf 函数中的"格式控制字符串"就类似网购时的"订单",它规定了快递员打包商品的"打包方式"。与 printf 类似,其中也是用"%+字符"的形式表示。scanf 的格式字符串如表 9-6 所示。

表 9-6 scanf 函数的常用格式字符串

格式字符串	含　义
%d	以有符号十进制形式输入整数
%o	以八进制形式输入整数,可带前导 0,也可不带
%x、%X	以十六进制形式输入整数,可带前导 0x 或 0X,也可不带
%i	输入整数,可以十进制形式,也可以带前导 0 的八进制形式,也可以带前导 0x 或 0X 的十六进制形式
%u	以十进制形式输入无符号整数
%hd、%ho、%hx、%hi、%hu	输入对应格式的短整数
%ld、%lo、%lx、%li、%lu	输入对应格式的长整数
%f、%e、%E、%g、%G	以小数形式或指数形式输入 float 型浮点数(十进制),f、e、E、g、G 可互换
%lf、%le、%lE、%lg、%lG	以小数形式或指数形式输入 double 型浮点数(十进制),lf、le、lE、lg、lG 可互换
%c	输入单个字符
%s	输入字符串,遇空格、Tab、回车结束(不能读空格、Tab、回车本身)

scanf 严格区分单精度(float)和双精度(double)的实数,对于单精度实数的输入,必须用%f 或%e;对于双精度实数的输入,必须用%lf 或%le(字母[el]f、[el]e 不是数字[yi]),而双精度实数用%f 或%e 输入是不行的。为短整型变量(short int)输入短整型数据时,也必须用%hd,不能用%d。

注意: scanf 的"格式控制字符串"与 printf 的"格式控制字符串"在用途上有着本质的不同,scanf 的"格式控制字符串"不是控制数据在屏幕上的显示,而是控制数据送入变量的方式(打包方式)。scanf 是输入函数,从来不负责输出,千万不要将 scanf 误认为与屏幕显示有关。

2) 用于数值型数据的输入

以下语句实现从键盘输入 3 个整数,分别存入 3 个变量 a、b、c 中:

```
int a,b,c;
scanf("%d%d%d", &a, &b, &c);        //变量前要加 &,若写"a,b,c"错误
```

程序运行后,将等待用户输入,例如,用户输入空格间隔的 3 个整数 12、45、38:

`12 45 38↙`

scanf 将依据"%d%d%d"的"打包方式",从用户输入的内容中依次打包 3 个%d 的货物,即依次打包 3 个整数为 12、45、38(由于打包方式是整数,用户输入的 12 被打包为"十二"而不能是字符'1'和字符'2';用户输入的空格作为数据间隔)。然后将打包好的 3 个整数 12、45、38 按照后面的 3 个地址(&a、&b、&c)分别投递到 3 个变量 a、b、c 中,这样 3 位买家就分别得到了这 3 个整数,也就是变量 a、b、c 分别被赋值为 12、45、38,原理如图 9-9 所示。

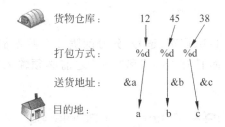

货物仓库:　　　　12　　45　　38

打包方式:　　　　%d　　%d　　%d

送货地址:　　　　&a　　&b　　&c

目的地:　　　　　a　　　b　　　c

图 9-9　用 scanf 函数通过键盘输入为变量赋值,类似快递员的送货过程

在通过键盘输入多个数据时,数据之间应输入空白间隔。如果所输入的 12 和 45 之间没有间隔,就会被错误地打包为 1245(一千二百四十五)送到 a 中。本例是以空格作为输入间隔的;除空格外,也可用 Tab 符 作为间隔,还可在输入每个数后按 Enter 键(可理解为用'\n'间隔)。也就是说,这种"%d%d%d"的打包方式,使用户的输入十分灵活:可以空格、Tab、回车 3 种方式间隔数据,但不能以其他字符(如逗号、分号等)间隔数据。

在输入数值数据时,除空格、Tab、回车外,系统遇到第一个非数字字符也将结束读入,如对语句"scanf("%d", &x);"若输入 12A34<回车>,则将 12 送入变量 x;字符 A 作为整数的结束符,"A34<回车>"将被放入"冰箱"(缓冲区)以备下次输入使用。

正因如此,scanf 也没有计算功能,对语句"scanf("%d", &x);"如运行时输入 1+1,是不能将变量 x 赋值为 2 的;实际变量还是被赋值为 1(因"+"这个非数字字符将作为整数的结束)。

与 printf 类似,scanf 的"　"中也可包含两种内容:格式字符串(%开头的内容)和非格式字符串(非%开头的内容)。上面仅是包含前者的例子;如果还包含非%开头的内容,要注意这些内容是不能被原样显示到屏幕上的(永远记得 scanf 没有输出功能)。那么这些内容是做什么用的呢?它们可被看做是必需的"货物间隔",也就是在程序运行后用户输入数据时,用户必须"老老实实、一字不落"地原样输入这些内容,胆敢少输一点儿,满盘皆输!例如:

`scanf("%d,%d,%d", &a, &b, &c);`

"　"内除%d 外,还有两个逗号(,),不要认为程序运行后屏幕上会自动给出两个逗号(,),然后用户可在其中"填写"数据!屏幕上只有一个"干巴巴"的光标,什么也没有。用户必须将逗号(,)老老实实、一字不落地原样输入。对该语句唯一正确的输入方式如下:

`12,45,38↙`

即必须以逗号间隔数据,因 scanf 的" "中是以逗号间隔 3 个%d 的。如输入时胆敢以空格、Tab 或回车间隔 12、45、38 都是错误的。这无疑给用户带来了麻烦。又如:

```
scanf("a=%d,b=%d,c=%d",&a,&b,&c);
```

不要认为程序运行后屏幕上会自动给出提示"a= ,b= ,c= ",然后便可在其中"填写"数据! 与上例一样,除了一个"干巴巴"的光标外,屏幕上什么也没有。这里" "中除%d 外的"a="、",b="和",c="这些内容都必须由用户老老实实、一字不落地原样输入。故对该语句,以下是唯一正确的输入方式(以下所有内容均为用户自行输入的内容):

```
a=12,b=45,c=38↙
```

如输入数据时以空格、Tab、回车、逗号、分号间隔 3 个数据都是错误的,因为还必须输入 a=、b=、c=这些内容,而且在"b="和"c="之前必须输入逗号(,)。原理如图 9-10所示。

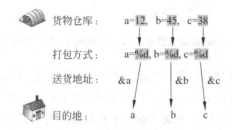

货物仓库: a=12, b=45, c=38

打包方式: a=%d, b=%d, c=%d

送货地址: &a   &b   &c

目的地: a   b   c

图 9-10 非%开头的内容不打包货物,但作为必需的货物间隔

scanf 也允许在输入的数据前加若干空格(上例中没有加空格),上例如输入"a=12, b=   45, c=   38"也是可以的。但只能在数据前加空格;不能在数据后或逗号前加空格,更不能在其他位置如 a、=之间加空格。

又如,下面的语句:

```
scanf("Please input a number: %d", &a);
```

绝不会在运行时自动给出提示"Please input a number:",程序运行后仍只有一个"干巴巴"的光标。这下更麻烦了吧? 用户若想输入数据 12,必须首先老老实实、一字不落地原样输入"Please input a number:"这句话,然后才能在后面输入 12、回车。

然而这种给用户制造麻烦的做法也不是一无是处,在限制用户必须以指定的格式输入时就显得很有用了,例如要输入日期的年、月、日分别存入变量 y、m、d 中的语句可以是:

```
scanf("%d/%d/%d", &y, &m, &d);
```

这样用户必须以下面固定的格式输入年、月、日:

```
2016/06/19↙
```

而不能以其他格式输入,例如,下面的输入方式不正确:

```
2016,06,19↙
```

在%和字母之间还可用一个整数指定宽度,这个宽度不是输出宽度,而是"打包"宽度。

类似买家说明了要购买"多少斤",快递员将以此宽度为准"打包"数据。例如：

```
scanf("%5d", &a);
```

若程序运行后输入：

12345678↙

则只把 12345 赋值给变量 a(一万两千三百四十五)，其余部分(678)存入缓冲区以备后用，因为%5d 规定了只打包 5 个字符宽度的内容。又如：

```
scanf("%4d%4d", &a, &b);
```

若程序运行后输入：

12345678↙

则把 1234 赋值给 a，把 5678 赋值给 b，因为两个"%4d"都规定打包"4 斤"的货物。

scanf 没有精度控制，如"scanf("%5.2f", &f);"是非法的，不能限制只允许输入 2 位小数。

3) 用于字符型数据的输入

通过 scanf 输入字符型的数据，要使用%c，这时用户所有的输入均有效，包括空格、回车都算作一个字符被%c 打包并送入对应地址的变量；但一个%c 永远只能打包一个字符。

```
scanf("%c%c%c", &a, &b, &c);
```

在程序运行时若输入

d e f↙

则把字符'd'赋值给 a，' '(一个空格字符)赋值给 b，字符'e'赋值给 c；后面的" f"及'\n'本次未用，被存入缓冲区以备后用。只有当输入为

def↙

即字符之间无空格，也无任何其他间隔，才能把'd'赋值给 a、'e'赋值给 b、'f'赋值给 c。最后输入的"回车"('\n')本次未用，仍被存入缓冲区以备后用。如果输入的是：

de↙

则 a 被赋值为'd'，b 被赋值为'e'，c 被赋值为'\n'，这时输入的所有内容刚好全部用完。

不难想象出，若输入"d↙"，则 a 被赋值为'd'、b 被赋值为'\n'，这时 scanf 并未完成，会再次提示为 c 继续输入数据，也就是需要输入两次才能结束。

如果输入的是数字，也会把每一位数字都当作字符处理，因为要求的是%c。如输入：

123↙

则 a 被赋值为'1'，b 被赋值为'2'，c 被赋值为'3'，最后的"回车"('\n')字符本次未用。

如果"格式控制字符串"中有除%c 之外的"非%开头的内容"，与输入数值数据的情况一样，用户必须老老实实、一字不落地原样输入这些内容。

现在小结一下，把 scanf 函数的用法总结为口诀如下：

scanf,键盘输入,

后为地址,不能输出。

间数宽度,%c 全读,

非格式符,麻烦用户。

这是说,scanf 是用于键盘输入的,永远不会在屏幕上显示任何内容。后面要求写出的是接收数据变量的地址,如 &a,不能直接写变量名 a。%和字母之间的数字表示读入的宽度;%c 可读任何字符。如" "内含非%的内容,会给用户的输入带来"麻烦"。

在 scanf 中还可使用 *,用以跳过一个输入项,即"打包"一个输入项,但不投入任何变量而直接扔掉它,然后再继续打包后续内容。例如:

```
scanf("%d %* d %d", &a, &b);
```

若运行时输入"1 2 3<回车>",将把 1 赋给 a,2 对应%*d(被扔掉),最后一个%d 是打包 3 的把 3 赋给 b。又如:

```
scanf("%* 3d%2d%d", &m, &n);
```

若运行时输入"3002332<回车>",则对应"%*3d"的 300 将被扔掉,m 被赋值为 23,n 被赋值为 32。

【案例 9-7】 用 scanf 和 printf 实现输入输出。

```
#include <stdio.h>
void main()
{    int n; char c1,c2,c3; float x;
     int * pn=&n;
     printf("Please input data: ");
     scanf("%d%c%f", pn, &c1, &x);       //注意:pn 已是指针,不要再加 &
     scanf("%* c%c%c", &c2, &c3);
     printf("n=%d\tc1=%c\tx=%6.2f\n", n, c1, x);
     printf("c2=%c,c3=%c", c2, c3);
}
```

程序的运行结果:

```
Please input data: 1234a1230.26↙
bc↙
n=1234    c1=a    x=1230.26
c2=b,c3=c
```

由于 scanf 函数不会在屏幕上输出任何内容,因此要在输入数据前显示一些提示信息(如"Please input data:"),应在之前单独用 printf 函数或其他输出函数输出,而不能把"输出提示信息"的工作交给 scanf 来干,不要写为下面语句:

```
scanf("Please input data: %d%c%f", pn, &c1, &x);
```

在本例中,由于用户输入的内容不含空格,%和 d 之间也没有整数规定宽度,系统将一直"打包"到不能组成数字为止。前面的所有能组成数字的内容 1234 均被整体"打包"为一个数字(一千二百三十四)。%c 一次只能读进一个字符,且"%c 全读"(无论空格、换行符都读),因此继续打包读进了字符'a'。后续内容要被打包为一个 float 型数,也将一直读到不能组成数字为止,读进 1230.26。这时"缓冲区"中还剩余一个'\n'没有用完。

下一条 scanf 语句"scanf("%*c%c%c", &c2, &c3);"中的"%*c"就是为了跳过这个'\n'的。这样 c2 就没有了数据可读("冰箱"已空),于是要求用户继续输入数据。用户输入"bc<回车>"后,c2 读到字符'b',c3 读到字符'c'。输入"bc<回车>"的'\n'仍没有被读走留在缓冲区。因此本程序结束时,缓冲区中还剩余一个'\n'没有使用,在程序结束时被清空。

3. 非格式化输入输出函数

在 stdio.h 头文件中还定义了几个非格式化的输入输出函数,如表 9-7 所示。同格式化输入输出函数 scanf 和 printf 相比,非格式化的输入输出函数编译后代码比较少,占用内存比较小,速度比较快,使用方便。

表 9-7　stdio 库中的常用非格式化输入输出函数

函　数	功　　能	用 法 举 例

putchar(字符)	屏幕输出一个字符	putchar('A'); //屏幕输出 A
		putchar ('\x42'); //屏幕输出 B

getchar()	键盘输入一个字符,函数无参数,函数返回值为读进来的那个字符。getchar 一次只能读进一个字符),当输入多个字符时,只读取第一个字符,其他字符被存入缓冲区以备后用	char c;
		c=getchar();
		//从键盘输入一个字符赋给变量 c

puts(地址)	屏幕输出字符串并自动换行。地址为 char * 型,可为字符串首地址,也可为串中间某个字符的地址。具体为:从地址开始,逐个字符输出,直到'\0'止('\0'不输出),再输出一个'\n'	char s[]="abcd";
		puts(s); //屏幕输出 abcd(换行)
		puts("Thank you");
		//屏幕输出 Thank you (换行)

gets(地址)	从键盘输入一个字符串。地址为 char * 型,可为字符数组首地址,也可为数组中某个空间的地址。具体为:读入从键盘输入的一个字符串(最后要输入回车表示结束,但不输入'\0'),存入"地址"开始的一段内存空间(回车符不存入),并自动在最后添加'\0'。可读空格、Tab 符	char s[80];
		gets(s);
		//从键盘输入一个字符串(不超过 79 个字符)存入数组 s

putchar(ch)等同于"printf("%c", ch);",getchar(ch)等同于"scanf("%c", &ch);"。

puts 函数和 printf(用%s)都能输出字符串,区别是前者输出后会自动换行,后者不会自动换行,要换行需自行输出'\n',即 puts(s)等效于"printf("%s\n", s);"。

gets 函数和 scanf(用%s)函数都能通过键盘输入字符串,区别是 gets 函数遇到空格或 Tab 不会中断,也会读空格或 Tab 本身,只遇到"回车"结束,即读取用户输入的一行字符串。而 scanf 遇空格或 Tab 结束,即只能读入空格或 Tab 之前的部分(不读空格或 Tab 本身)。

【案例 9-8】 输入字符串。

```
#include <stdio.h>
void main()
{   char st[80];
```

```
    printf("请输入您所使用的手机名称:");
    gets(st);                        //可尝试改为"scanf("%s",st);"体会效果的不同
    printf("您使用%s的手机\n", st);
}
```

程序的运行结果:

请输入您所使用的手机名称:iPhone 6S↙
您使用 iPhone 6S 的手机

程序中定义了一个包含 80 个元素的足够大的数组 st,用于保存用户输入的手机名称字符串。gets 函数可读取包含空格或 Tab 符的一行字符串,因此"iPhone 6S"均被读入。如将本程序的"gets(st);"改为"scanf("%s", st);"则运行结果为

请输入您所使用的手机名称:iPhone 6S↙
您使用 iPhone 的手机

因为 gets 可以读取带空格的字符串,而 scanf 不能。scanf 只能将用户输入的"iPhone 6S<回车>"中空格之前的部分 iPhone 读入数组 st 中,而"空格"+"6S<回车>"部分被放入缓冲区以备下次读入。

基于输入输出函数库的函数进行输入输出虽能满足需要,但是早期 C 语言采用的方法。C++ 语言推荐使用类和流对象进行输入输出,后者更加方便,功能也更为丰富、强大。

9.3 文件的输入输出

文件是计算机系统的基石,我们每天使用计算机,都离不开文件。当浏览一个网页时,就是打开了一个网页文件(.html);当欣赏一段流行音乐时,就是播放了一个音乐文件(.mp3);当拍照一张数码照片时,就是生成了一个图片文件(.jpg);当需要打印一篇文章时,只要把准备好的 word 文件(.docx)用 U 盘复制给打印店老板就可以了……就连 Windows 本身,也是靠加载事先被安装在磁盘中的那些花花绿绿的系统文件来启动计算机的。因此,如果能够掌握任意读写、修改文件的本领,还俨然不是驾驭计算机的高手吗?

本节就来学习如何通过 C++ 语言编程读、写文件,以及创建自己的文件。具体来说,就是把程序中的变量的值写到文件中保存起来,以及把文件中的内容再读入到程序中的变量,在程序中进一步处理。读、写文件的编程会不会很难呢? 不然! C++ 提供的输入输出流类库,不仅可用于键盘、显示器的输入输出,同样可用于文件的读写。通过输入输出流类库来读写文件,可以像使用 cin、cout 进行键盘、显示器的输入输出一样容易!

9.3.1 文件概述

1. 文件的概念

计算机的外部存储介质,如磁盘、光盘、U 盘等,可以长期保存数据。它不像计算机的内存,在断电后内容就消失,且存储容量也比内存大很多(如目前硬盘容量可达 TB 量级),因而也是计算机系统必备的硬件之一。

在外部存储介质上的数据是以"文件"的形式组织、以"文件"为单位进行管理的。如果

想找到外部存储介质上的数据,必须先按文件名找到数据所在的文件,然后再从该文件中读取数据。而写入数据也必须先建立一个文件,然后再将数据写到那个文件中。因此,可给文件下个定义:文件(file)就是存储在外部介质上数据的集合。有些文件可用于存入程序代码,有些文件可用于存放数据。

2. 文件名

每个文件都有一个文件名。文件名由主名和扩展名两部分组成,之间用圆点"."分隔,即"主名.扩展名"的形式。主名由用户命名,但最好"见名知义"。扩展名通常用来区分文件的类型,例如,扩展名cpp表示C++源程序文件、jpg表示图片文件、avi表示视频文件、h表示头文件等。有时扩展名也可以省略,当省略时也要省略圆点"."。

文件在外部存储介质中以文件夹的形式组织,在文件夹里既可以存放文件,又可以创建下一层的子文件夹,并在子文件夹中再存放文件。可以用一个字符串来表示文件名和文件的存储位置,其中子文件夹名和上层文件夹名之间,以及文件名和它所在的文件夹名之间都以 \ 分隔,如 D:\abc\def\g.txt 表示 D 盘 abc 文件夹下的 def 子文件夹下的 g.txt 文件。但在 C++ 程序中应写为 D:\\abc\\def\\g.txt,因为 \ 是转义字符,要用连续的两个 \\ 表示一个普通的 \。又如 C:\\file1.dat 表示 C 盘根目录下的 file1.dat 文件。

3. 文本文件和二进制文件

文件有多种类型,依文件中的数据组织形式不同,可分为文本文件和二进制文件两种。

(1) 文本文件:也称为 ASCII 码文件、字符文件,它以每个字符占一个字节的格式存储,每字节保存对应字符的 ASCII 码。文本文件的内容可用文本编辑器(如 Windows 记事本)打开查看,纯文本文件(.txt)、C++ 源程序文件(.cpp)、配置文件(.ini)等都属于文本文件。

例如,将 15678 保存在一个文本文件中,内容如下:

字节内容(ASCII 码的二进制) | 00110001 | 00110101 | 00110110 | 00110111 | 00111000 |

| 对应 ASCII 码的十进制 | 49 | 53 | 54 | 55 | 56 |
| ASCII 码的对应字符 | '1' | '5' | '6' | '7' | '8' |

15678 被当作 5 个字符保存,共占 5B,每个字节分别保存一个字符的 ASCII 码。这 5 个字节依次是 49、53、54、55、56 的二进制,转换为 ASCII 码对应的字符分别是字符'1'、'5'、'6'、'7'、'8'。如用文本编辑器(如 Windows 记事本)打开查看,就将以文本文件的方式打开,因而能够得到正确内容,如图 9-11(a)所示。

(2) 二进制文件:也称为字节文件、内存数据的映像文件,保存格式与文本文件不同,它将数据的二进制编码直接保存到文件中,与数据在内存中的状态基本一致。可执行文件(.exe)、压缩文件(.rar)、图片文件(.jpg)等都属于二进制文件。

例如,将 15678 保存在一个二进制文件中,要将 15678 整体看作一个整数保存(占 4B)。将整数 15678 转换为二进制的 4 个字节依次是:

| 00000000 | 00000000 | 00111101 | 00111110 |

但在文件中存为:

| 00111110 | 00111101 | 00000000 | 00000000 |

即将各字节的顺序"倒过来",因为文件中的第一个字节是低位字节,00111110 也是低位字节应先被保存。

这种二进制的文件不能用文本编辑器(如 Windows 记事本)打开查看,如强行打开得到的将是"乱码",无法读懂。因为用记事本打开文件,是以"文本"的方式转换文件中的 4 个字节的:那只好把这 4 个字节转换为 4 个字符,这 4 个字节对应的十进制分别是 62、61、0、0,按 ASCII 码转换为 4 个字符是">= "(后两个字符是 ASCII 码为 0 的字符无法显示),如图 9-11(b)所示。所得到的内容显然是没有意义的,这就是"乱码"。

(a) 用记事本打开的文本文件　　　　　　　(b) 用记事本打开的二进制文件

图 9-11　用记事本查看保存同样 15678 内容的两个不同格式的文件内容

另一方面,如偏要将文本格式的文件以二进制方式读取,也会不成样子。如前例文本格式保存的 15678(5B),如按二进制方式读取,将前 4 字节转换为一个整数会得到 926299441(顺序"倒过来",按照 7、6、5、1 的顺序将二进制转换为十进制),最后剩 1 字节已不足 4 字节无法再凑够第二个整数,读到的内容显然是没有意义的。

因此,对于不同类型的文件必须以正确的方式打开它,才能得到正确的结果。例如,对一个图片文件(.jpg)必须用图片查看软件以图片的方式打开,如果硬用 MP3 播放器打开,当然是不会听到声音的。在 C++ 语言中,虽没有把文件分为那么多种类型,而仅分为文本文件和二进制文件两种类型,但道理是相同的:文本文件必须以文本文件的方式打开,二进制文件也必须以二进制的方式打开,如果方式错乱,就得不到正确的结果。

是文本文件还是二进制文件,这是由文件内部的存储格式决定的,也就是由当时保存这个文件时的保存方式决定的,而与文件扩展名无关。例如,同是 .dat 的文件,既可以是文本文件,也可以是二进制文件。但特定扩展名的文件必须具有正确的格式才能被正常使用,例如,.exe 的文件必须是二进制的才能被执行;当然创建一个文本文件格式的 .exe 文件也是可以创建的,文件可以存在,但是它无法被执行不能正常使用。

从这个例子也可以发现,同样的 15678 内容,以文本文件的形式保存占 5B,以二进制文件的形式保存只占 4B。因此一般二进制文件比文本文件体积更小、更节省存储空间。二进制文件输入输出的开始和结束由程序控制,不受换行、空格等字符的限制,比较灵活。另外由于二进制文件的数据与在内存中的状态基本一致,也比文本文件更容易读入内存,节省读入时的转换时间(文本文件中的数据需经转换才能读入内存)。然而文本文件以 ASCII 码的形式直接保存字符内容,比二进制文件更容易进行文字处理,更容易直接输出到显示器和打印机。

9.3.2　文件输入输出流

1. 通过 I/O 流读写文件的一般编程套路

要读写文件,在程序中说明文件名和它所在的文件夹那是肯定的,不然编译系统如何知

道要针对哪个文件呢? 文件名和它所在的文件夹是用 \ 隔开的字符串表示的,如 D:\\abc\
\def\\g.txt。然而,如果对文件的每一个操作都要写一遍如此长的字符串,那么恐怕程序
满屏见到的都是文件名了。面对这样一个程序,编译系统不疯程序员也会疯掉的! 因此,该
用一个简短的"代号"来代表一个文件,对文件进行各种操作时,只要喊出它的"代号",而不
必每次都反反复复地把如此长的文件名字符串写出来。革命时期,地下工作者为隐藏自己
的身份一般也使用"代号",例如"深海"、"鸽子"、"鲨鱼"等,类似的电视剧也有很多,《潜伏》
就是一例。

因此用"代号"代表一个文件,是处理文件前要做的第一件事。用 C++ 的 I/O 流读写文
件时,就是首先定义一个流对象作为"代号",并为对象起好名字,然后就将它和某个文件关
联起来。之后,便可用"代号"来读写文件,而不必再出现很长的文件名字符串。在程序结束
前,还要记得取消此"代号"与文件的关联,以释放资源。

一般文件读写的编程套路可分为以下 4 步。

(1) 代号起名:即定义流对象。

要读文件,就定义一个 ifstream 类的对象(变量),如"ifstream rf;"。

要写文件,就定义一个 ofstream 类的对象(变量),如"ofstream wf;"。

要同时既读也写文件,就定义一个 fstream 类的对象(变量),如"fstream ff;"。

这里 rf、wf、ff 等都是变量名,就是用来代表文件的"代号",可以是符合 C++ 用户标识
符命名规则的任意名称。

(2) 代号关联:将流对象与特定的文件关联起来,在程序设计中也称为打开文件。文
件名字符串只在此处出现一次。例如,若通过流类的 open 成员函数打开文件,需执行语句
"wf.open("D:\\abc\\def\\g.txt");",则流对象 wf 与 D:\\abc\\def\\g.txt 文件就关联
起来了。

(3) 文件读写:通过流对象读写文件,这既可通过"<<"、">>"运算符进行,也可通
过流类的成员函数进行,编程方式与前面介绍的键盘、显示器的输入输出是一致的。

(4) 代号解除:取消流对象与文件的关联,以释放资源,在程序设计中也称为关闭文
件。通过流类的 close 成员函数关闭文件,如"wf.close();"。

注意:程序设计中的"打开文件"不是用鼠标双击文件,在计算机上打开一个窗口显示
文件内容,而是特指将一个流对象与某个具体的文件关联起来。"关闭文件"也不是指关闭
了某个窗口,而是特指将一个流对象与某文件取消关联。

在读写文件的程序开头,还要包含 fstream.h:

```
#include <fstream.h>
```

文件流类 ifstream、ofstream 和 fstream 都是在该头文件中定义的。在该头文件中还自
动包含了 iostream.h,因此可不必再包含 iostream.h;当然再重复包含也没有错误。

【案例 9-9】 简单文件输出。

```
#include <fstream.h>
main()
{   ofstream outfile;              //(1)定义流对象 outfile
    outfile.open("C:\\d1.txt");   //(2)将流对象与文件关联起来
```

```
            outfile<<"这是第一行" <<endl;    //(3)用类似 cout<<的方式写文件
            int a=10, b=20;
            outfile <<a <<" ";
            outfile <<b;
            outfile <<endl;
            outfile <<"30 40";
            outfile <<endl;

            outfile.close();                    //(4)取消流对象与文件的关联
        }
```

以上程序完成了创建文件 C:\\d1.txt 并向文件中写入内容。程序运行后屏幕上没有
任何结果输出,但 C 盘根目录下生成了名为 d1.txt
的文件,文件内容如图 9-12 所示。

本例就是按照上述文件读写的编程套路来编程
的。其中第(1)、(2)两步也可合为一步:

```
ofstream outfile("C:\\d1.txt");
```

即将文件关联工作放在了定义流对象 outfile 的初始
化中。

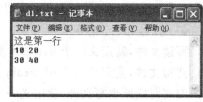

图 9-12　案例 9-9 程序生成的文件内容

而写文件的方法如下:

```
outfile<<"这是第一行" <<endl;
outfile <<a <<" ";
outfile <<b;
outfile <<endl;
...
```

这与通过 cout 向屏幕输出的编程模式是一致的,只不过对象名不是 cout 而是自己定
义的文件"代号"——流对象 outfile;内容将不显示在屏幕上,而是写入流对象所关联的文件
中。可见,通过 I/O 流对象读写文件并不复杂,与通过 cin、cout 进行键盘、显示器的输入、
输出方法是一致的。只是 cin、cout 是系统预先定义好的流对象,可直接使用,而文件读写的
流对象(如 outfile)系统并没有预先定义,需要我们首先在程序中定义好,并将它与文件关
联,然后才能使用。

案例 9-9 是向文件输出的例子。如果要从文件输入数据也是一般,例如:

```
ifstream infile("C:\\text.txt", ios::in);
int a, b;
file1>>a>>b;                        //从文件读取一个整数值赋给 a
```

假设文件中的内容是:

50 49

则文件中的这些内容可被看作是提前有用户通过"键盘"已输入好的内容,那么从中读取两

个整数应分别是 50、49。因此以上程序段执行后变量 a 的值是 50、b 的值是 49。

在 9.2.1 节介绍的格式控制也可用于文件,与键盘显示器的输入输出用法一致,例如:

```
outfile <<hex <<123;
```

是向文件写入十进制数 123 的十六进制形式 7b。

2. 文件的打开

前面概要性地介绍了文件读写的编程套路,想必读者对使用 C++ 的 I/O 流读写文件有了大致的认识。本小节再详细介绍如何将流对象与文件关联起来(称为打开文件)。

将流对象与文件关联,有两种方式。

(1) 先定义流对象,再使用流对象的 open 成员函数关联文件,形式为

类名 文件流对象;
文件流对象.open(文件名,文件打开方式);

(2) 定义流对象时指定参数,系统会自动调用流类的构造函数关联文件,形式为

类名 文件流对象(文件名,文件打开方式);

以上两种形式都有两个参数:"文件名"和"文件打开方式"。

"文件名"参数是要关联文件的文件名字符串首地址,可被传递一个字符串常量,或是一个 char * 类型的指针。在字符串中还可包含文件夹路径,但要用连续的两个斜杠(\\)表示一个普通的斜杠(\);如不包含路径,则表示当前目录下的文件。

"文件名"很容易理解,要关联文件自然要给出文件名。那么"文件打开方式"参数又是做什么用的呢?

在 C++ 中,读写文件还有这么个规矩:"读"与"写"是严格区分的,是要读还是要写,必须在流对象与文件关联时提前说明。提前说明要读的文件坚决不能写,提前说明要写的文件坚决不能读(都能写了,还不能读一读吗?是的,坚决不能!)。当然也可以既读又写这个文件,那就要提前说明是既读又写(既读又写的文件一般仅用于二进制文件)。

在流对象与文件关联时除说明是"读"或是"写"之外,还要说明文件的格式,是文本文件还是二进制文件,这也是很重要的,如果搞错就完全得不到正确的内容,这在上一小节已经强调。

是读或是写、是文本文件还是二进制文件,都要在"文件打开方式"参数中说明。这是通过系统预先在 ios 类中定义的一些枚举常量来表示的。例如,ios::in 表示读文件、ios::out 表示覆盖写文件、ios::app 表示追加写文件、ios::binary 表示二进制方式等,如表 9-8 所示。

表 9-8　使用 I/O 流读写文件的文件打开方式

枚举常量	含　义
ios::in	以输入(准备读文件)方式打开文件
ios::out	以输出(准备写文件)方式打开文件。如同名文件已存在,且未同时指定 ios::app、ios::ate、ios::in 方式时,则将其删除重建(原有内容全被清除)
ios::app	以输出(准备写文件)方式打开文件。如同名文件已存在,不删除文件原有内容,而准备在文件末尾追加写入新数据

续表

枚举常量	含　义
ios::ate	打开一个已存在的文件,并使读写位置指向文件末尾
ios::nocreate	只能打开已存在的文件(不新建文件)。如果文件不存在,则打开失败 *
ios::noreplace	只能新建文件(不修改原有文件)。如果文件不存在,则新建文件;如果文件已存在,则打开失败 *
ios::trunc	如果文件已存在,则将其删除重建(原有内容全被删除);如果文件不存在,则建立新文件。如果指定了 ios::out,而未同时指定 ios::app、ios::ate、ios::in 时,则默认指定了 ios::trunc
ios::binary	以二进制方式打开文件,若不指定此常量表示以文本方式打开

注: * 所指内容表示新版 C++ 系统不支持该方式。

在"文件打开方式"参数中可写出表 9-8 中的一个常量,也可写出多个常量的"按位或(|)"运算组合,后者将同时指定多种方式。例如:

```
ofstream outfile;
outfile.open("C:\\folder\\abc.txt", ios::out);
```

打开 C 盘根目录下 folder 子目录下的 abc.txt 文件,要向文件中写入数据。如果文件已存在,则删除后重建(其中原有内容全被清除)。

```
fstream iofile;
iofile.open("C:\\myfile.txt", ios::in | ios::out);
```

打开 C 盘根目录下的 myfile.txt 文件,既要从文件中读取数据也要向文件写入数据。
又如:

```
ifstream f("d.dat", ios::in | ios::binary | ios::nocreate);
```

以二进制方式打开当前目录下的 d.dat 文件,要从文件中以二进制方式读取数据,且文件必须存在,如文件不存在将打开失败。

但互斥的方式是不能组合的,例如,"ios::nocreate | ios::noreplace"错误。

"文件打开方式"参数也可以省略,对于 ifstream 类的对象,默认为 ios::in;对于 ofstream 类的对象,默认为 ios::out。例如:

```
ifstream readfile("C:\\fd.txt");
```

相当于:

```
ifstream readfile("C:\\fd.txt", ios::in);
```

对于 fstream 类的对象,是不能省略"文件打开方式"参数的。

需要注意的是,打开文件操作并不能总保证成功。为什么还会打开失败呢?原因有很多,例如,以追加写的方式打开文件时文件不存在、磁盘已满、磁盘损坏、在只读的光盘中试图写入文件、访问 U 盘文件时 U 盘被拔出等,都可能造成打开失败。如果打开文件失败,程序还继续执行文件读/写操作,将会产生严重错误。因此,打开文件后,对打开成功与否进行判断是很有必要的。只有文件打开成功才进行后续的读写操作;若打开失败应给出一些提示,不再读写文件。

当通过 open 成员函数打开文件时,如打开成功函数返回非 0 值,打开失败函数返回 0。当通过流对象(变量)初始化的方式打开文件时,如打开成功"! 对象"运算得 0 值,打开失败"! 对象"运算得非 0 值(ios 类重载了运算符"!")。例如:

```
fstream file2("D:\\abc.txt", ios::in);
if(! file2)                          //文件打开失败时"! file2"为"非 0"
{   cout <<"不能打开文件。" <<endl;
    exit(1);                         //终止程序
}
//正常读写文件
```

3. 文件的关闭

打开文件即将流对象与某个文件关联起来,这种"牵手"是要占用系统资源的,绝不能"白头到老"。在程序运行结束前,必须让它们"分手",解除关联以释放资源,称为关闭文件。关闭文件只要调用成员函数 close 即可,该函数无参数、也无返回值。例如:

```
file1.close();
```

就解除了对象 file1 与文件的关联,不能再通过 file1 对文件进行操作了。但是关闭文件并没有销毁流对象,关闭文件后,同一流对象还可被"回收",再与该文件重新建立关联,或再与其他文件建立关联,例如,再执行语句:

```
file1.open("myfile.dat", ios::out);
```

则现在 file1 又关联了 myfile. dat,可通过 file1 对 myfile. dat 文件进行操作。然而在程序结束前,还应再解除 file1 与 myfile. dat 的关联:

```
file1.close();
```

当流对象的生存期结束时(例如,局部变量在函数执行结束时),流对象将被释放要自动调用的析构函数中,系统也会自动调用 close 成员函数解除关联。因此不在代码中调用 close 函数也是可以的。然而在文件操作结束之后就调用 close 函数才是规范的做法。

4. 文本文件的读写

与键盘、显示器的输入输出类似,使用 I/O 流读写文本文件主要有两种方式。

(1) 通过流插入(<<)和流提取(>>)运算符读写文件。

(2) 通过 9.2.1 节介绍的流成员函数读写文件。

在读写文本文件时,某些编译系统还可自动做一些字符的转换:如向文件写入换行符('\n')将被自动转换为写入连续的回车('\r')与换行('\n')两个字符,读入时也会将连续的回车('\r')与换行('\n')两个字符转换为一个换行符('\n')。

"眼神儿"不是很好的老人在读报纸时,往往喜欢用手指指着报纸上的字来读:指一个字读一个字,并且随着读,手指随着向后移动。文件是由一个个字节组成的,在文本文件中,一般一个字节对应一个字符。针对文件的读写操作,系统内部有一个**文件读写位置指针**用来指示读写位置。位置指针总指向下次要从文件中读取的位置;或者当写文件时,总指向文件中即将要写入的位置;且随着读写,该指针自动后移。在读文件时,它类似老人的手指;在写文件时,它更像写字的笔尖。

打开一个文件后,位置指针就自动指向文件的第一个字节(以追加方式 ios::app 打开的文件除外,它指向文件最后一个字节的下一字节,准备追加写)。从文件读数据时,每读一个字节,指针就自动向文件尾部移动一个位置,指向下一字节;在向文件写内容时,每写入一个字节,指针也自动向文件尾部移动一个位置,指向下一次要写入的位置。因此通过这种读写指针的自动移动,可以连续地执行读取操作,就能把文件中的数据一个接一个地读出来;连续地执行写入操作,就能把内容一个接一个地依次写到文件中。

【案例 9-10】 通过流插入(<<)和流提取(>>)运算符读写文件,将自然数 1~10 及它们的平方根写到文本文件 C:\\d2.txt 中,然后再从该文件中将平方根值读出,并将它们的平均值写到文本文件 C:\\result.txt 中并同时显示到屏幕上。

```cpp
#include <fstream.h>
#include <math.h>
main()
{   double i, num, data, sum;  char str[80];

    //将自然数 1~10 及平方根写入文件
    ofstream wf("C:\\d2.txt", ios::out);
    wf <<"1~10 及它们的平方根如下:" <<endl;
    for(i=1; i<=10; i++)
       wf <<i <<"  " <<sqrt(i)<<endl;
    wf.close();                    //解除 wf 与文件的关联,wf 还可用于关联其他文件

    //从文件读取数据并求总和
    ifstream rf("C:\\d2.txt", ios::in);
    rf>>str;                       //读取首行文字
    sum=0.0;                       //累加前清 0
    for(i=1; i<=10; i++)
    {   rf>>num>>data;             //读取各自然数 num、平方根 data
        sum+=data;                 //累加平方根 data,不必处理 num
    }
    rf.close();

    //将平均值写入文件(回收使用 wf 又关联了 result.txt 文件)
    wf.open("C:\\result.txt");     //可省略 ios::out
    wf <<"这 10 个数平方根的平均值是:" <<sum/10 <<endl;
    wf.close();                    //解除 wf 与 result.txt 的关联

    //将平均值输出到屏幕
    cout <<"这 10 个数平方根的平均值是:" <<sum/10 <<endl;
}
```

程序运行后,在屏幕上的输出结果:

这 10 个数平方根的平均值是:2.24683

同时在 C 盘根目录下生成了两个文件:d2.txt 和 result.txt,它们的内容如图 9-13 所示。

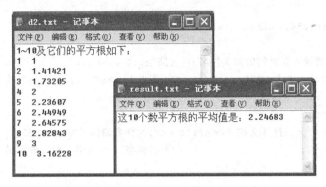

图 9-13　案例 9-10 程序生成的两个文件的内容

请读者注意区分哪些内容是显示到屏幕上的,哪些是输出到文件中的。在本程序中,只有通过 cout 输出的内容才显示到屏幕上,通过自定义的流对象 wf 都会输出到文件,而屏幕上不会显示任何内容。

本程序先后 3 次对文件进行读写:①通过对象 wf 写入 d2.txt 文件;②通过对象 rf 读取 d2.txt 文件;③再次通过 wf 写入 result.txt 文件(wf 在操作 d2.txt 后已被关闭,可被回收再关联 result.txt)。在写入文件时,编程方法像用 cout 向屏幕输出一般,只不过将 cout 换成了 wf。在读取文件时,编程方法也像用 cin 从键盘输入一般,只不过将 cin 换成了 rf。

在读取文件时,文件中的第一行文字"1～10 及它们的平方根如下:"尽管对求平均值没有什么作用,然而也要执行:

```
rf>>str;                              //读取首行文本
```

将这一行文字读出来。因为这样才能将文件读写指针自动移过这行文字,以便读取后面的数据。同样,在 for 循环中通过如下语句读取每一行的数据:

```
rf>>num>>data;                        //读取自然数 num、平方根 data
```

num 将分别被读到每一行的自然数(1, 2, 3, …),data 将分别被读到每一行的平方根(1, 1.41421, 1.73205, …)。显然只要计算各次循环所读入的 data 就可以了,读取 num 对计算 data 的平均值也没什么实际作用。然而也必须读取 num,因为每行只有读走了 num,读写位置指针才能自动移到本行的平方根值处,才能读平方根值到 data。

首行文字"1～10 及它们的平方根如下:"不含空格,因此除用">>"读取外"rf>>str;",还可用 I/O 流类的 getline 成员函数:

```
rf.getline(str, 80);
```

然而要注意,如果一行文字中间含有空格或 Tab 符就只能通过 getline 读取,因为"rf>> str;"只能读取空格或 Tab 之前的部分。

下面看一个通过 get 成员函数读取文本文件的例子。

【案例 9-11】 复制任意文本文件为新文件,源文件名和目标文件名由键盘输入,并将文件内容同时显示到屏幕上。

```cpp
#include <fstream.h>
int main()
{    char sfile[256], tfile[256];

     cout <<"请输入要复制的源文件名(可含路径):" <<endl;
     cin.getline(sfile,256);          //不用"cin>>sfile;"以支持文件名含空格
     ifstream source(sfile, ios::in | ios::nocreate);
     if(! source)
     {    cout<<"无法打开文件 "<<sfile <<",文件名输错了?"<<endl;
          return 1;                    //退出程序,1表示第一种失败情况
     }

     cout <<"请输入要复制到的目标文件名(可含路径):" <<endl;
     cin.getline(tfile,256);          //不用"cin>>tfile;"以支持文件名含空格
     ofstream target(tfile, ios::out);
     if(! target)
     {    cout<<"无法创建文件" <<tfile <<",磁盘已满?"<<endl;
          return 2;                    //退出程序,2表示第二种失败情况
     }

     //读写文件
     char ch;
     while(source.get(ch))            //读取下一个字符到 ch
     {    target <<ch;                 //将刚读取的一个字符 ch 写入目标文件
          cout <<ch;                   //将刚读取的一个字符 ch 显示到屏幕
     }

     //关闭文件
     target.close();
     source.close();
     cout <<"\n 文件复制成功!" <<endl;
     return 0;                         //0表示成功执行了程序
}
```

运行结果:

请输入要复制的源文件名(可含路径):

C:\d1.txt↓

请输入要复制到的目标文件名(可含路径):

C:\mycopy.txt↓

这是第一行

10 20

30 40

文件复制成功!

运行本程序前,请读者提前准备一个文本文件(如可用 Windows 记事本程序创建一个文本文件),然后在运行程序时输入该文件的路径和文件名(文件内容任意、文件名和保存的路径任意)。这里使用在案例 9-9 中生成的 C:\d1.txt 文件为例,读者可事先运行案例 9-9 的程序来生成该文件。而要复制到的目标文件如 C:\mycopy.txt 不必事先准备,程序运行后该文件会自动生成。

注意:在程序运行后输入路径和文件名时,要输入一个 \ ,而不要再用 \\。因为程序运行后的输入不是 C++ 语言的源代码,不要再用 C++ 语言的语法规则输入数据。

程序分别打开了 C:\d1.txt 和 C:\mycopy.txt 两个文件,对应的流对象分别是 source 和 target。程序对文件的复制是通过一个字符一个字符地复制完成的。

用一个参数的 get 函数"source.get(ch);"一次只能读取一个字符,然而每读取一个,文件读写位置指针就会自动向后移动一个字符位置,因此只要直接再次执行"source.get(ch);"就能读取下一个字符(仍存入变量 ch)……程序通过 while 循环不断执行 source.get(ch),一个字符一个字符地读取;而每读取一个,就用"target<<ch;"向 C:\mycopy.txt 文件写入这个字符,并用"cout<<ch;"将字符输出到屏幕上。直到读取文件结束,source.get(ch)返回 0 为止。

如果要通过">>"运算符读取字符,由于默认情况">>"会跳过空格,这使空格字符不能被复制。因此需首先用"source.unsetf(ios::skipws);"将跳过空格的格式设置取消,即本例程序的读写文件部分可改为

```
//读写文件
char ch;
source.unsetf(ios::skipws);          //取消跳过空白字符的格式设置
while(source>>ch)                     //读取下一个字符到 ch
{   target <<ch;                      //将一个字符 ch 写入 target.txt 文件
    cout <<ch;                        //将一个字符 ch 显示到屏幕
```

当文件读取结束时,重载的">>"运算符将返回 NULL(0 值),退出 while 循环。

在我们自己定义的类中,还可重载">>"和"<<"运算符,使在程序中可直接输入输出对象,即像下面那样一次性地向某文件写入对象的所有数据成员的值(设 fout 已定义且关联了文件):

```
fout<<对象 1<<对象 2;
```

而不必一个成员一个成员地写入:

```
fout<<对象 1.成员 1<<对象 1.成员 2<<对象 2.成员 1<<对象 2.成员 2;
```

显然前者比后者要方便许多。

如何通过重载运算符达到这个目的呢? 在重载运算符"<<"时,应让函数的形参是 ostream 类型的。我们知道,用于写入文件的对象(如 fout)是 ofstream 类型,为什么形参却要是 ostream 类型呢? 因为 ofstream 类是 ostream 的派生类,根据赋值兼容规则,ostream 类型(父类)的形参,同样可被传递 ofstream 类型(子类)的对象,是可用于文件的。让形参是 ostream 类型(父类)而不是 ofstream 类型(子类)还有一个好处,是使对象输出不仅可用

于文件,还可用于屏幕,因为 cout 是 ostream 类的对象,参数同样可被传递 cout。同样,用于读取文件的 ifstream 类是 istream 的派生类,在重载运算符"＞＞"时,应让函数的形参是 istream 类型。

【案例 9-12】 通过重载"＜＜"和"＞＞"运算符,直接输入输出对象。

```
#include <fstream.h>
#include <iomanip.h>
class Student
{   private:
        int num;
        float score;
    public:
        Student(int n=0, float s=0) { num=n; score=s; }
        //通过友元函数重载"<<"和">>"运算符
        friend ostream & operator << (ostream &t, Student &s);
        friend istream & operator>> (istream &t, Student &s);
};
ostream & operator << (ostream &t, Student &s)      //函数实现
{   //重载流插入运算符"<<"
    //向 t 代表的输出设备(文件或屏幕)输出数据
    t <<setw(10)<<s.num <<setw(10)<<s.score <<endl;
    return t;                                  //返回 t 的引用以便主程序可连续使用对象
}
istream & operator>> (istream &t, Student &s)       //函数实现
{   //重载流提取运算符">>"
    //从 t 代表的输入设备(文件或键盘)输入数据
    t>>s.num>>s.score;
    return t;                                  //返回 t 的引用以便主程序可连续使用对象
}
int main()
{   Student a(101,90.0), b(102,95.5), c, d;
    ofstream dfile("C:\\stut.dat");
    dfile <<a <<b;                             //由于运算符已重载,可用 "<<"直接输出对象
    dfile.close();

    ifstream sfile("C:\\stut.dat");
    sfile>>c>>d;                               //由于运算符已重载,可用">>" 直接输入对象
    sfile.close();

    cout <<c <<d;                              //由于运算符已重载,可用 "<<"直接输出对象
    return 0;
}
```

程序运行后,在屏幕上的输出结果为

```
101        90
```

同时在 C 盘根目录下生成了 stut.dat 文件,文件内容如图 9-14 所示。

程序将 Student 类的两个对象 a、b 的内容写入文件保存,然后再次打开文件,读取文件中的数据赋值到 c、d 两个对象中。最后在屏幕上输出了 c、d 两个对象。屏幕上的内容是倒数第二条语句"cout＜＜c＜＜d;"输出的。

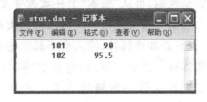

图 9-14 案例 9-12 程序生成的文件的内容

通过运算符重载,使 Student 类的对象整体地既可用于文件输出"dfile＜＜对象",也可用于文件输入"sfile＞＞对象";还可整体地用于屏幕输出"cout＜＜对象"和键盘输入"cin＞＞对象"。在重载函数中还统一了输入输出格式(如 setw(10)),这极大地方便了编程。

5. 二进制文件的读写

文件是由一个个字节组成的(8 个二进制位组成一个字节),不论什么类型的文件、文件中保存什么内容,它们的本质都是一个个的字节。计算机中那些文件之所以有不同的格式、不同的用途,是转换这些字节的方式不同的结果,如图 9-15 所示。如将字节转换为文字,将得到文字;将字节转换为声音,将得到声音……而从字节的本质来看,一个文本文件和一个mp3 文件并没有什么分别,它们都是 0101……

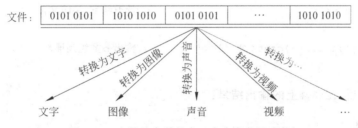

图 9-15 文件的本质是由一个个字节组成的

将同一批的 0101……字节按不同的方式转换,是不是分别会得到不同的内容呢?理论上可以这么讲。然而如果用错误的转换方式转换,得到的内容就不成样子了!例如,硬要将mp3 歌曲文件的 0101……字节,强制以文字的转换方式转换,得到的将是乱码。如图 9-16所示的就是将一首 mp3 歌曲文件强制用"记事本"打开所得到的结果。反过来说,如果硬将一个文本文件强制用播放器听音,也会被系统报告说"无法播放"!

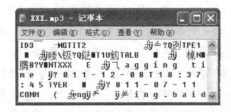

图 9-16 强制将一个 mp3 文件的字节转换为文字将得到乱码

在 C++ 语言中以二进制方式读写文件,就是直接读写文件中的这些 0101……的字节。

因而通过这种方式可以读写任何类型的文件,而不仅限于文本文件。以二进制方式读写文件,可以直接改变组成文件的那些字节,因此原则上讲这种二进制的读写方式可对文件内容进行完全控制,可从"根本"上任意改变文件的内容。

二进制读写文件可一次输入输出大量数据,效率较高。输出时不是靠空格作为数据的间隔,也不必加换行符;输入也不靠空格等分隔符来间隔数据,而完全用字节数控制。

要读写二进制文件,在打开文件时(与对象关联时),必须在参数中给出 ios::binary。读写二进制文件一般通过 9.2.1 小节介绍的 write 和 read 成员函数来进行,而不使用"<<"和">>"运算符。

【案例 9-13】 以二进制方式读写文件。

```
#include <fstream.h>
void main()
{    int a[3]={1,2,3}, b[6], i;
     ofstream fout("C:\\mydata.dat", ios::out | ios::binary);
     fout.write((char *)a, sizeof(a));          //写入 a 数组的 12 字节
     fout.write((char *)a, sizeof(a));          //再写一遍 12 字节
     fout.close();                              //写入结束,关闭文件

     ifstream fin("C:\\mydata.dat", ios::in | ios::binary);
     fin.read((char *)b, sizeof(b));            //读 24 个字节存入 b 数组
     fin.close();                               //读取结束,关闭文件

     for(i=0;i<6;i++)cout<<b[i]<<" ";          //输出 b 数组到屏幕
}
```

程序运行后,在屏幕上的输出结果:

```
1 2 3 1 2 3
```

同时在 C 盘根目录下生成了二进制文件 mydata.dat,文件大小为 24B。由于是二进制文件,不能用记事本打开查看该文件的内容。

数组 a 是 int 型的数组,由 3 个元素组成,在 VC6 中每元素占 4B。执行:

```
fout.write((char *)a, sizeof(a));          //写入 a 数组的 12 字节
```

a 为数组名,是数组首地址,语句是把从此地址开始的 sizeof(a) 个字节(12B)写到文件,如图 9-17 所示。注意(char *)a 是将 a 所代表的数组首地址(int * 类型)强制转换为 char * 类型,因为 write 函数的第一个参数类型必须是 char * 类型。随写入,读写位置指针跟随后移。然后再执行一次这条语句,则在目前的读写位置处,再次写入了一遍同样内容的 12 个字节。于是总共向文件写入了 24 个字节。这 24 个字节具体的 0101……不必写出来了,然而它们每 4 个字节一组,分别表示的是 1、2、3、1、2、3 这 6 个整数。也就是说这 24 个字节如果按照"每 4 个一组,每组转换为整数"的转换方式转换,则可得到 6 个整数(如按照其他方式转换,那就不知道会成什么样子的乱码了)。

再关闭文件、又重新用 fin 打开文件后,读写位置指针自动位于文件首。再用:

```
fin.read((char *)b, sizeof(b));                  //读 24 个字节存入 b 数组
```

就读取了 sizeof(b)个字节(24B)。将这些字节存入地址为 b 的一段内存中(也需要用
"(char *)b"将 b 代表的首地址转换为 char * 类型)。则数组 b 各元素的字节刚好全被这
24 个字节替换掉,自然数组 b 各元素的值也就被替换了。数组 b 各元素的值刚好就是
24 个字节中每 4 个一组所转换为的整数,例如,b[0]的值就是前 4 个字节转换为的整数 1。
因此数组 b 各元素的值分别为 1、2、3、1、2、3,如图 9-17 所示。

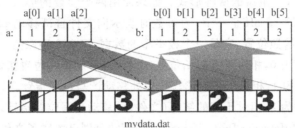

mydata.dat
(文件中的每小格代表一个字节)

图 9-17　案例 9-13 文件读写原理和 mydata.dat 的文件内容

　　前面介绍的文件读写都属顺序读写,即读写文件只能从头开始,依靠文件位置指针随读
写的进行自动顺次移动,来顺次读写各个数据。对于二进制文件,还可由程序直接控制读写
位置指针的移动,可将它直接移到文件中的任意位置,然后再从该位置读写文件,这称为文
件的随机读写。这样可按需读取文件中的任意一段内容,而不必一定要从文件头开始先把
前面的内容读取出来;或者直接改写文件中任意位置的内容。

　　用于控制文件读写位置指针的相关流成员函数如表 9-9 所示。

表 9-9　控制文件读写位置指针的常用 I/O 流成员函数

函数	原　　型	含　　义
tellg	long tellg();	(针对读文件)返回文件中的当前读取位置(下次即将要读取的内容所在位置)
seekg	istream& seekg(long pos);istream& seekg (long off, ios::seek_dir dir);	(针对读文件)移动读位置指针,有两种用法:seekg(要移动到的位置);seekg(移动字节数,参照位置);
tellp	long tellp();	(针对写文件)返回文件中的当前写入位置(下次即将要在该位置写入内容)
seekp	ostream& seekp (long pos); ostream& seekp(long off, ios::seek_dir dir);	(针对写文件)移动写位置指针,有两种用法:seekp(要移动到的位置);seekp(移动字节数,参照位置);
eof	int eof();	从输入流读取数据时,判断读写位置是否已达"文件结束符"(即已读过文件尾),若已达"文件结束符"函数返回非零值,否则返回 0

　　这些函数的函数名最后一个字母如果是 g,代表 get,表示"读文件";如果是 p 代表 put,
表示"写文件"。tell 表示获得读写指针的位置,put 表示移动读写指针的位置。注意读指针
和写指针是同一个指针,对于以既可读也可写的方式打开的文件,则可任意用 seekg 或

seekp、任意用 tellg 或 tellp。注意指针不可移到文件头之前或文件尾之后。

表 9-9 中的"读写位置"是以一个 long 型整数(长整数)表示的文件中的字节编号,若文件长度是 n 个字节,各字节编号从 0 开始,到 $n-1$(与数组下标类似),最后编号为 n 的字节处实际还存放一个"文件结束符"。当读位置指针抵达这个"文件结束符"时,eof 函数就返回真。注意不能通过 seekp 或 seekg 直接把位置指针移到"文件结束符"的位置,而一般需通过读完最后一个字节,使位置指针自动再向后移动才能移动到该位置。

seekg 和 seekp 都有重载的两种形式。如果使用两个参数的形式,第一个参数 off 为正数时表示向文件尾部移动 off 个字节,为负数时表示向文件首部移动 off 的绝对值个字节。第二个参数 dir 表示参照位置,它是一个枚举型的数据,可有 3 种取值。

① ios::beg:值为 0,相对于流起始位置(文件首)移动读写位置指针。

② ios::cur:值为 1,相对于当前读写位置处移动读写位置指针。

③ ios::end:值为 2,相对于流的结尾(文件尾)移动读写位置指针。

例如(设已定义"ofstream fout; ifstream fin;"并分别已关联了文件):

```
fout.seekp(6, ios::beg);                //移动写指针到 6 号字节(第 7 个字节)处
fout.seekp(-2, ios::end);               //移动写指针到倒数第 2 个字节处
fout.seekp(0, ios::end);                //移动写指针到文件末尾
fin.seekg(3);                           //移动读指针到 3 号字节(第 4 个字节)处
fin.seekg(0, ios::beg);                 //移动读指针到文件开头
fin.seekg(5L, ios::cur);                //将读指针从当前位置向后移动 5 字节
```

【案例 9-14】 二进制文件的随机读写。

```
#include <fstream.h>
void main()
{    int a[4]={1,2,3,4}, b;
     fstream file("d1.dat", ios::binary | ios::in | ios::out);
     file.write((char *)a, 16);
     cout <<"写入数组后,位置指针:" <<file.tellp()<<endl;
     file.seekp(8, ios::beg);                //移到距文件首 8 字节处
     cout <<"移到首 8 字节,位置指针:" <<file.tellp()<<endl;
     file.write((char *)&a[1], 4);

     file.seekg(-8, ios::end);               //移到倒数第 8 个字节处
     cout <<"移到倒数第 8 字节,位置指针:" <<file.tellg()<<endl;
     file.read((char *)&b, 4);               //为 b 读取数据
     cout <<"为 b 读取数据后,位置指针:" <<file.tellg()<<endl;
     file.close();

     cout <<"b=" <<b <<endl;                 //在屏幕上输出 b 的值
}
```

在每 int 型数据占 4 字节的编译系统(如 VC6)上运行程序后,屏幕的输出结果:

写入数组后,位置指针:16

移到首 8 字节,位置指针:8

移到倒数第 8 字节,位置指针:8

为 b 读取数据后,位置指针:12

b=2

同时,在源程序所在目录下生成 d1.dat 文件,文件长度为 16B。

在打开文件时,指定打开方式为 ios::binary | ios::in | ios::out,表示以二进制方式打开文件,文件可读可写。程序的整个操作过程如图 9-18 所示。

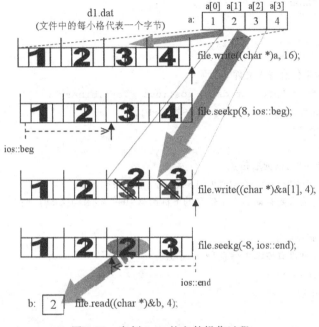

图 9-18　案例 9-14 的文件操作过程

先用 write 函数将数组 a 中的 4 个元素 16 字节写入文件,写入后,位置指针自动移到第 17 个字节处。这时用 tellp(或 tellg)获得的位置是 16(文件第一个字节编号是 0)。

再用 seekp(或 seekg)移动位置指针到距文件首 8 字节处,也就是整数 3 的首字节处。在此用 write 函数写入 a[1] 地址(&a[1])开始的 8 个字节,也就是 a[1]、a[2] 两元素的那 8 个字节,它们将覆盖文件中原来表示整数 3、4 的 8 个字节,因此文件中这 8 个字节被修改为表示整数 2、3。

再用 seekg(或 seekp)将位置指针移到倒数第 8 个字节处,也是文件中第三个整数(现为 2)的首字节处。在此用 read 读取 4 字节存入变量 b 的地址(&b)开始的 4 字节的内存空间,就是把 b 的 4 个字节改为从文件中读到的这 4 个字节,因此 b 的值被改为文件中这 4 个字节所表示的整数值 2。

【案例 9-15】　通过定义学生结构体数组,存储一批学生的学号、姓名和 3 门课的成绩。以下程序将结构体数组中的所有学生数据以二进制方式输出到文件 student.dat 中,然后从文件中直接定位读写位置读取任意一名学生的信息,并在屏幕上输出。

```
#include <fstream.h>
#define N 5
```

```
typedef struct student
{    long sno;
     char name[10];
     float score[3];
} STU;
STU s[N]={
        {101,"MaChao", 91, 92, 77},      {102,"CaoKai",75,60,88},
        {103,"LiSi",85,70,78},           {104,"FangFang",90,82,87},
        {105,"ZhangSan",95,80,88}
     };
int main()
{    STU   ss;    int m;
     //将 N 名学生信息写入文件
     ofstream fout("student.dat", ios::out | ios::binary);
     fout.write((char * )s, sizeof(STU) * N);
     fout.close();

     //再次打开文件,以读取信息
     ifstream fin("student.dat", ios::in | ios::binary);
     cout <<"请输入要查询的学生信息的下标编号(0~" <<N-1 <<"):";
     cin>>m;
     if(m<0 || m>N-1)
     {    cout <<"没有该学生信息!" <<endl;
          fin.close();
          return 1;
     }
     else
     {    //定位读位置指针为第 m 个学生信息在文件中的起始字节位置
          fin.seekg(m * sizeof(STU));

          //从该位置读取 sizeof(STU) 个字节到变量 ss 中
          fin.read((char * )&ss, sizeof(STU));

          //输出变量 ss 中的信息
          cout <<ss.sno <<"\t" <<ss.name <<"\t";
          for(int i=0; i<3; i++)cout <<ss.score[i] <<"\t";
          cout <<endl;
          fin.close();
          return 0;
     }
}
```

程序的运行结果:

请输入要查询的学生信息的下标编号(0~4):3✓
104   FangFang   90   82   87

同时,在源程序目录下生成了 student. dat 文件,文件长度为 5 个 STU 型数据的所占字节数之和。

首先通过二进制方式将 5 名学生信息依次写入文件。由于连续写入,s[0]的值(包含所有成员,依次存储)存于文件的 0 号字节开始处,占 sizeof(STU)个字节;s[1]的值存于文件 sizeof(STU)字节开始处,占 sizeof(STU)个字节;s[2]的值存于文件 sizeof(STU) * 2 字节开始处,占 sizeof(STU)个字节……

关闭文件后,再次以读取的方式打开文件,依据上述规律可用 seekg 函数定位到所需学生信息的所在字节位置,然后用 read 函数从该位置读取一批 sizeof(STU)字节的数据,就刚好是本学生的信息。程序将此内容读入变量 ss 并输出变量的值。

可见,通过随机读取文件,可任意指定一个位置访问文件中的数据,不必像文本文件顺序访问那样,要先读取前面的数据才能读到后面的数据。例如,案例 9-15 直接读取了文件中 s[3]的值,而并没有先读过 s[0]～s[2]。但注意要保证每个记录(本例为每个学生的信息)占用的字节数相同,才能计算出任意一条记录在文件中的位置并直接定位到它。

9.3.3　文件输入输出函数库

同标准输入输出(键盘、显示器)方式类似,除可使用流类和流对象实现文件的读写外,还可使用传统 C 语言 I/O 函数库中的函数读写文件。要调用这些函数,需包含头文件 stdio. h。注意这些函数都是系统定义的普通函数,而不是类的成员函数,因此可直接调用,而不必通过任何类的对象来调用。

1. 通过 I/O 函数库读写文件的一般编程套路

使用函数读写文件,也需要首先定义一个"代号",将代号与文件关联,以便之后可通过代号来读写文件。这个"代号"的定义方法如下:

```
FILE * fp;                           //注意 * 必不可少
```

FILE 是系统定义好的一个结构体类型(FILE 必须大写),这种结构体类型用于管理文件的各种信息。我们不必关心此结构体内部的细节,只要直接将这种类型拿来用就可以了。fp 是定义的"代号"名,可以是符合 C++ 用户标识符的任意名称。上面语句实际是定义了一个指针变量,指针变量的名字是 fp,基类型是那种结构体类型 FILE ,这种指针变量称为文件指针(注意不是文件中的读写位置指针)。可以把文件指针简单地认为就是将来要代表某一文件的"代号"。

与通过 I/O 流对象读写文件的编程方式类似,用函数读写文件也有 4 个步骤。

(1) 代号起名:即定义 FILE 类型的文件指针。

(2) 代号关联:将文件指针与特定文件关联起来,在程序中也称为打开文件。关联的方式是通过调用 fopen 函数,将函数返回值赋值给文件指针(如 fp)即可,例如:

```
fp=fopen("C:\\data.txt", "w");
```

(3) 文件读写:通过文件指针代表文件,调用相应的函数读写文件,这些函数都无一例外地需要一个文件指针的参数,以表示要读写哪个文件(实参传递 fp)。

(4) 代号解除:取消文件指针与文件的关联,以释放资源,在程序中也称为关闭文件。这通过调用 fclose 函数进行,例如:

```
fclose(fp);
```

2. 文件的打开

程序中"打开文件"的含义是把一个文件指针如 fp 这个代号,和某个具体的文件关联起来,而不是双击文件,在计算机上打开一个窗口显示文件内容。

要将文件指针(如 fp)与某个文件建立关联,需调用 fopen 函数 ,用法为

文件指针变量名=fopen(文件名字符串首地址, 打开方式字符串首地址);

fopen 的两个参数都是以字符串表示的,要传递字符串的首地址作为实参(都要传递 char * 类型的地址,字符串常量作为表达式的值也是本字符串的首地址)。

例如,将刚才定义的文件指针 fp 与文件 C:\\folder1\\file1.dat 建立关联,需执行语句:

```
fp=fopen("C:\\folder1\\file1.dat", "r");
```

fopen 函数的第一个参数就是文件名,注意要用 \\ 表示 \,第二个参数"r"表示文件打开的方式为"读文件"(不允许写)。将 fopen 的返回值赋值给变量 fp,就建立起关联了。

在 fopen 函数的第二个参数中,也要说明两件事:①是读还是写;②是文本格式还是二进制格式。这是通过以下字符所组成的字符串来表示的。

(1)"r"——允许读文件(read):文件必须存在否则出错。

(2)"w"——允许覆盖写文件(write):文件必须被新建(如文件已存在则会删除原文件后新建)。

(3)"a"——允许追加写文件(append):文件不存在时才新建,否则只在原文件末尾添加数据。

(4)"+"——既允许读也允许写文件。

(5)"b"——以二进制格式打开文件(binary)。

(6)"t"——以文本格式打开文件(text)。

这 6 种字符一般是对应英文单词的首字母,并不难记。其中前 4 个"r"、"w"、"a"、"+"说明是读还是写;后两个"b"、"t"说明是文本格式还是二进制格式,不说明"t"或"b"则默认为"t",即文本格式。在 fopen 的第二个参数中,可使用的 6 种字符的组合如表 9-10 所示。

表 9-10 用于 fopen 函数的第二个参数的文件打开方式

文件打开方式	含　义
"r" 或 "rt"	文本格式,只允许读文件不允许写;文件必须已存在,否则出错
"w" 或 "wt"	文本格式,只允许写文件不允许读;若文件已存在,则删除该文件并重建一个空白文件准备写入;若文件不存在,则新建文件
"a" 或 "at"	文本格式,只允许写文件不允许读,但新内容只能写到文件末尾;文件已存在时不会删除文件;文件不存在时,则新建文件
"r+" 或 "rt+"	文本格式,既允许读又允许写文件;文件必须已存在,否则出错
"w+" 或 "wt+"	文本格式,既允许读又允许写文件;若文件已存在,则删除该文件并重建一个空白文件准备写入;若文件不存在,则新建文件

文件打开方式	含　　义
"a+" 或 "at+"	文本格式,既允许读又允许写文件,但新内容只能写到文件末尾;文件已存在时不会删除文件;文件不存在时,则新建文件
"rb"	二进制格式,只允许读文件不允许写;文件必须已存在,否则出错
"wb"	二进制格式,只允许写文件不允许读;若文件已存在,则删除该文件并重建一个空白文件准备写入;若文件不存在,则新建文件
"ab"	二进制格式,只允许写文件不允许读,但新内容只能写到文件末尾;文件已存在时不会删除文件;文件不存在时,则新建文件
"rb+"	二进制格式,既允许读又允许写文件;文件必须已存在,否则出错
"wb+"	二进制格式,既允许读又允许写文件;若文件已存在,则删除该文件并重建一个空白文件准备写入;若文件不存在,则新建文件
"ab+"	二进制格式,既允许读又允许写文件,但新内容只能写到文件末尾;文件已存在时不会删除文件;文件不存在时,则新建文件

例如:

```
FILE * fphzk;
fphzk=fopen("hzk16.dat","rb");
```

则定义了文件指针 fphzk,并使它与源程序同一目录下的文件 hzk16.dat 建立关联,fphzk 将代表此文件;并以二进制只读的方式(不允许写)打开。

如果文件打开失败,fopen 的返回值是 0 或 NULL(即返回空指针);如果文件打开成功,fopen 的返回值必非 0。可根据 fopen 的返回值来判别是否成功地打开了文件。例如:

```
FILE * fp;
fp=fopen("C:\\folder1\\file1.dat", "r");
if(fp==NULL)
{   cout <<"不能打开文件。" <<endl;
    exit(1);                              //终止程序
}
//正常读写文件
```

3. 文件的关闭

程序中的"关闭文件"的含义是解除文件指针与文件的关联,而不是关闭了屏幕上的某个窗口。

关闭文件需调用的库函数是 fclose,它的用法很简单,只有一个文件指针的参数。把要解除关联的文件指针(如 fp)传给它就可以了,例如:

```
fclose(fp);
```

解除关联后,文件指针 fp 不再代表原来的那个文件,不能再通过 fp 读写该文件。

在程序运行途中,随时可用 fclose 解除文件指针与文件的关联。当解除后,同一文件指针还可被"回收",再用它关联其他的文件。如果又关联了其他的文件,则在程序结束前,还要再用 fclose 解除它与第二个文件的关联。

注意：在程序运行结束前，一定记得把文件指针和文件解除关联。因为不是通过对象的方式操作，没有"析构函数"，如果我们不去调用 fclose 函数，系统是不会自动调用它的。

4. I/O 函数库中的文件读写函数

常用文件读写的库函数如表 9-11 所示。表 9-11 包含 4 对 8 个函数，每对分别用于单个字符读写、字符串读写、格式化读写、二进制读写。读写二进制文件一般使用 fread 和 fwrite 函数。要使用这些函数，应包含头文件 stdio.h。

表 9-11 常用文件读写库函数（设 **fp** 为文件指针，已定义并已与文件关联）

函数	功　　能	用　　法
fgetc 或 getc	从文件读取一个字符（一个字符占一个字节），所读取的字符由函数返回值返回；若出错或已读过文件末尾函数返回 EOF（EOF 是系统定义的符号常量，为 −1）	字符变量＝fgetc(fp);
fputc 或 putc	向文件中写入一个字符（一个字符占一个字节）。成功函数返回写入的字符，失败返回 EOF（−1）	fputc(字符, fp);
fgets	从文件读取一个字符串，存入参数指定的字符数组中（最后自动加 \0），读取结束条件有三（满足之一即可）：①读到换行符（包含换行符）；②读到文件结束；③读满 $n-1$ 个字符（n 由参数给出）。成功函数返回字符串的地址，失败返回 NULL。注意 fgets 与键盘输入字符串的 gets 函数有一个区别是：fgets 读入的字符串可能会包含换行符，而 gets 的不包含换行符	fgets(字符数组名, n, fp);
fputs	向文件中写入一个字符串（不写入 \0 字符，也不自动换行）。成功函数返回一个非负数，失败返回 EOF（−1）。注意，fputs 与向屏幕输出字符串的 puts 函数有一个区别：fputs 不自动换行，而 puts 会自动换行	fputs(字符串首地址, fp);
fscanf	按格式读取文件中的多个数据，类似于 scanf，只不过不是从键盘输入，而是从文件中读取。成功返回已读入且被成功赋值到变量中的数据项数（＞＝0），失败返回 EOF（−1）	fscanf(fp, "格式控制字符串", 变量 1 的地址, 变量 2 的地址, …);
fprintf	按格式向文件中写入多个数据，类似于 printf，只不过不是显示到屏幕上，而是写到文件中。成功返回写入的字节数，失败返回负数	fprintf(fp, "格式控制字符串", 数据 1, 数据 2, …);
fread	从文件读取一批字节，这批字节由 count 个数据块、每数据块长 size 个字节组成（共 size * count 个字节），存入参数 buffer 地址开始的一段内存空间。函数返回实际读取的数据块数（如读到文件尾或出错，实际读取的数据块数可能小于 count）	fread（buffer, size, count, fp);
fwrite	向文件中写入一批字节，这批字节位于内存中参数 buffer 地址开始的一段内存空间，由 count 个数据块、每数据块长 size 个字节组成（共 size * count 个字节）。函数返回实际写入的数据块数（如写入出错，实际写入的数据块数可能小于 count）	fwrite（buffer, size, count, fp);

fscanf、fprintf 函数与 scanf、printf 函数的功能和用法都很相似，只不过 fscanf 和 fprintf 针对的不是键盘和显示器，而是文件。因此 fscanf、fprintf 函数都多了一个"文件指针"的参数（第一个参数），其他参数和用法都与 scanf、printf 是相同的。

注意：无论如何 fscanf 函数都不会要求用户从键盘输入，fprintf 函数也不会在屏幕上显示任何内容。

【**案例 9-16**】　向文件 C:\\test.txt 逐个字符写入 A～Z 的 26 个英文字母，以及一个整型数组各元素的值，然后再从文件中把它们读出来显示到屏幕上。

```cpp
#include <iostream.h>
#include <stdio.h>
void main()
{   char ch, ss[80];
    int a[5]={19, 28, 37, 46, 55}, b[5], i;
    FILE * fp;
    fp=fopen("C:\\test.txt", "w");          //以写入方式打开文件
    for(ch='A';ch<='Z';ch++)                //逐个写入 26 个字母
        fputc(ch, fp);
    fprintf(fp, "\n");                      //写入一个换行符
    for(i=0; i<5; i++)                      //逐个写入数组元素
        fprintf(fp, "%d ", a[i]);
    fclose(fp);                             //关闭文件

    fp=fopen("C:\\test.txt", "r");          //再以读取方式打开文件
    fgets(ss, 80, fp);                      //从文件中读取字符串(读取会包含换行符)
    for(i=0; i<5; i++)                      //从文件中读取 5 个整数
        fscanf(fp, "%d", &b[i]);
    fclose(fp);                             //关闭第二次打开的文件

    cout <<ss;                              //将字符串 ss 输出到屏幕(ss 中含换行符)
    for(i=0; i<5; i++)                      //将数组 b[5]输出
        cout <<b[i] <<" ";
    cout <<endl;
}
```

程序运行后，在屏幕上的输出结果：

```
ABCDEFGHIJKLMNOPQRSTUVWXYZ
19 28 37 46 55
```

同时在 C 盘根目录下生成 test.txt 文件，文件内容如图 9-19 所示。

在程序中先后两次打开了文件(使 fp 与 C:\\test. txt 文件关联)，目的是由"只允许写"切换为"只允许读"的方式。

ch 是字符变量，若其中保存了字符'A'，执行 ch++其中的内容就变成了字符'B'。通过 for 循环用 fputc 逐一向文件中写入'A'、'B'、…、'Z'，每次写一个。每写一个，位置指针都自动向后移动一个字符的位置，因此连续多次调用 fputc，就写进了从 A～Z 的一串字符，如图 9-19所示。注意这些内容只是写到文件，不会输出到屏幕上。

然后通过 fprintf 函数写入数组 a 的每元素的值，语句为

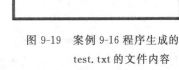

图 9-19　案例 9-16 程序生成的
test.txt 的文件内容

```
fprintf(fp, "%d ", a[i]);
```

与 printf 函数相比,只是多出了第一个参数 fp。这样数据将被输出到文件,而不是显示在屏幕上。

重新打开文件后,位置指针自动位于文件首,即 A 的位置。用 fgets 读取一个字符串:

```
fgets(ss, 80, fp);                                   //从文件中读取字符串(读取会包含换行符)
```

所读取的字符串将存入数组 ss,且最多读取 79 个字符(80 个空间中为'\0'预留一个空间)。由于在读到 Z 后遇到了换行符,提前结束读取,并且将换行符也读进来,最后自动添加'\0'。ss 中保存的字符串为" ABCDEFGHIJKLMNOPQRSTUVWXYZ\n",含 27 个字符,使用了数组 ss 的前 28 个空间(含'\0')。

这时读写位置指针指向文件中的 19。再通过循环中的 fscanf 读取 5 个整数:

```
fscanf(fp, "%d", &b[i]);
```

与 scanf 函数相比,只是多出了第一个参数 fp。这样数据将从文件中读出,而不是要求用户从键盘输入。

注意:fscanf 的参数也要使用变量的地址,&b[i]不能写为 b[i]。

程序运行到此,在屏幕上还没有任何内容显示。最后用 cout 向屏幕输出字符串 ss 和数组 b 中 5 个元素的值。屏幕上的输出结果都是由程序最后 4 行的 cout 输出的。

使用函数库读写文件,同样可以控制文件读写指针,常用函数如表 9-12 所示。

表 9-12　文件读写位置指针控制的常用库函数(设 fp 为文件指针,已定义并已与文件关联)

函数	功　　能	用　　法
rewind	把文件位置指针移到文件开头,本函数无返回值	rewind(fp);
fseek	把文件位置指针从 ori 开始的位置,向文件尾部($n>0$ 时)或文件首部($n<0$ 时)移动 n 个字节。ori 可有 3 种常量取值:SEEK_SET、SEEK_CUR、SEEK_END(分别等效于 0、1、2),分别表示从文件首、当前位置和文件尾开始移动。成功函数返回 0,失败返回非 0 值	fseek(fp, n, ori);　一般 n 为 long 型,常量加字母后缀 L(l)
ftell	若执行成功,函数返回当前文件位置指针的位置(文件中第一个字节的位置为 0);若执行失败,函数返回 −1	n = ftell(fp);
feof	判断读文件是否已越过了文件末尾。如果在位置指针指向了文件末尾之后还做过读文件的操作,函数返回非 0 值;否则函数返回 0	if (feof(fp)) …

【案例 9-17】　编写函数 fun,向文件以二进制方式写入一个 double 型数组各元素的值,文件名可由参数给出;并将下标为 m 的元素的值从文件中读出(m 由参数给出),显示到屏幕上。

```
#include <iostream.h>
#include <stdio.h>
//向文件名为 fname 的文件写入数组 d 各元素的值,数组有 n 个元素
//然后从文件中读取下标号为 m 的元素并将其显示到屏幕上
int fun(char * fname, double d[], int n, int m)
{    double temp;
```

```
      FILE * fp;
      if((fp=fopen(fname, "wb+"))==0)return 0;
              //以二进制可读可写方式打开文件,如打开失败返回 0,退出函数
              //请读者思考:如将打开方式改为"rb+"可以吗?为什么
      fwrite(d, sizeof(double), n, fp);              //写入数组
      fseek(fp, m * sizeof(double), SEEK_SET);       //定位读写指针
      fread(&temp, sizeof(double), 1, fp);           //读取数据到 temp
      cout <<temp <<endl;                            //屏幕输出 temp
      fclose(fp);
      return 1;                                      //成功返回 1
}
void main()
{     double   a[6]={3.2, -4.34, 25.04, 0.1, 50.56, 80.5};
      if(fun("data.dat", a, 6, 2))                   //fun 函数若返回非 0 值,条件为真
           cout <<"成功!";
      else
           cout <<"失败!";
}
```

程序运行后,在屏幕上的输出结果:

25.04
成功!

同时在与源程序相同目录下生成 data.dat 文件,文件长度为 48B。

本例通过 fun 函数处理文件,成功函数返回 1,失败函数返回 0。形参 fname 可指向一个字符串,这里是用于指向文件名的字符串。在打开文件时,将 fopen 的返回值赋值到 fp 的同时,判断 fopen 的返回值是否为 0,如为 0 表示打开失败,用"return 0;"使函数返回 0 并退出函数,不再继续后面的读写工作。

由于一个 double 型数据占 8B,数组 a 含 6 个 double 型数据,因而共占 48B。通过如下语句:

```
      fwrite(d, sizeof(double), n, fp);              //写入数组
```

就一次性地将数组 a 中的这 6 个数据(共 48B)写入了文件。其中 d 是数组 a 的首地址,即 a[0] 的地址。在文件中编号为 0 的字节开始的 8 字节保存的是 a[0] 的值,编号为 8 的字节开始的 8 字节保存 a[1] 的值,编号为 16 的字节开始的 8 字节保存 a[2] 的值……a[m] 的值被保存在编号为 m * sizeof(double)(即 m * 8)的字节开始的 8 字节。通过 fseek 函数定位读写位置,然后用 fread 就能直接读取 a[m] 的值。

回到 main 函数后,如果 fun 函数返回值为非 0,if 条件就为真,输出"成功!"。

【案例 9-18】 将任意文本文件的内容一行一行地分别读取到字符数组 ss 中,并一行一行地显示到屏幕上(设文件中每行内容均少于 1024 个英文字符或 512 个汉字)。

```
#include <iostream.h>
#include <stdio.h>
int main()
```

```
{   char filename[256], ss[1024];
    FILE * pf;
    cout <<"请输入文件名(可含路径):";
    cin>>filename;

    if((pf=fopen(filename, "r"))==NULL)
    {   cout <<"打开文件失败!" <<endl;
        return 1;
    }
    else
    {
        while(!feof(pf))
            if(fgets(ss, 1024, pf))cout <<ss;
        fclose(pf);
    }                                          //end of if
}                                              //end of main
```

程序运行结果:

请输入文件名(可含路径):C:\test.txt↙

ABCDEFGHIJKLMNOPQRSTUVWXYZ

19 28 37 46 55

读者可任意准备文本文件,在运行时输入文件名,则程序都能将文件内容一行一行地显示到屏幕上。

编程思路:通过 fgets 函数读取文件的一行字符串、存入 ss、输出 ss;再次调用 fgets 函数读取下一行、仍存入 ss(覆盖之前的内容)、再输出 ss;再次调用 fgets 函数读取下一行……直到"读完"文件(feof 函数返回真)为止。

"读完"文件是通过 feof 函数判断的。如果读取成功,fgets 函数返回字符串的地址(非0),如果失败函数返回空指针(NULL,值为 0)。在程序中应对 fgets 函数的返回值进行判断,再输出字符串 ss。

注意:如果将读取文件的 while 循环写为下面形式是错误的:

```
while(!feof(pf))
{   fgets(ss, 1024, pf);
    cout <<ss;
}
```

否则,当打开一个不含有任何内容的空白文件时,屏幕上会输出一行乱码。因为只有在"位置指针指向文件末尾"时,再次读取文件之后,feof 才返回真。如果是打开了一个空白文件,在文件打开后,feof 并不返回真,因此 while 循环还是要执行一次。在执行这次循环时,fgets 未读取到任何内容,然后就执行了 cout 输出 ss 的内容。而 ss 未被赋值,就会输出一行乱码。由于执行了一次 fgets,再次判断 feof(pf)时会返回真,! feof(pf)为假,跳出循环。

基于输入输出函数库的函数进行文件读写虽能满足需要,但这是早期 C 语言采用的方法。C++ 语言推荐使用类和流对象进行文件的输入输出,后者更加方便,功能也更为丰富、强大。

习　题

一、选择题

1. 当使用 fstream 流类定义一个流对象并打开一个磁盘文件时,文件的隐含打开方式为(　　)。

  A. ios::in   B. ios::out

  C. ios::in|ios::out   D. 以上都不对

2. 与语句"cout<<endl;"不等价的是(　　)。

  A. cout<<'\n';   B. cout<<'\12';   C. cout<<'\xA';   D. cout <<'\0';

3. 与语句"cout.put('A');"等价的是(　　)。

  A. cout<<'A';   B. cout<<"A"   C. put('A')   D. put("A")

4. 要设置输出的填充字符为'*',以下对 I/O 流类成员函数的调用正确的是(　　)。

  A. cout.setfill(* ,);   B. cout.fill('*');

  C. cout<<fill('*')   D. setfill('*');

5. 流插入运算符是(　　)。

  A. cout   B. cin   C. >>   D. <<

二、填空题

1. C++ I/O 流的输入输出控制符_____和_____分别可用于设置和取消某些输入输出格式状态。

2. 多数 C++ 程序应包含_____头文件,它包含所有常用流输入输出操作所需要的声明。

3. 用于向标准输入输出设备进行输入输出的 4 个预定义 C++ I/O 流对象是_____、_____、_____和_____。

4. C++ I/O 流的输入输出控制符_____、_____和_____分别指定将以八进制、十六进制和十进制格式来显示整数。

5. 在 C++ 中,文件分为_____和_____两种类型。前者又称为 ASCII 码文件。

三、判断题

1. 通过 cout 流对象的输出通常输出到显示器。 (　　)

2. 流控制符 dec、oct 和 hex 仅仅影响后面一次整数的输出。 (　　)

3. cerr 的输出是没有缓冲的,clog 的输出是有缓冲的。 (　　)

4. 流插入运算符能够进行级联输出,但流提取运算符不能进行级联输入。 (　　)

四、编程题

1. 编程按下面格式输出以下数据:

4343fdjf,0xll,3534.34343,2.34334E+03

2. 编写程序,要求包含以下功能。

(1) 以 15 输出宽度按照左对齐方式输出整数 500000。

(2) 输入一个字符串到字符数组 str 中,并在下一行输出该串。

(3) 分别以十进制、八进制和十六进制格式输入 10、035、0x69,然后将这 3 个数以十进制、八进制和十六进制格式输出。

(4) 输入一个字符串到字符数组 s 中,输入满 80 个字符或遇到字符'A'结束输入,然后输出该字符串。

3. 按文本方式和二进制方式分别对一个文件进行读写,并比较两者的不同。

4. 在 abc.txt 文件中有一些整数,试编程通过循环逐个读取文件中的整数,并判断每个整数是否能被 3、5、7 整除,并对每个整数输出以下情况之一。

(1) 能同时被 3、5、7 整除。

(2) 能被其中两个数(指出哪两个数)整除。

(3) 能被其中一个数(指出哪一个数)整除。

(4) 不能被 3、5、7 中的任何一个数整除。

第 10 章　实践与案例

本章内容覆盖了程序设计基础与面向对象程序设计,共设计了 5 个案例:简易计算器、学生通讯录管理系统、ATM 机、学生成绩管理系统和多功能计算器。这 5 个案例的提出与解决,能够培养读者掌握程序设计的基本技能以及掌握当今最流行的面向对象程序设计思想,为读者打开程序设计的大门、提供更广更宽的知识空间、增加程序设计的趣味性。本章的 5 个案例的完整程序见于本教材配套的教材。

10.1　案例一——简易计算器

设计一个简易计算器,使其能够完成最基本的整数或实数的加、减、乘、除运算,程序运行结果如图 10-1 所示。

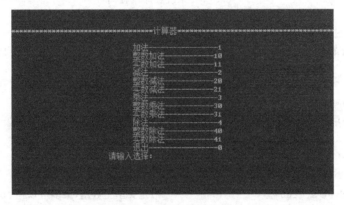

图 10-1　程序运行结果

10.2　案例二——学生通讯录管理系统

学生通讯录管理系统主要应具备以下功能:输入学生信息、输出学生信息、查询学生信息、添加学生信息、删除学生信息以及关闭学生通讯录等。其功能模块图如图 10-2 所示。

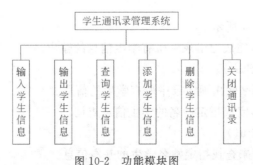

图 10-2　功能模块图

根据功能模块图可以做出系统程序流程图,如图 10-3 所示。

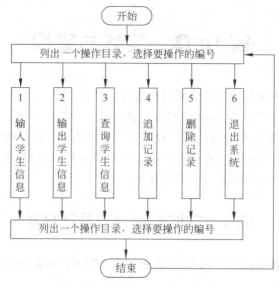

图 10-3　系统程序流程图

(1) 定义学生类型及存放通讯录的学生数组。

根据结构体的知识,定义一个学生结构体类型和部分项目所需的全局变量。

```
struct Student                          //定义学生类型
{   char Name[20];
    int Age;
    char Sex;
    char Tel[13];
};
struct Student st[100];                 //定义学生数组,最多可以存 100 个学生的信息
int Num=0;                              //保存现有系统中的实际存在人数
fstream ftxl;                           //公共的文件
int fNum=0;                             //保存文件中已经存在的记录数
```

(2) 定义输入函数,完成最初学生记录的输入。

① 函数原型:InStu()。

② 功能:该函数用来录入学生的信息,Name 是姓名,Age 是年龄,Sex 是性别,Tel 是手机号。

③流程图:如图 10-4 所示。

(3) 定义输出函数,完成通讯录中所有学生信息的输出。

① 原型:void OutStu()。

② 功能:该函数用来输出通讯录中所有学生的信息。

(4) 定义查询函数,完成指定姓名的学生信息查询。

① 原型:void SelStu()。

② 功能:该函数用来查找指定姓名学生的基本信息。

③ 流程图：如图 10-5 示。

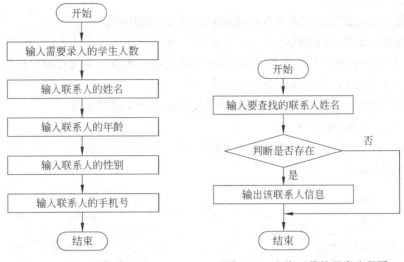

图 10-4　录入函数流程图　　　　图 10-5　查询函数的程序流程图

注：该函数中使用字符串比较函数 strcmp，需包含 string 头文件。

（5）定义添加新的成员函数，完整添加新成员的功能。

① 函数原型：AppStu()。

② 功能：该函数用来录入联系人的信息，Name 是姓名，Age 是年龄，Sex 是性别，Tel 是手机号。

③ 流程图：如图 10-6 所示。

（6）定义删除函数，完成指定成员的删除。

① 原型：DelStu()。

② 功能：该函数用来删除某联系人的信息。

③ 流程图：如图 10-7 所示。

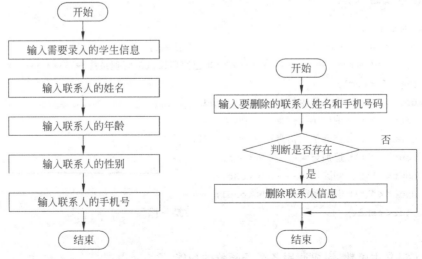

图 10-6　联系人录入函数的程序流程图　　　图 10-7　删除联系人函数的程序流程图

（7）定义读取文件函数，完成文件中的数据输入到数组的功能。

① 原型：void finput()。

② 功能：该函数用来完成文件中读取数据到数组的功能。

③ 流程图：如图 10-8 所示。

备注：如果打算重用已存在的流对象，那么必须在每次使用完文件时记得使用 close 函数关闭文件，并且使用 clear 函数清空文件流。

（8）定义数据保存函数，完成将数组中的数据保存到文件的功能。

① 原型：void foutput()。

② 功能：该函数用来完成将数组中的数据保存到文件的功能。

③ 流程图：如图 10-9 所示。

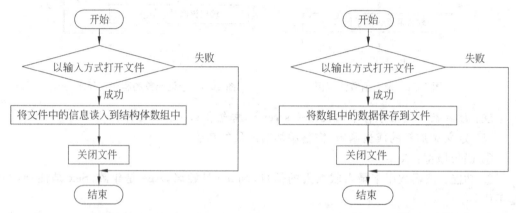

图 10-8　文件中读取数据到数组　　　　图 10-9　数组中的数据保存到文件

（9）定义功能选择菜单，提示用户可以进行的操作。

① 原型：void Menu()。

② 功能：该函数用来显示用户可以进行的操作。

③ 参考代码如下：

```
void Menu()
{    cout<<endl<<endl;                          //换两行
    cout<<"*****************************欢迎使用通讯录管理系统*************************
    *****"<<endl;
    cout<<"\t\t 输入学生信息---1"<<endl;
    cout<<"\t\t 输出学生信息---2"<<endl;
    cout<<"\t\t 查询学生信息---3"<<endl;
    cout<<"\t\t 追加记录---4"<<endl;
    cout<<"\t\t 删除记录---5"<<endl;
    cout<<"\t\t 退出系统---0"<<endl;
    cout<<endl;                                  //换一行
}
```

（10）定义主函数，完成调用各个子函数的功能。

① 原型：void main()。

② 功能：该函数用来实现调用各个子函数的功能。

③ 参考代码如下：

```
void main()
{   int sel;
    finput();
    while(1)
    {   Menu();
        cout<<"请输入选择:";
        cin>>sel;
        switch(sel)
        {case 1:InStu();break;
        case 2:OutStu();break;
        case 3:SelStu();break;
        case 4:AppStu();break;
        case 5:DelStu();break;
        case 0:foutput();                //退出时将数据输入到文件保存
        exit(1);
        }
    }
}
```

运行效果如图 10-10 所示。

图 10-10　选择界面

10.3　案例三——ATM 机

大多数人都用过 ATM 机,都知道要使用 ATM 机进行取款或修改密码等银行业务时,
有两件东西必不可少：一张银行卡和一台 ATM 机,很多人有银行卡,一张银行卡至少有卡

号、姓名、密码、余额这几个内容才行,而且这些数据为了安全起见都应该是保密的,可以用类的私有成员来实现。除了这几个属性,可能还要对这张卡做一些事情,查询余额或者是设置密码等,当进行取款操作后,余额还应该实时更新,这些行为可以通过成员函数来分别实现。

1. 定义银行卡类

(1) 银行卡类的基本数据成员如表 10-1 所示。

表 10-1   银行卡类的基本数据成员列表

成 员 名 称	成 员 功 能	成 员 名 称	成 员 功 能
name	用于存储银行卡卡主姓名	money	用于存储银行卡余额
num	用于存储银行卡卡号	password	用于存储银行卡密码

(2) 银行卡类的基本成员函数如表 10-2 所示。

表 10-2   银行卡类的基本成员函数

成 员 名 称	成 员 功 能
BankCard(string Name, string Num, float Money, string Password)	构造函数完成银行卡的初始化
GetName()	用于取得卡主姓名
GetNum()	用于取得卡号
GetMoney()	用于取得卡中余额
SetMoney(float m)	用于取款时设置卡中余额
GetPassword()	用于取得卡密码
SetPassword(string pwd)	用于设置卡密码

声明取款机 ATM 类是银行卡的友元类,以完成 ATM 对银行卡的操作。

2. 定义取款机类

要使用 ATM 机进行基本的银行业务,ATM 取款机是必不可少的另一件东西,每一台 ATM 都设有单笔取款的最高额度,为了正常取款还应该记录本机器剩余的可用金额是多少,已经输入几次密码,当前插入的银行卡是哪一张等,这些为了安全起见都应该是保密的,也通过私有成员来实现。当插入一张银行卡时,在 ATM 机中应该读取银行卡中的账户信息,相当于生成一个银行卡的对象,为了这个目的不得不提供一个可以初始化银行卡的构造函数,如下类代码中的 ATM(BankCard & bc):BankCardAtATM(bc)。欢迎界面、查询、修改密码、取款等操作分别通过成员函数来实现,在查询、修改密码、取款这些操作中,不得不访问银行卡的一些私有成员,为了使一个 ATM 类的成员函数访问银行卡类的私有成员,还应该在银行卡类中把取款机类设为友元类。

(1) 取款机类的基本数据成员如表 10-3 所示。

表 10-3　取款机类的基本数据成员

成　员　名　称	成　员　功　能
times	记录输入密码次数
totalmoney	记录本机存款总额
leftmoney	记录本机剩余金额
oncemoney	单笔取款最高金额
BankCardAtATM	插入 ATM 机的银行卡

（2）取款机类的基本成员函数如表 10-4 所示。

表 10-4　取款机类的基本成员函数

成　员　名　称	成　员　功　能
ATM(BankCard &bc)：BankCardAtATM(bc)	构造函数完成取款机与银行卡的初始化
ChangePassword()	通过 ATM 机修改银行卡密码
FetchMoney()	通过 ATM 机在卡中取款
Information()	显示银行卡中的信息
ExitATM()	退出系统
FunctionShow()	ATM 机的功能界面
Lock()	锁卡退出系统

运行结果如图 10-11 所示。

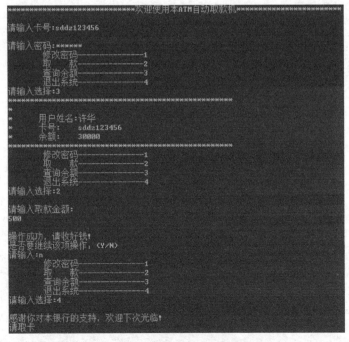

图 10-11　运行结果

10.4 案例四——学生成绩管理系统

学生成绩管理系统的主要功能有成绩录入、成绩查询、成绩统计及退出系统。学生信息包括学号、姓名、成绩（3 门课程）。

1. 函数实现及调用关系

（1）函数实现功能说明。

① menu 函数：定义一个菜单函数，其功能是输出菜单界面供使用者选择。

② input 函数：定义一个输入函数，用于输入学生的信息。

③ select 函数：定义一个查询函数，用于查询学生的信息，包括学号、姓名及各科成绩。

④ statistics 函数：计算学生的平均分。根据学生的平均分高低，对学生的数据进行排序后输出。

（2）相互调用关系。

main 函数调用 menu 函数。

menu 函数可以调用 input 函数、select 函数和 statistics 函数。

2. 学生成绩管理系统的 N-S 流程图

（1）输入函数（见图 10-12）。

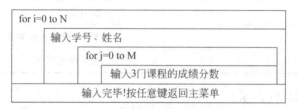

图 10-12　输入函数的 N-S 图

例如，输入：1 王 90 80 75；2 李 80 85 60；3 赵 65 75 90

（2）查询函数（见图 10-13）。

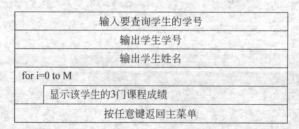

图 10-13　查询函数的 N-S 图

（3）统计函数（见图 10-14）。

（4）菜单函数（见图 10-15）。

（5）主函数（见图 10-16）。

运行后选择界面如图 10-17 所示。

For j=0 to N		
	For i=0 to M	
		temp=temp+stu[j].score[i]
	stu[j].average=temp/N 求平均成绩并输出	
排序(冒泡法)		
输出学生平均成绩前三名		
按任意键返回主菜单		

图 10-14　统计函数的 N-S 图

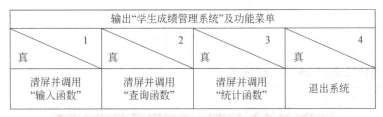

图 10-15　菜单函数

清屏并调用"菜单函数"

图 10-16　主函数

图 10-17　选择界面

10.5　案例五——多功能计算器

用模板知识设计多功能计算器,实现基本数据类型数据的加、减、乘、除。

1. 定义加、减、乘、除函数模板

```
template <class T>                      //定义加法函数模板
T Add(T x,T y)
{
    return x+y;
}
template <class T>                      //定义减法函数模板
```

```
T Sub(T x,T y)
{
    return x-y;
}
template <class T>                          //定义乘法函数模板
T Mul(T x,T y)
{
    return x*y;
}
template <class T>                          //定义除法函数模板
T Div(T x,T y)
{
    return x/y;
}
```

2. 使用模板完成加、减、乘、除运算

案例运行效果如图 10-18 所示。

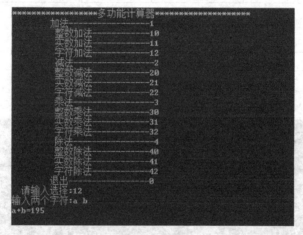

图 10-18　运行效果图

参 考 文 献

[1] 谭浩强. C++ 程序设计[M]. 北京：清华大学出版社, 2004.

[2] 张丽静. C++ 程序设计教程[M]. 北京：中国电力出版社, 2010.

[3] 钱能. C++ 程序设计教程[M]. 北京：清华大学出版社, 1999.

[4] 康丽. C++ 面向对象程序设计[M]. 北京：中国电力出版社, 2010.

[5] 陈卫卫. C++ 程序设计[M]. 北京：机械工业出版社, 2014.

[6] 张宁. C 语言其实很简单[M]. 北京：清华大学出版社, 2015.